高职高专"十三五"规划教材

西门子 S7-300 PLC 项目化教程

主 编 李 莉 王玉娟
参 编 李秋华 魏润仙 张清花

机 械 工 业 出 版 社

本书以完成工程项目所需的基本知识、基本能力为依据，按照完成工程项目的一般工作顺序，介绍了S7-300 PLC硬件系统的基本构成、STEP 7软件的基本操作、S7-300指令及应用、S7-300程序结构、S7-GRAPH应用和网络通信。全书突出实例应用，尤其在介绍LAD编程语言的指令时，突出指令的特点，针对每条指令都设计了典型的应用案例，并在案例中逐渐渗透编程方法与技巧，由浅入深、循序渐进，使学生在学习完指令的同时，也学会了基本的编程方法与技巧。各项目均配有思考与练习，方便学习者巩固练习。

　　本书可作为应用技术型本科、高职高专机电一体化技术、自动化技术、数控技术和计算机应用技术等专业的教材，也可作为工程技术人员的学习参考用书。

　　为方便教学，本书配有电子课件、思考与练习答案、模拟试卷及答案等，凡选用本书作为授课教材的学校，均可来电（**010-88379564**）或邮件（**cmpqu@163.com**）索取，有任何技术问题也可通过以上方式联系。

图书在版编目（CIP）数据

西门子S7-300 PLC项目化教程/李莉，王玉娟主编. —北京：机械工业出版社，2016.5(2019.1重印)
高职高专"十三五"规划教材
ISBN 978-7-111-53307-8

Ⅰ.①西… Ⅱ.①李… ②王… Ⅲ.①PLC技术－高等职业教育－教材 Ⅳ.①TM571.6

中国版本图书馆CIP数据核字（2016）第060321号

机械工业出版社（北京市百万庄大街22号　邮政编码100037）
策划编辑：曲世海　责任编辑：曲世海　韩　静
责任校对：张　征　封面设计：陈　沛
责任印制：常天培
北京铭成印刷有限公司印刷
2019年1月第1版第4次印刷
184mm×260mm·16.25印张·393千字
标准书号：ISBN 978-7-111-53307-8
定价：39.00元

凡购本书，如有缺页、倒页、脱页，由本社发行部调换
电话服务　　　　　　　　　　网络服务
服务咨询热线：010-88379833　机工官网：www.cmpbook.com
读者购书热线：010-88379649　机工官博：weibo.com/cmp1952
　　　　　　　　　　　　　　　教育服务网：www.cmpedu.com
封面无防伪标均为盗版　　　金　书　网：www.golden-book.com

前　言

高等职业教育作为高等教育发展中的一个类型，肩负着培养面向生产、建设、服务和管理第一线需要的高素质技能型人才的使命，在我国加快推进社会主义现代化建设进程中具有不可替代的作用。在高等职业教育事业的发展中，教材建设工作是一个极其重要的基础性工作。但目前在高职高专院校使用的教材中，符合高职高专教育特色的教材仍严重不足，普遍存在内容偏多、理论偏深、实践性内容严重不足等问题，改善上述状况，是编写本教材的宗旨。

可编程序控制器（PLC）是以计算机技术为核心的自动控制装置，它具有功能强大、可靠性极高、编程简单、使用方便、体积小巧的优点，近年来在工业生产中得到了广泛的应用，被誉为当代工业自动化的主要支柱之一。目前，以西门子 S7 系列 PLC 为代表的 PLC 在我国工业控制领域得到了广泛的应用。

本书在编写过程中，坚持科学性、实用性、综合性和新颖性的原则，从应用型高技能人才培养的需要出发，结合本课程的实际工作需求，注重理论联系实际，理论知识的深度以必需、够用为度，突出应用能力的培养，力求通俗易懂，深入浅出。在内容选取上，注重理论简化，列举了大量的应用实例。

全书共设置了 11 个典型工程项目，每个项目由多个任务组成，每个任务包括"提出任务""分析任务"和"解答任务"几个部分。在"提出任务"部分，向学生展示本次任务需要解决的问题、教师布置的任务；然后学生结合"分析任务"的内容学习相关背景知识，寻求答案并进行初步设计与运行；"解答任务"部分详细介绍任务实施的具体过程。全书将西门子 S7-300 的理论知识融于这些项目中，避免了理论知识讲授空泛生涩的弊端，使学习者在工程项目中逐步掌握西门子 S7-300 PLC 的使用。通过大量应用实例，学习者可以掌握S7-300 PLC 的编程方法和程序设计技巧，使学习变得轻松生动。

本书由李莉、王玉娟任主编，李秋华、魏润仙、张清花参加编写。其中李莉编写项目1、项目 2 和项目 9。王玉娟编写项目 3、项目 5、项目 6、项目 7、项目 8 和项目 11。李秋华编写项目 4，李莉、魏润仙和张清花编写项目 10。全书由李莉统稿。

由于编者水平有限，书中不妥之处敬请各位同行批评指正，以方便修订时改进。

编　者

目　录

项目 1

创建 S7 控制项目

可编程序控制器（简称 PLC）是将传统的继电器-接触器控制技术，结合计算机技术、自动控制技术和通信技术而发展起来的一种通用工业自动控制装置。它具有高可靠性和较强的恶劣环境适应能力，以显著的优势广泛应用在化工、冶金、交通、电力等领域，实现各种生产机械和生产过程的自动控制。

西门子公司的 PLC 在国内具有较高的占有率，S7-300 PLC 属于中小型系列，是一种通用型的 PLC，能适用于自动化工程中的各种应用场合。本项目将全面认识什么是 PLC，S7-300 PLC 的系统结构有什么特点，并学会使用 STEP 7 建立项目和硬件组态。

 项目目标

1. 了解 PLC 的产生、定义、功能、应用、分类及特点。
2. 理解 PLC 的基本结构、工作原理和编程语言。
3. 掌握 S7-300 PLC 的系统硬件结构，会组态完整的 PLC 控制系统，熟练操作 CPU 模块模式开关。
4. 会使用 STEP 7 建立项目和硬件组态。

任务 1.1　认识 PLC

【提出任务】

什么是 PLC？PLC 有什么功能？工作原理是什么？

【分析任务】

可编程序控制器发展迅猛，品牌繁多（如西门子、三菱、欧姆龙、松下等），性能各异，本任务从各种 PLC 的共性入手，了解 PLC 的基本知识，进而学习 S7-300 PLC 的结构和应用。

【解答任务】

1.1.1　什么是 PLC

1. PLC 的产生和发展

1968 年，美国通用汽车公司提出取代继电器控制装置的要求。

1969 年，美国数字设备公司研制出了第一台 PLC——PDP-14，在美国通用汽车公司的生产线上试用成功，首次将程序化的手段应用于电气控制，这是第一代 PLC，称为 Programmable Logic Controller，简称 PLC，是世界上公认的第一台 PLC。

1971 年，日本研制出第一台 PLC，型号为 DCS-8。

1973 年，德国西门子公司（SIEMENS）研制出欧洲第一台 PLC，型号为 SIMATIC S4。

1974 年，中国研制出第一台 PLC，1977 年开始工业应用。

20 世纪 70 年代中末期，PLC 进入实用化发展阶段，计算机技术已被全面引入 PLC 中，使其功能发生了巨大的飞跃。更高的运算速度、超小型的体积、更可靠的工业抗干扰设计、强大的模拟量运算和 PID 功能及极高的性价比奠定了它在现代工业中的地位。

20 世纪 80 年代初，PLC 在先进工业国家中已获得广泛应用。世界上生产 PLC 的国家日益增多，其产量日益上升，这标志着 PLC 已步入成熟阶段。

20 世纪 80 年代至 90 年代中期，是 PLC 发展最快的时期，年增长率一直保持为 30% ~ 40%。在这时期，PLC 在处理模拟量能力、数字运算能力、人机接口能力和网络能力方面得到大幅度提高，逐渐进入过程控制领域，在某些应用上还取代了在过程控制领域处于统治地位的 DCS 系统。

20 世纪末期，PLC 的发展特点是更加适应于现代工业的需要。这个时期发展了大型机和超小型机，诞生了各种各样的特殊功能单元，产生了各种人机界面单元、通信单元，使应用 PLC 的工业控制设备的配套更加容易。

目前，随着大规模和超大规模集成电路等微电子技术的发展，PLC 已由最初的 1 位机发展到现在的以 16 位和 32 位微处理器为主构成的微机化 PC，而且实现了多处理器的多通道处理。

PLC 发展迅速，在产品规模方面，逐渐向超小型和大型两极发展；在网络控制方面，向通信网络化发展；在功能方面，向模块化、智能化发展；在软件应用方面，向编程语言和编程工具的多样化和标准化发展。

2. PLC 的定义

国际电工委员会（IEC）在 1985 年的 PLC 标准草案第 3 稿中，对 PLC 做了如下定义："可编程序控制器是一种数字运算操作的电子系统，专为在工业环境下应用而设计。它采用可编程序的存储器，用来在其内部存储执行逻辑运算、顺序控制、定时、计数和算术运算等操作的指令，并通过数字式、模拟式的输入和输出，控制各种类型的机械或生产过程。可编程序控制器及其有关设备，都应按易于使工业控制系统形成一个整体，易于扩充其功能的原则设计。"可以看出，PLC 是一种用程序来改变控制功能的工业控制计算机。

如今，PLC 技术已非常成熟，不仅控制功能增强，功耗和体积减小，成本下降，可靠性提高，编程和故障检测更为灵活方便，而且随着远程 I/O 和通信网络、数据处理以及图像显示的发展，PLC 将向用于连续生产过程控制的方向发展，成为实现工业生产自动化的一大支柱。

3. PLC 的功能

PLC 的型号繁多，各种型号的 PLC 功能不尽相同，但目前的 PLC 一般都具有下列功能：

（1）开关量逻辑控制　PLC 用"与""或""非"等逻辑指令来实现触点和电路的串、并联，代替继电器进行组合逻辑控制、定时控制与顺序逻辑控制。开关量逻辑控制可以用于单台设备，也可以用于自动生产线，其应用领域已遍及各行各业，甚至深入到家庭中。

（2）运动控制 PLC 使用专用的指令或运动控制模块，对直线运动或圆周运动的位置、速度和加速度进行控制，使运动控制与顺序控制功能有机结合在一起，可以实现单轴、双轴、3 轴和多轴位置控制。PLC 的运动控制功能广泛用于各种机械中。

（3）闭环过程控制 闭环过程控制是指对温度、压力、流量等连续变化的模拟量的闭环控制。PLC 通过模拟量 I/O 模块，实现模拟量和数字量之间的 A-D 转换与 D-A 转换，并对模拟量实行闭环 PID 控制。现代的 PLC 闭环控制功能，可以由 PID 子程序或专用的 PID 模块来实现。PLC 的 PID 闭环控制功能已经广泛应用于化工、轻工、机械、冶金、电力、建材等行业。

（4）数据处理 现代的 PLC 具有数学运算（包括四则运算、矩阵运算、函数运算、字逻辑运算、求反、循环、移位和浮点数运算等）、数据传送、转换、排序和查表、位操作等功能，可以完成数据的采集、分析和处理。这些数据可以与储存在存储器中的参考值比较，也可以用通信功能传送到其他智能装置，或者将它们打印制表。

（5）通信联网 PLC 的通信包括主机与远程 I/O 之间的通信、多台 PLC 之间的通信、PLC 与其他智能控制设备（如计算机、变频器、数控装置）之间的通信。PLC 与其他智能控制设备一起，可以组成"集中管理、分散控制"的分布式控制系统。

4. PLC 的分类

PLC 产品种类繁多，其规格和性能也各不相同。对 PLC 的分类，通常根据其结构形式的不同、功能的差异和 I/O 点数的多少等进行大致分类。

（1）按结构形式分类 根据 PLC 的结构形式，可将 PLC 分为整体式和模块式两类。

1）整体式 PLC。整体式 PLC 是将电源、CPU、I/O 接口等部件都集中装在一个机箱内，具有结构紧凑、体积小、价格低的特点。小型 PLC 一般采用这种整体式结构。整体式 PLC 由不同 I/O 点数的基本单元（又称主机）和扩展单元组成。基本单元内有 CPU、I/O 接口、与 I/O 扩展单元相连的扩展口，以及与编程器或 EPROM 写入器相连的接口等。扩展单元内只有 I/O 和电源等，没有 CPU。基本单元和扩展单元之间一般用扁平电缆连接。整体式 PLC 一般还可配备特殊功能单元，如模拟量单元、位置控制单元等，使其功能得以扩展。

2）模块式 PLC。模块式 PLC 是将 PLC 各组成部分，分别做成若干个单独的模块，如 CPU 模块、I/O 模块、电源模块（有的包含在 CPU 模块中）以及各种功能模块。模块式 PLC 由框架或基板和各种模块组成，模块装在框架或基板的插座上。这种模块式 PLC 的特点是配置灵活，可根据需要选配不同规模的系统，而且装配方便，便于扩展和维修，大、中型 PLC 一般采用模块式结构。还有一些 PLC 将整体式和模块式的特点结合起来，构成所谓叠装式 PLC。叠装式 PLC 其 CPU、电源、I/O 接口等也是各自独立的模块，但它们之间靠电缆进行连接，并且各模块可以一层层地叠装。这样，不但系统可以灵活配置，还可做得体积小巧。

（2）按功能分类 根据 PLC 所具有的功能不同，可将 PLC 分为低档、中档、高档三类。

1）低档 PLC：具有逻辑运算、定时、计数、移位以及自诊断、监控等基本功能，还可有少量模拟量输入/输出、算术运算、数据传送和比较、通信等功能，主要用于逻辑控制、顺序控制或少量模拟量控制的单机控制系统。

2）中档 PLC：除具有低档 PLC 的功能外，还具有较强的模拟量输入/输出、算术运算、数据传送和比较、数制转换、远程 I/O、子程序、通信联网等功能，有些还可增设中断控制、PID 控制等功能，适用于复杂控制系统。

3）高档 PLC：除具有中档机的功能外，还增加了带符号算术运算、矩阵运算、位逻辑运算、二次方根运算及其他特殊功能函数的运算、制表及表格传送功能等。高档 PLC 具有更强的通信联网功能，可用于大规模过程控制或构成分布式网络控制系统，实现工厂自动化。

（3）按 I/O 点数分类　根据 PLC 的 I/O 点数的多少，可将 PLC 分为小型、中型和大型三类。

1）小型 PLC：I/O 点数 <256 点，单 CPU，8 位或 16 位处理器，用户存储器容量 4KB 以下。例如：GE-Ⅰ型，美国通用电气（GE）公司；TI100，美国德州仪器公司；F、F1、F2，日本三菱电气公司；C20、C40，日本立石公司（欧姆龙）；S7-200，德国西门子公司；EX20、EX40，日本东芝公司；SR-20/21，中外合资无锡华光电子工业有限公司等。

2）中型 PLC：I/O 点数 256～1024 点，双 CPU，用户存储器容量 2～8KB。例如：S7-300，德国西门子公司；SR-400，中外合资无锡华光电子工业有限公司；SU-5、SU-6，德国西门子公司；C-500，日本立石公司；GE-Ⅲ，GE 公司等。

3）大型 PLC：I/O 点数 >1024 点，多 CPU，16 位、32 位处理器，用户存储器容量 8～16KB。例如：S7-400，德国西门子公司；GE-Ⅳ，GE 公司；C-2000，立石公司；K3，三菱公司等。

5. PLC 的特点

PLC 具有以下鲜明的特点：

（1）使用方便，编程简单　采用简明的梯形图、逻辑图或语句表等编程语言，而无需计算机知识，因此系统开发周期短，现场调试容易。另外，可在线修改程序，改变控制方案而不拆动硬件。

（2）功能强，性能价格比高　一台小型 PLC 内有成百上千个可供用户使用的编程元件，具有很强的功能，可以实现非常复杂的控制功能。它与相同功能的继电器系统相比，具有很高的性能价格比。PLC 可以通过通信联网，实现分散控制，集中管理。

（3）硬件配套齐全，用户使用方便，适应性强　PLC 产品已经标准化、系列化、模块化，配备有品种齐全的各种硬件装置供用户选用，用户能灵活方便地进行系统配置，组成不同功能、不同规模的系统。PLC 的安装接线也很方便，一般用接线端子连接外部接线。PLC 有较强的带负载能力，可以直接驱动一般的电磁阀和小型交流接触器。

硬件配置确定后，可以通过修改用户程序，方便快速地适应工艺条件的变化。

（4）可靠性高，抗干扰能力强　传统的继电器控制系统使用了大量的中间继电器、时间继电器，由于触点接触不良，容易出现故障。PLC 用软件代替大量的中间继电器和时间继电器，仅剩下与输入和输出有关的少量硬件元件，接线可减少到继电器控制系统的 1/10～1/100，因触点接触不良造成的故障大为减少。

PLC 采取了一系列硬件和软件抗干扰措施，具有很强的抗干扰能力，平均无故障时间达到数万小时以上，可以直接用于有强烈干扰的工业生产现场，PLC 已被广大用户公认为最可靠的工业控制设备之一。

（5）系统的设计、安装、调试工作量少　PLC 用软件功能取代了继电器控制系统中大量的中间继电器、时间继电器、计数器等器件，使控制柜的设计、安装、接线工作量大大减少。

PLC 的梯形图程序一般采用顺序控制设计法来设计，这种编程方法很有规律，很容易掌握。对于复杂的控制系统，设计梯形图的时间比设计相同功能的继电器系统电路图的时间要少得多。

PLC 的用户程序可以在实验室模拟调试，输入信号用小开关来模拟，通过 PLC 上的发光二极管可观察输出信号的状态。完成了系统的安装和接线后，在现场的统调过程中发现的问题一般通过修改程序就可以解决，系统的调试时间比继电器系统少得多。

（6）维修工作量小，维修方便　PLC 的故障率很低，且有完善的自诊断和显示功能。PLC 或外部的输入装置和执行机构发生故障时，可以根据 PLC 上的发光二极管或编程器提供的信息迅速查明故障的原因，用更换模块的方法可以迅速排除故障。

1.1.2　PLC 的组成和工作原理

1. PLC 的基本组成

PLC 实质是一种专用于工业控制的计算机，其硬件结构基本上与微型计算机相同，主要由中央处理器（CPU）、存储器、输入单元、输出单元、通信接口、扩展接口和电源等部分组成。其中，CPU 是 PLC 的核心，输入单元与输出单元是连接现场输入/输出设备与 CPU 之间的接口电路，通信接口用于与编程器、上位计算机等外设连接。

对于整体式 PLC，所有部件都装在同一机壳内，其组成框图如图 1-1 所示；对于模块式 PLC，各部件独立封装成模块，各模块通过总线连接，安装在机架或导轨上，其组成框图如图 1-2 所示。无论是哪种结构类型的 PLC，都可根据用户需要进行配置与组合。

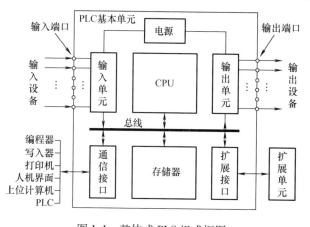

图 1-1　整体式 PLC 组成框图

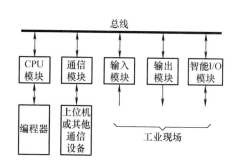

图 1-2　模块式 PLC 组成框图

尽管整体式与模块式 PLC 的结构不太一样，但各部分的功能作用是相同的，下面对PLC 的主要组成部分进行简单介绍。

（1）中央处理单元（CPU）　同一般的微机一样，CPU 是 PLC 的核心。PLC 中所配置的 CPU 随机型不同而不同，常用的有三类：通用微处理器（如 Z80、8086、80286 等）、单片微处理器（如 8031、8096 等）和位片式微处理器（如 AMD29W 等）。小型 PLC 大多采用 8 位通用微处理器和单片微处理器；中型 PLC 大多采用 16 位通用微处理器或单片微处理器；大型 PLC 大多采用高速位片式微处理器。

目前，小型 PLC 为单 CPU 系统，而中、大型 PLC 则大多为双 CPU 系统，甚至有些 PLC 中有多达 8 个 CPU。对于双 CPU 系统，通常一个为字处理器，一般采用 8 位或 16 位处理器；另一个为位处理器，采用由各厂家设计制造的专用芯片。字处理器为主处理器，用于执行编程器接口功能，监视内部定时器，监视扫描时间，处理字节指令以及对系统总线和位处理器进行控制等。位处理器为从处理器，主要用于处理位操作指令和实现 PLC 编程语言向机器语言的转换。位处理器的采用提高了 PLC 的速度，使 PLC 更好地满足实时控制要求。

在 PLC 中，CPU 按系统程序赋予的功能，指挥 PLC 有条不紊地进行工作，归纳起来主要有以下几个方面：

1）接收从编程器输入的用户程序和数据。

2）诊断电源、PLC 内部电路的工作故障和编程中的语法错误等。

3）通过输入接口接收现场的状态或数据，并存入输入映像寄存器或数据寄存器中。

4）从存储器逐条读取用户程序，经过解释后执行。

5）根据执行的结果，更新有关标志位的状态和输出映像寄存器的内容，通过输出单元实现输出控制。有些 PLC 还具有制表打印或数据通信等功能。

（2）存储器 存储器主要有两种：一种是可读/写操作的随机存储器 RAM，另一种是只读存储器 ROM、PROM、EPROM 和 EEPROM。在 PLC 中，存储器主要用于存放系统程序、用户程序及工作数据。

系统程序是由 PLC 的制造厂家编写的，和 PLC 的硬件组成有关，完成系统诊断、命令解释、功能子程序调用管理、逻辑运算、通信及各种参数设定等功能，提供 PLC 运行的平台。系统程序关系到 PLC 的性能，而且在 PLC 使用过程中不会变动，所以是由制造厂家直接固化在只读存储器 ROM、PROM 或 EPROM 中的，用户不能访问和修改。

用户程序是随 PLC 的控制对象而定的由用户根据对象生产工艺的控制要求而编制的应用程序。为了便于读出、检查和修改，用户程序一般存于 CMOS 静态 RAM 中，用锂电池作为后备电源，以保证掉电时不会丢失信息。为了防止干扰对 RAM 中程序的破坏，当用户程序经过运行调试正常，不需要改变后，可将其固化在只读存储器 EPROM 中。现在有许多 PLC 直接采用 EEPROM 作为用户存储器。

工作数据是 PLC 运行过程中经常变化、经常存取的一些数据，存放在 RAM 中，以适应随机存取的要求。在 PLC 的工作数据存储器中，设有存放输入/输出继电器、辅助继电器、定时器、计数器等逻辑器件的存储区，这些器件的状态都是由用户程序的初始设置和运行情况而确定的。根据需要，部分数据在掉电时用后备电池维持其现有的状态，这部分在掉电时可保存数据的存储区域称为保持数据区。

由于系统程序及工作数据与用户无直接联系，所以在 PLC 产品样本或使用手册中所列存储器的形式及容量是指用户程序存储器。当 PLC 提供的用户存储器容量不够用时，许多 PLC 还提供有存储器扩展功能。

（3）输入/输出单元 输入/输出单元通常也称 I/O 单元或 I/O 模块，是 PLC 与工业生产现场之间的连接部件。PLC 通过输入接口可以检测被控对象的各种数据，以这些数据作为 PLC 对被控对象进行控制的依据；同时 PLC 又通过输出接口将处理结果送给被控对象，以实现控制目的。

由于外部输入设备和输出设备所需的信号电平是多种多样的，而 PLC 内部 CPU 处理的信息只能是标准电平，所以 I/O 接口要实现这种转换。I/O 接口一般都具有光电隔离和滤波功能，以提高 PLC 的抗干扰能力。另外，I/O 接口上通常还有状态指示，工作状况直观，便于维护。

PLC 提供了多种操作电平和驱动能力的 I/O 接口，有各种各样功能的 I/O 接口供用户选用。I/O 接口的主要类型有：数字量（开关量）输入、数字量（开关量）输出、模拟量输入、模拟量输出等。

常用的开关量输入接口按其使用的电源不同有三种类型：直流输入接口、交流输入接口和交/直流输入接口，其基本原理电路如图 1-3 所示。

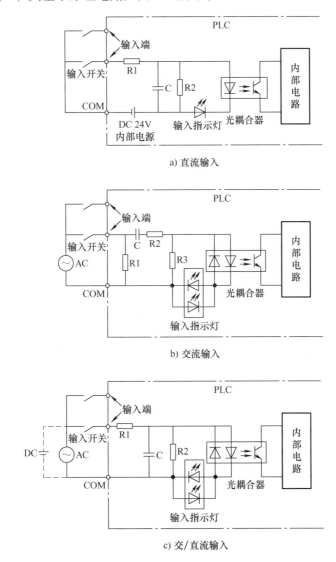

a) 直流输入

b) 交流输入

c) 交/直流输入

图 1-3　开关量输入接口

常用的开关量输出接口按输出开关器件不同有三种类型：继电器输出、晶体管输出和双向晶闸管输出，其基本原理电路如图 1-4 所示。继电器输出接口可驱动交流或直流负载，但其响应时间长，动作频率低；而晶体管输出和双向晶闸管输出接口的响应速度快，动作频率高，但前者只能用于驱动直流负载，后者只能用于驱动交流负载。

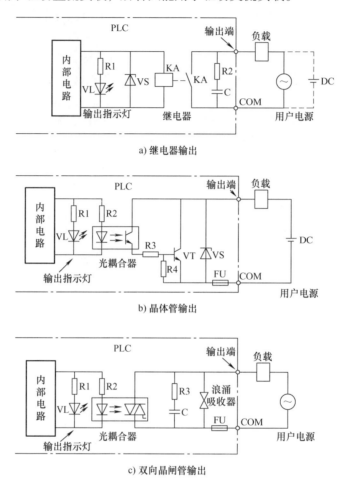

a) 继电器输出

b) 晶体管输出

c) 双向晶闸管输出

图 1-4　开关量输出接口

PLC 的 I/O 接口所能接收的输入信号个数和输出信号个数称为 PLC 输入/输出（I/O）点数。I/O 点数是选择 PLC 的重要依据之一。当系统的 I/O 点数不够时，可通过 PLC 的 I/O 扩展接口对系统进行扩展。

（4）通信接口　PLC 配有各种通信接口，这些通信接口一般都带有通信处理器。PLC 通过这些通信接口可与监视器、打印机、其他 PLC、计算机等设备实现通信。PLC 与打印机连接，可将过程信息、系统参数等输出打印；与监视器连接，可将控制过程图像显示出来；与其他 PLC 连接，可组成多机系统或连成网络，实现更大规模控制；与计算机连接，可组成多级分布式控制系统，实现控制与管理相结合。

远程 I/O 系统也必须配备相应的通信接口模块。

（5）智能接口模块　智能接口模块是一个独立的计算机系统，它有自己的 CPU、系统程序、存储器以及与 PLC 系统总线相连的接口。它作为 PLC 系统的一个模块，通过总线与 PLC 相连，进行数据交换，并在 PLC 的协调管理下独立地进行工作。

PLC 的智能接口模块种类很多，如高速计数模块、闭环控制模块、运动控制模块、中断控制模块等。

（6）编程装置　编程装置的作用是编辑、调试、输入用户程序，也可在线监控 PLC 内部状态和参数，与 PLC 进行人机对话。它是开发、应用、维护 PLC 不可缺少的工具。编程装置可以是专用编程器，也可以是配有专用编程软件包的通用计算机系统。专用编程器由 PLC 厂家生产，专供该厂家生产的某些 PLC 产品使用，它主要由键盘、显示器和外存储器接插口等部件组成。专用编程器有简易编程器和智能编程器两类。

简易编程器只能联机编程，而且不能直接输入和编辑梯形图程序，需将梯形图程序转化为指令表程序才能输入。简易编程器体积小、价格便宜，它可以直接插在 PLC 的编程插座上，或者用专用电缆与 PLC 相连，以方便编程和调试。有些简易编程器带有存储盒，可用来储存用户程序，如三菱的 FX-20P-E 简易编程器。

智能编程器又称图形编程器，本质上它是一台专用便携式计算机，如三菱的 GP-80FX-E 智能编程器。它既可联机编程，又可脱机编程，可直接输入和编辑梯形图程序，使用更加直观、方便，但价格较高，操作也比较复杂。大多数智能编程器带有磁盘驱动器，提供录音机接口和打印机接口。

专用编程器只能对指定厂家的几种 PLC 进行编程，使用范围有限，价格较高。同时，由于 PLC 产品不断更新换代，所以专用编程器的生命周期也十分有限。因此，现在的趋势是使用以个人计算机为基础的编程装置，用户只需要购买 PLC 厂家提供的编程软件和相应的硬件接口装置。这样，用户只用较少的投资即可得到高性能的 PLC 程序开发系统。

基于个人计算机的程序开发系统功能强大，既可以编制、修改 PLC 的梯形图程序，又可以监视系统运行、打印文件、进行系统仿真等，配上相应的软件还可实现数据采集和分析等许多功能。

（7）电源　PLC 配有开关电源，以供内部电路使用。与普通电源相比，PLC 电源的稳定性好、抗干扰能力强。对电网提供的电源稳定度要求不高，一般允许电源电压在其额定值 ±15% 的范围内波动。许多 PLC 还向外提供直流 24V 稳压电源，用于对外部传感器供电。

（8）其他外部设备　除了以上所述的部件和设备外，PLC 还有许多外部设备，如 EPROM 写入器、外存储器、人机接口装置等。

EPROM 写入器是用来将用户程序固化到 EPROM 存储器中的一种 PLC 外部设备。为了使调试好的用户程序不易丢失，经常用 EPROM 写入器将 PLC 内的用户程序保存到 EPROM 中。

PLC 内部的半导体存储器称为内存储器。有时可用外部的磁带、磁盘和半导体存储器做成的存储盒等来存储 PLC 的用户程序，这些存储器件称为外存储器。外存储器一般是通过编程器或其他智能模块提供的接口，实现与内存储器之间相互传送用户程序。

人机接口装置是用来实现操作人员与 PLC 控制系统的对话。最简单、最普遍的人机接口装置由安装在控制台上的按钮、转换开关、拨码开关、指示灯、LED 显示器、声光报警器等器件构成。对于 PLC 系统，还可采用半智能型 CRT 人机接口装置和智能型终端人机接口装置。半智能型 CRT 人机接口装置可长期安装在控制台上，通过通信接口接收来自 PLC 的信息并在 CRT 上显示出来；而智能型终端人机接口装置有自己的微处理器和存储器，能够与操作人员快速交换信息，并通过通信接口与 PLC 相连，也可作为独立的节点接入 PLC 网络。

2. PLC 的工作原理

（1）PLC 的软件系统　PLC 的软件系统由系统程序和用户程序组成。系统程序有三种：系统管理程序、用户编辑程序和指令解释程序、标准子程序和调用管理程序。

1）系统管理程序：用于系统管理，包括 PLC 的运行管理（各种操作的时间分配）、存储空间的管理（生成用户数据区）和系统自诊断管理（如电源、系统出错、程序语法等）。

2）用户编辑程序和指令解释程序：编辑程序能将用户程序变成内码形式以便于程序的修改、调试；解释程序用于将编程语言变成机器语言，以便 CPU 操作。

3）标准子程序与调用管理程序：为提高运行速度，在程序执行中，某些信息处理（如 I/O 处理）或特殊运算等，是通过调用标准子程序来完成的。

用户程序即应用程序，是用户针对具体控制对象编制的程序。PLC 是通过在 RUN 方式下，循环扫描执行用户程序来完成控制任务的，用户程序决定了一个控制系统的功能。

（2）扫描工作方式　当 PLC 运行时，是通过执行反映控制要求的用户程序来完成控制任务的，需要执行众多的操作，但 CPU 不可能同时去执行多个操作，它只能按分时操作（串行工作）方式，每一次执行一个操作，按顺序逐个执行。由于 CPU 的运算处理速度很快，所以从宏观上来看，PLC 外部出现的结果似乎是同时（并行）完成的。这种串行工作过程称为 PLC 的扫描工作方式。

用扫描工作方式执行用户程序时，扫描是从第一条程序开始，在无中断或跳转控制的情况下，按程序存储顺序的先后，逐条执行用户程序，直到程序结束。然后再从头开始扫描执行，周而复始重复运行。

PLC 的扫描工作方式与电器控制的工作原理明显不同。电器控制装置采用硬逻辑的并行工作方式，如果某个继电器的线圈通电或断电，那么该继电器的所有常开和常闭触点不论处在控制线路的哪个位置上，都会立即同时动作；而 PLC 采用扫描工作方式（串行工作方式），如果某个软继电器的线圈被接通或断开，其所有的触点不会立即动作，必须等扫描到该触点时才会动作。但由于 PLC 的扫描速度快，通常 PLC 与电器控制装置在 I/O 的处理结果上并没有什么差别。

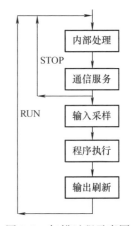

图 1-5　扫描过程示意图

PLC 的扫描工作过程除了执行用户程序外，在每次扫描工作过程中还要完成内部处理、通信服务工作。如图 1-5 所示，整个过程扫描执行一遍所需的时间称为扫描周期。扫描周期与 CPU 运行速度、PLC 硬件配置及用户程序长短有关，典型值为 1～100ms。

PLC 的扫描工作方式简单直观，便于程序的设计，并为可靠运行提供了保障。当 PLC 扫描到的指令被执行后，其结果马上就被后面将要扫描到的指令所利用，而且还可通过 CPU 内部设置的监视定时器来监视每次扫描是否超过规定时间，避免由于 CPU 内部故障使程序执行进入死循环。

（3）工作的主要阶段　由图 1-5 可看出，整个扫描工作过程包括内部处理、通信服务、输入采样、程序执行、输出刷新五个阶段。

在内部处理阶段，进行 PLC 自检，检查内部硬件是否正常，对监视定时器（WDT）复位以及完成其他一些内部处理工作。

在通信服务阶段，PLC 与其他智能装置实现通信，响应编程器键入的命令，更新编程器的显示内容等。

当 PLC 处于停止（STOP）状态时，只完成内部处理和通信服务工作。当 PLC 处于运行（RUN）状态时，除完成内部处理和通信服务工作外，还要完成输入采样、程序执行、输出刷新工作。在整个运行期间，PLC 的 CPU 以一定的扫描速度重复执行上述三个阶段。

1）输入采样阶段。在输入采样阶段，PLC 以扫描方式依次读入所有输入状态和数据，并将它们存入 I/O 映像区中的相应单元内。输入采样结束后，转入用户程序执行和输出刷新阶段。在这两个阶段中，即使输入状态和数据发生变化，I/O 映像区中的相应单元的状态和数据也不会改变。因此，如果输入是脉冲信号，则该脉冲信号的宽度必须大于一个扫描周期，才能保证在任何情况下，该输入均能被读入。

2）用户程序执行阶段。在用户程序执行阶段，PLC 总是按由上而下的顺序依次扫描用户程序（梯形图）。在扫描每一条梯形图时，又总是先扫描梯形图左边的由各触点构成的控制线路，并按先左后右、先上后下的顺序对由触点构成的控制线路进行逻辑运算，然后根据逻辑运算的结果，刷新该逻辑线圈在系统 RAM 存储区中对应位的状态，或者刷新该输出线圈在 I/O 映像区中对应位的状态，或者确定是否要执行该梯形图所规定的特殊功能指令。

在用户程序执行过程中，只有输入点在 I/O 映像区内的状态和数据不会发生变化，而其他输出点和软设备在 I/O 映像区或系统 RAM 存储区内的状态和数据都有可能发生变化，而且排在上面的梯形图，其程序执行结果会对排在下面的凡是用到这些线圈或数据的梯形图起作用；相反，排在下面的梯形图，其被刷新的逻辑线圈的状态或数据只能到下一个扫描周期才能对排在其上面的程序起作用。

在程序执行的过程中如果使用立即 I/O 指令，则可以直接存取 I/O 点。即使用 I/O 指令的话，输入过程映像寄存器的值不会被更新，程序直接从 I/O 模块取值，输出过程映像寄存器会被立即更新，这跟立即输入有些区别。

3）输出刷新阶段。当扫描用户程序结束后，PLC 就进入输出刷新阶段。在此期间，CPU 按照 I/O 映像区内对应的状态和数据刷新所有的输出锁存电路，再经输出电路驱动相应的外设，这时，才是 PLC 的真正输出。

1.1.3　PLC 的编程语言

1. PLC 编程语言的国际标准

IEC 61131 是 PLC 的国际标准，1992～1995 年发布了 IEC 61131 标准中的 1～4 部分，我国在 1995 年 11 月发布了 GB/T 15969.1/2/3/4（等同于 IEC 61131-1/2/3/4）。

IEC 61131-3 广泛地应用于 PLC、DCS 和工控机、"软件 PLC"、数控系统、RTU 等产品中。它定义了句法、语义和下述 5 种编程语言，如图 1-6 所示。

图 1-6　PLC 的编程语言

1）梯形图 LD（Ladder Diagram）：西门子简称为 LAD。

2）指令表 IL（Instruction List）：西门子称为语句表 STL。

3）功能块图语言 FBD（Function Block Diagram）：对应于西门子的功能块图 FBD。

4）顺序功能图 SFC（Sequential Function Chart）：对应于西门子的 S7-GRAPH，这是一

种位于其他编程语言之上的图形语言。

5）结构文本 ST（Structured Text）：西门子称为结构化控制语言（SCL）。

2. STEP 7 中的编程语言

梯形图、语句表和功能块图是标准的 STEP 7 软件包配备的 3 种基本编程语言，这 3 种语言可以在 STEP 7 中相互转换。专业版还附加了对 GRAPH（顺序功能图）、SCL（结构化控制语言）、Higraph（图形编程语言）、CFC（连续功能图）等编程语言的支持，不同的编程语言可供不同知识背景的人员采用。

（1）梯形图 梯形图（LAD）是 PLC 使用得最多的图形编程语言，被称为 PLC 的第一编程语言。梯形图常被称为电路或程序，梯形图的设计称为编程。中文版 STEP 7 将触点和线圈组成的独立电路称之为程序段。梯形图示例如图 1-7 所示。图 1-8 是图 1-7 所示的梯形图对应的语句表程序。

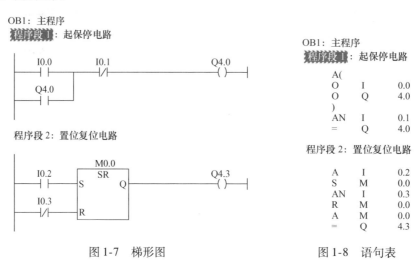

图 1-7 梯形图   图 1-8 语句表

梯形图由触点、线圈、基本逻辑指令和指令框等组成。触点代表逻辑输入条件，例如外部的按钮、行程开关、内部条件等。线圈通常代表逻辑输出结果，用来控制外部的指示灯、交流接触器和内部的输出标志位等。指令框用来表示定时器、计数器或数学运算等附加指令。由此可以看出，梯形图与继电器控制系统的电路图很相似，直观易懂，很容易被工厂熟悉继电器控制系统的相关电气人员所掌握，特别适用于开关量逻辑控制。

梯形图两侧的垂直公共线称为母线（Bus Bar）。在分析梯形图的逻辑关系时，为了借用继电器电路图的分析方法，可以想象左右两侧母线（左母线和右母线）之间有一个左正右负的直流电源电压，母线之间有"能流"从左向右流动。右母线可以不画出。当图 1-7 中所示触点 I0.0 或 Q4.0 接通时，有一个假想的"概念电流"或"能流"（Power Flow）从左向右流动，流过 Q4.0 的线圈。这一方向与执行用户程序时的逻辑运算的顺序是一致的。能流只能从左向右流动。利用能流这一概念，可以帮助我们更好地理解和分析梯形图。应当注意，在母线两端是没有任何电源的，梯形图中也没有真正的物理电流流动，这个概念上的能流，只是用来帮助更好地理解和分析梯形图。

（2）语句表 语句表（STL）是类似于计算机汇编语言的一种文本编程语言，由多条语句组成一个程序段，如图 1-8 所示。语句表适合于经验丰富的程序员使用，可以实现其他编程语言不能实现的功能，在运行时间和要求的存储空间方面最优。在设计通信、数学运算等高级应用程序时建议使用语句表。

（3）功能块图　功能块图（FBD）使用类似于布尔代数的图形逻辑符号来表示控制逻辑，一些复杂的功能用指令框表示。FBD 比较适合于有数字电路基础的编程人员使用。对应于图 1-7 的功能块图程序如图 1-9 所示。

（4）顺序功能图　顺序功能图（S7-GRAPH）类似于解决问题的流程图，适用于顺序控制的编程。利用 S7-GRAPH 编程语言，可以清楚快速地组织和编写 S7 PLC 系统的顺序控制程序。它根

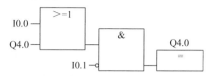

OB1：主程序
程序段 1：起保停电路

程序段 2：置位复位电路

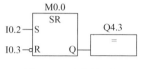

图 1-9　功能块图

据功能将控制任务分解为若干步，其顺序用图形方式显示出来并且可形成图形和文本方式的文件。S7-300/400 的 S7-GRAPH 软件与 IEC 61131-3 标准建立的顺序控制语言兼容。顺序功能图程序如图 1-10 所示。

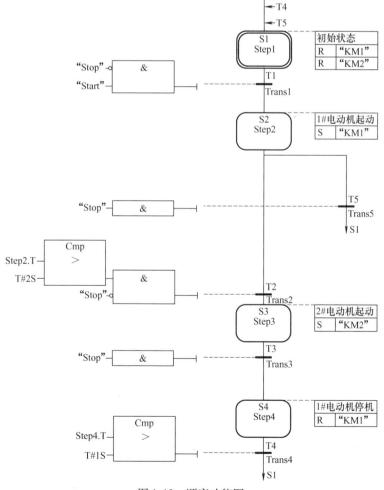

图 1-10　顺序功能图

S7-GRAPH 编程语言对顺序控制过程的编程非常方便，用于编程及故障诊断更为有效，特别适合于熟悉生产工艺的技术人员使用。

（5）其他编程语言　S7-Higraph（图形编程语言）允许用状态图描述生产过程，将自动控制下的机器或系统分成若干个功能单元，并为每个单元生成状态图，然后利用信息通信将功能单元组合在一起形成完整的系统。S7-Higraph 编程图形如图 1-11 所示。

S7-SCL（Structured Control Language：结构化控制语言）是一种类似于 PASCAL 的高级文本编辑语言，用于 S7-300/400 和 C7 的编程，可以简化数学计算、数据管理和组织工作。S7-SCL 具有 PLC 公开的基本标准认证，符合 IEC 1131-3（结构化文本）标准。S7-SCL 编程语言如图 1-12 所示。

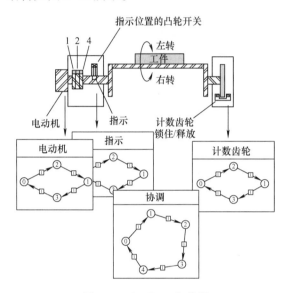

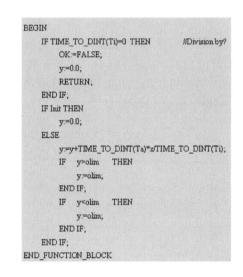

图 1-11　S7-Higraph 编程　　　　　　　图 1-12　S7-SCL 编程

CFC（Continuous Function Chart：连续功能图），利用工程工具 CFC 可以通过绘制工艺设计图来生成 SIMATIC S7 和 SIMATIC M7 的控制程序，该方法类似于 PLC 的 FBD 编程语言。在这种图形编程方法中，块被安放在一种绘图板上并且相互连接。利用 CFC 用户可以快速、容易地将工艺设计图转化为完整的可执行程序。

1.1.4　S7-300 PLC 在 PLC 家族中的地位

1. 国内外 PLC 产品介绍

世界上的 PLC 产品可按地域分成三大流派：一个流派是美国产品，一个流派是欧洲产品，一个流派是日本产品。美国和欧洲的 PLC 技术是在相互隔离的情况下独立研究开发的，因此美国和欧洲的 PLC 产品有明显的差异性。而日本的 PLC 技术是由美国引进的，对美国的 PLC 产品有一定的继承性，但日本的主推产品定位在小型 PLC 上。美国和欧洲以大中型 PLC 而闻名。

（1）美国 PLC 产品　美国是 PLC 生产大国，有 100 多家 PLC 厂商，著名的有 A-B 公司、通用电气（GE）公司、莫迪康（MODICON）公司、德州仪器（TI）公司、西屋公司等。其中 A-B 公司是美国最大的 PLC 制造商，其产品约占美国 PLC 市场的一半。

（2）欧洲 PLC 产品 德国的西门子（SIEMENS）公司、AEG 公司、法国的 TE 公司是欧洲著名的 PLC 制造商。德国西门子的电子产品以性能精良而久负盛名，在大、中型 PLC 产品领域与美国的 A-B 公司齐名。

西门子 PLC 主要产品是 S5、S7 系列。在 S5 系列中，S5-90U、S5-95U 属于微型整体式 PLC；S5-100U 是小型模块式 PLC，最多可配置到 256 个 I/O 点；S5-115U 是中型 PLC，最多可配置到 1024 个 I/O 点；S5-115UH 是中型机，它是由两台 SS-115U 组成的双机冗余系统；S5-155U 为大型机，最多可配置到 4096 个 I/O 点，模拟量可达 300 多路；SS-155H 是大型机，它是由两台 S5-155U 组成的双机冗余系统。而 S7 系列是西门子公司近年来在 S5 系列 PLC 的基础上推出的新产品，其性能价格比高，其中 S7-200 系列属于微型 PLC，S7-300 系列属于中小型 PLC，S7-400 系列属于中高性能的大型 PLC。

（3）日本 PLC 产品 日本的小型 PLC 最具特色，在小型机领域中颇具优势，某些用欧美的中型机或大型机才能实现的控制，日本的小型机就可以解决。在开发较复杂的控制系统方面明显优于欧美的小型机，所以倍受用户欢迎。日本有许多 PLC 制造商，如三菱、欧姆龙、松下、富士、日立、东芝等，在世界小型 PLC 市场上，日本产品约占有 70% 的份额。

（4）我国 PLC 产品 我国有许多厂家、科研院所从事 PLC 的研制与开发，如中国科学院自动化研究所的 PLC-0088、北京联想计算机集团公司的 GK-40、上海机床电器厂的 CKY-40 等。自 1982 年以来，先后有天津、厦门、大连、上海等地的相关企业与国外著名 PLC 制造厂商进行合资或引进技术、生产线等，这将促进我国的 PLC 技术在赶超世界先进水平的道路上快速发展。

2. S7 系列 PLC

德国西门子（SIEMENS）公司生产的 PLC 在我国的应用也相当广泛，在冶金、化工、印刷生产线等领域都有应用。西门子（SIEMENS）公司的 PLC 产品包括 LOGO、S7-200、S7-300、S7-400、工业网络、HMI 人机界面和工业软件等。

西门子的工业软件包括编程和工程工具、基于 PC 的控制软件和人机界面软件三个不同的种类。编程和工程工具包括所有基于 PLC 或 PC 用于编程、组态、模拟和维护等控制所需的工具。STEP 7 标准软件包 SIMATIC S7 是用于 S7-300/400 的，C7 PLC 和 SIMATIC WinAC 是基于 PC 控制产品的组态编程和维护的项目管理工具，STEP 7-Micro/WIN 是在 Windows 平台上运行的 S7-200 系列 PLC 的编程、在线仿真软件。

西门子 S7 系列 PLC 体积小、速度快、标准化程度高，具有网络通信能力，功能更强，可靠性更高。S7 系列 PLC 产品可分为微型 PLC（如 S7-200）、小规模性能要求的 PLC（如 S7-300）和中、高性能要求的 PLC（如 S7-400）等。

（1）SIMATIC S7-200 PLC S7-200 PLC 是超小型化的 PLC，它适用于各行各业、各种场合中的自动检测、监测及控制等。S7-200 PLC 的强大功能使其无论单机运行，或联成网络都能实现复杂的控制功能。

S7-200 PLC 可提供 4 个不同的基本型号与 8 种 CPU，可供选择使用。

（2）SIMATIC S7-300 PLC S7-300 PLC 是模块化小型 PLC 系统，能满足中等性能要求的应用，各种单独的模块之间可进行广泛组合构成不同要求的系统。与 S7-200 PLC 比较，S7-300 PLC 采用模块化结构；具备高速（$0.1 \sim 0.6 \mu s$）的指令运算速度；用浮点数运算有效地实现了更为复杂的算术运算；配有一个带标准用户接口的软件工具，方便用户给所有模块进行参数赋值；方便的人机界面服务已经被集成在 S7-300 操作系统内，人机对话的编程要求大大减少。SIMATIC 人机界面（HMI）从 S7-300 中取得数据，S7-300 按用户指定的刷新速度传送这些数据。S7-300 操作系统自动处理数据的传送；CPU 的智能化诊断系统可连续监控系统的功能是否正常、记录错误和特殊系统事件（如超时、模块更换等）；多级口令保护可以使用户高度、有效地保护其技术机密，防止未经允许的复制和修改；S7-300 PLC 设有操作方式选择开关，操作方式选择开关像钥匙一样可以拔出，当钥匙拔出时，就不能改变操作方式，这样就可防止非法删除或改写用户程序；具备强大的通信功能，S7-300 PLC 可通过编程软件 Step 7 的用户界面提供通信组态功能，这使得组态非常容易、简单。S7-300 PLC 具有多种不同的通信接口，并通过多种通信处理器来连接 AS-I 总线接口和工业以太网总线系统；串行通信处理器用来连接点到点的通信系统；多点接口（MPI）集成在 CPU 中，用于同时连接编程器、PC、人机界面系统及其他 SIMATIC S7/M7/C7 等自动化控制系统。

（3）SIMATIC S7-400 PLC   S7-400 PLC 是属于中、高档性能范围的 PLC。S7-400 PLC 采用模块化无风扇的设计，可靠耐用，同时可以选用多种级别（功能逐步升级）的 CPU，并配有多种通用功能的模块，这使用户能根据需要组合成不同的专用系统。当控制系统规模扩大或升级时，只要适当地增加一些模块，便能使系统升级，充分满足需要。

任务 1.2   学习 S7-300 PLC 硬件系统及存储区

【提出任务】

S7-300 PLC 的硬件系统结构有什么规律？各模块有什么作用？内部有哪些存储区呢？

【分析任务】

S7-300 PLC 的硬件系统结构是有规律的，要顺利地应用 S7-300 PLC 进行程序设计，必须先熟悉其系统结构和内部存储区。本任务将对其硬件系统结构中的各模块进行讲述，再介绍其内部存储区。

【解答任务】

1.2.1   S7-300 PLC 的系统结构

SIMATIC S7-300 系列 PLC 采用模块化结构设计，各种单独模块之间可进行广泛组合和扩展，其系统构成框图如图 1-13 所示。它的主要组成部分有导轨（RACK）、电源模块（PS）、中央处理单元模块（CPU）、接口模块（IM）、信号模块（SM）、功能模块（FM）和通信处理器（CP）等。它通过 MPI 网的接口直接与编程器 PG、操作员面板 OP 和其他 S7 PLC 相连。模块化的 S7-300 PLC 和运行中的 PLC 实物如图 1-14 所示。

1. 机架或导轨（RACK）

导轨是安装 S7-300 各类模块的机架，它是特制不锈钢异形板，其长度有 160mm、482mm、530mm、830mm、2000mm 五种，可根据实际需要选择。电源模块、CPU 及其他信号模块都可方便地安装在导轨上。除 CPU 模块外，每个信号模块都带有总线连接器，安装时先将总线连接器装在 CPU 模块上并固定在导轨上，然后依次将各模块装入，通过背板总线将各模块从物理上和电气上连接起来。S7-300 的安装如图 1-15 所示。

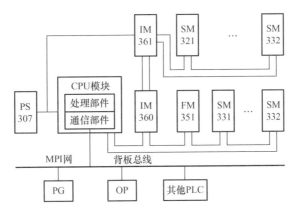

图 1-13　S7-300 系列 PLC 的系统构成框图

图 1-14　S7-300 PLC

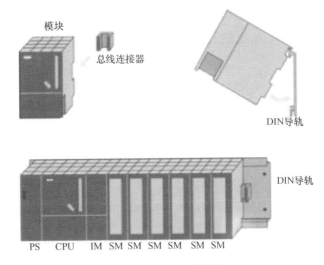

图 1-15　S7-300 的安装

安装 CPU 的机架为 0 号机架，称为主机架或中央机架。0 号机架的 1 号槽安装电源模块，2 号槽安装中央处理单元，3 号槽安装接口模块，4 ~ 11 号槽可自由分配信号模块、功能模块和通信模块。需要注意的是，槽位号是相对的，每一机架的导轨并不存在物理的槽位。

2. 电源模块（PS）

电源模块用于将 SIMATIC S7-300 连接到 120/230V 交流电源或 24/48/60/110V 直流电源。它与 CPU 模块和其他信号模块之间通过电缆连接，而不是通过背板总线连接。

3. 中央处理单元模块（CPU）

SIMATIC S7-300 提供了多种不同性能的 CPU，以满足用户不同的要求，包括 CPU312 IFM、CPU313、CPU314、CPU315、CPU315-2DP 等。CPU 模块除完成执行用户程序的主要任务外，还为 S7-300 背板总线提供 5V 直流电源，并通过 MPI 接口与其他中央处理器或编程装置通信。S7-300 的编程装置可以是西门子专用的编程器，如 PG705、PG720、PG740、PG760 等，也可以用通用微机，配以 STEP 7 软件包，并加 MPI 卡和 MPI 编程电缆构成。在 1.2.2 节中将专门介绍 CPU 模块。

4. 接口模块（IM）

接口模块用于多机架配置时连接主机架（CR）和扩展机架（ER）。当需要的信号模块 SM 超过 8 个时，可通过接口模块 IM 连接安装扩展机架，一个 S7-300 系统最多可安装 3 个扩展机架，32 个信号模块。通过接口模块扩展的多机架 S7-300 PLC 系统如图 1-16 所示。

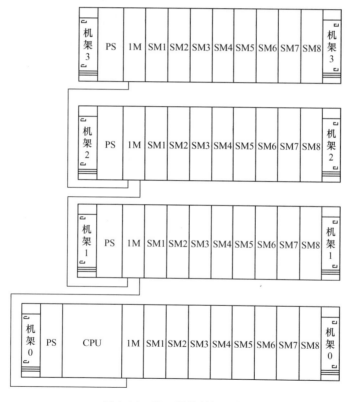

图 1-16　接口模块扩展机架

5. 信号模块（SM）

信号模块使不同的过程信号电平和 S7-300 的内部信号电平相匹配，主要有数字量输入模块 SM321、数字量输出模块 SM322、模拟量输入模块 SM331、模拟量输出模块 SM332。每个信号模块都配有自编码的螺紧型前连接器，外部过程信号可方便地连在信号模块的前连接器上。信号模块和前连接器如图 1-17 所示。在 1.2.3 节中将专门介绍信号模块。

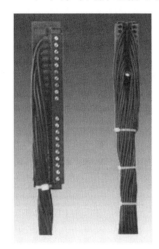

图 1-17　信号模块及前连接器

6. 功能模块（FM）

功能模块主要用于实时性强、存储计数量较大的过程信号处理任务。例如，快给进和慢给进驱动定位模块 FM351、电子凸轮控制模块 FM352、步进电动机定位模块 FM353、伺服电动机位控模块 FM354、智能位控模块 SINUMERIK FM-NC 等。

7. 通信处理器（CP）

通信处理器是一种智能模块，它用于 PLC 间或 PLC 与其他装置间联网以实现数据共享，例如具有 RS-232C 接口的 CP340、与现场总线联网的 CP342-5DP 等。通信处理器可以减轻 CPU 处理通信的负担，并减少用户对通信的编程工作。

1.2.2　CPU 模块

S7-300 有多种不同型号的 CPU，分别适用于不同等级的控制要求。有的 CPU 模块集成了数字量 I/O，有的同时集成了数字量 I/O 和模拟量 I/O。

CPU 内的元件封装在一个牢固而紧凑的塑料机壳内，面板上有状态和错误指示 LED 灯、模式选择开关和通信接口。微存储卡插槽可以插入多达数兆字节的 Flash EPROM 微存储卡（MMC），用于掉电后用户程序和数据的保存。有的 CPU 只有一个 MPI 接口。CPU313 面板布局如图 1-18 所示。

1. 模式选择开关

1）RUN-P：可编程运行模式。在此模式下，CPU 不仅可以执行用户程序，在运行的同时，还可以通过编程设备（如装有 STEP 7 的 PG、PC）读出、修改、监控用户程序。在此位置钥匙不能拔出。

2）RUN：运行模式。在此模式下，CPU 不仅执行用户程序，还可以通过编程设备读出、监控用户程序，但不能修改用户程序。在此位置钥匙可以拔出，以防程序正常运行时被改变操作模式。

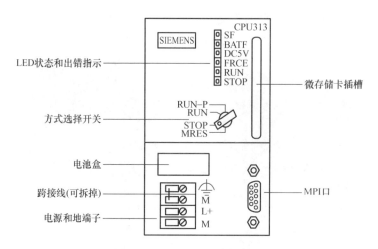

图 1-18　CPU313 的面板布局

3）STOP：停机模式。在此模式下，CPU 不执行用户程序，但可以通过编程设备从 CPU 中读出或修改用户程序，在此位置钥匙可以拔出。

4）MRES：存储器复位模式。该位置不能保持，当开关在此位置释放时将自动返回到 STOP 位置。将钥匙从 STOP 模式切换到 MRES 模式时，可复位存储器，使 CPU 回到初始状态。存储器一旦被复位，工作存储器、RAM 装载存储器内的用户程序、数据区、地址区、定时器、计数器和数据块等将全部清除（包括有保持功能的元件），同时还会检测 PLC 硬件，初始化硬件和系统程序参数、系统参数，并将 CPU 或模块参数设置为默认值，但保留对 MPI 的设置。如果 CPU 配置有微存储卡（MMC），CPU 在复位完成后，自动将存储卡内的用户程序和系统参数装入工作存储器。MRES 模式只有在程序错误、硬件参数错误、存储卡未插入等情况下才需要使用。当 STOP 指示灯以 0.5Hz 的频率闪烁时，表示需要复位。

复位操作步骤：将模式开关从 STOP 位置转换到 MRES，STOP 指示灯灭 1s→亮 1s→灭 1s→常亮，释放开关使其回到 STOP 位置，然后再转换到 MRES 位置，STOP 指示灯以 2Hz 的频率闪烁 3s（表示正在对 CPU 复位）→常亮（表示已完成复位），此时可释放开关使其回到 TOP 位置，并完成复位操作。

2. 状态与故障指示

1）SF（红色）：系统出错/故障指示灯。CPU 硬件或软件错误时亮。

2）BATF（红色）：电池故障指示灯（只有 CPU313 和 314 配备）。当电池失效或未装入时，指示灯亮。

3）BF（BUS DF）（红色）：总线出错指示灯（只适用于带有 DP 接口的 CPU），出错时亮。

4）SF DP（红色）：DP 接口错误指示灯（只适用于带有 DP 接口的 CPU），当 DP 接口故障时亮。

5）DC 5V（绿色）：+5V 电源指示灯。CPU 和 S7-300 总线的 5V 电源正常时亮。

6）FRCE（黄色）：强制作业有效指示灯，至少有一个 I/O 处于被强制状态时亮。

7）RUN（绿色）：运行状态指示灯。CPU 处于"RUN"状态时亮；LED 在"Startup"状态以 2Hz 频率闪烁；在"HOLD"状态以 0.5Hz 频率闪烁。

8）STOP（黄色）：停止状态指示灯。CPU 处于"STOP""HOLD"或"Startup"状态时亮；在存储器复位时 LED 以 0.5Hz 频率闪烁；在存储器置位时 LED 以 2Hz 频率闪烁。

3. SIMATIC 微存储卡（MMC）

Flash EPROM 微存储卡用于在断电时保存用户程序和某些数据，它可以扩展 CPU 的存储器容量，也可以将有些 CPU 的操作系统包括在 MMC 中，这对于操作系统的升级是非常方便的。MMC 用作装载存储器或便携式保存媒体，它的读写直接在 CPU 内进行，不需要专用的编程器。由于 CPU31xC 没有安装集成的装载存储器，在使用 CPU 时必须插入 MMC，CPU 与 MMC 是分开订货的。微存储卡如图 1-19 所示。

图 1-19　微存储卡

1.2.3　信号模块

1. 数字量输入模块

数字量输入模块 SM321 用于连接外部的机械触点和电子数字式传感器，例如光电开关和接近开关，将现场过程送来的数字信号电平转换成 S7-300 内部信号电平。数字量输入模块有直流输入方式和交流输入方式。对现场输入元件，仅要求提供开关触点即可。输入信号进入模块后，一般都经过光电隔离和滤波，然后才送至输入缓冲器等待 CPU 采样。采样时，信号经过背板总线进入到输入映像区。

数字量输入模块按输入点数有 8 点、16 点和 32 点几种类型可供选择。

直流 32 点数字量输入模块的内部电路及外部端子接线图如图 1-20 所示，图中只画出了两路输入电路，其中的 M 为同一输入组内各输入信号的公共端，L+ 为负载电压输入端。直流输入电路的延迟时间较短，可以直接与接近开关、光电开关等电子传感器连接。

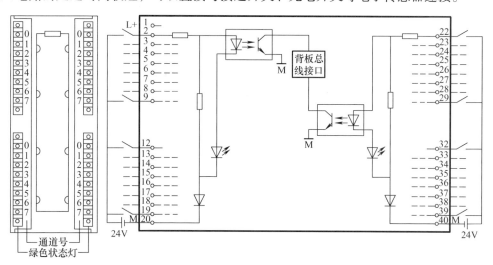

图 1-20　直流 32 点数字量输入模块的内部电路及外部端子接线图

交流 32 点数字量输入模块的内部电路及外部端子接线图如图 1-21 所示，其中的 1N、1L、2N、2L、3N、3L、4N、4L 等分别为同一输入组内各输入信号的交流电源零线和相线输入端。交流输入方式适合于在有油雾、粉尘的恶劣环境下使用。

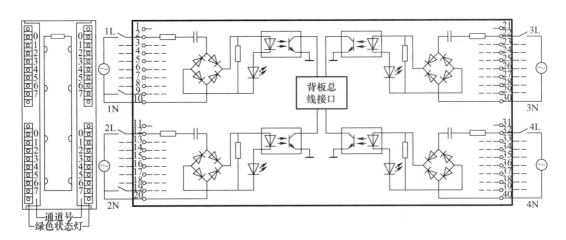

图 1-21　交流 32 点数字量输入模块的内部电路及外部端子接线图

2. 数字量输出模块

数字量输出模块 SM322 可直接用于驱动电磁阀、接触器、小型电动机、灯和电动机起动器等负载，将 S7-300 内部信号电平转换成控制过程所要求的外部信号电平，同时有隔离和功率放大的作用。

数字量输出模块所驱动的负载电源由外部现场提供。按负载回路使用的电源不同，它可分为直流输出模块、交流输出模块和交直流两用输出模块。按输出开关器件的种类不同，它又可分为晶体管输出方式、晶闸管输出方式和继电器触点输出方式。

32 点数字量晶体管输出模块的内部电路及外部端子接线图如图 1-22 所示。晶体管输出方式的模块属于直流输出模块，只能带直流负载，具有过载能力差、响应速度快等特点，适合动作比较频繁的应用场合。

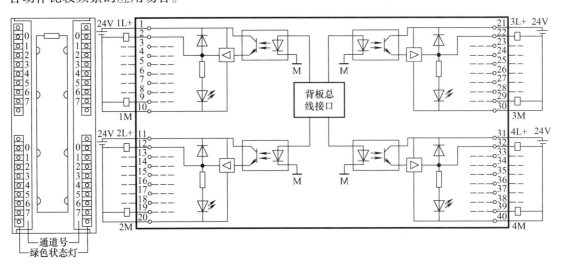

图 1-22　32 点数字量晶体管输出模块的内部电路及外部端子接线图

32 点数字量晶闸管输出模块的内部电路及外部端子接线图如图 1-23 所示。晶闸管输出方式属于交流输出模块，只能驱动交流负载，具有响应速度快、过载能力差等特点，适合动作比较频繁的应用场合。

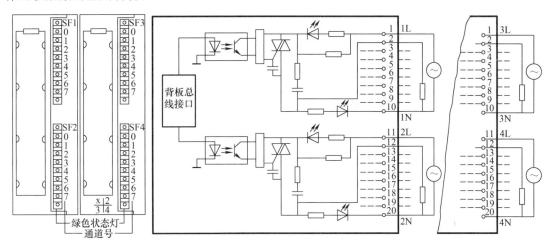

图 1-23 32 点数字量晶闸管输出模块的内部电路及外部端子接线图

16 点数字量继电器输出模块的内部电路及外部端子接线图如图 1-24 所示，继电器触点输出方式的模块属于交直流两用输出模块，既能用于交流负载，也能用于直流负载，具有负载电压范围宽、导通压降小、承受瞬时过电压和过电流的能力强等优点，但继电器动作时间长，不适合要求频繁动作的应用场合。

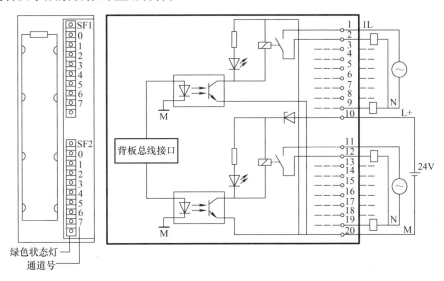

图 1-24 16 点数字量继电器输出模块的内部电路及外部端子接线图

3. 仿真模块

仿真模块 SM374 用于在启动和运行时调试程序，用开关仿真输入信号，通过 LED 显示输出状态，是可仿真 16 点输入、16 点输出、8 点输入和 8 点输出的数字量模块。仿真模块操作面板如图 1-25 所示。该模块的前面板包括 16 个开关，用于仿真输入信号，还包括 16 个 LED，用于指示输出的信号状态。

用户可以使用螺钉旋具设置下列任一模式：16 输入（只进行输入仿真）、16 输出（只进行输出仿真）、8 输入（输入和输出仿真）以及 8 输出（输入和输出仿真）。

该模块插入 S7-300 中，以取代数字量输入或输出模块。这样，用户就可以通过设置输入状态来控制程序执行。CPU 读取仿真模块上的输入信号状态，并在应用程序中进行处理。所产生的输出信号状态被发送到仿真模块上，并通过 LED 显示输出信号状态，为用户提供程序执行信息。仿真模块主要用于程序的调试，比较适合于教学应用。

4. 占位模块

占位模块 DM370 的主要作用是给数字量模块保留一个插槽，这样设计的 PLC 应用系统就有更大的灵活性和适应性。在一个应用系统中，如果用另一块 S7-300 模块代替占位模块，则整个配置的机械布局和地址的设置保持不变。DM370 的前、后视图如图 1-26 所示，模块上面有一设定开关，开关在 NA 位置时，占位模块为接口模块保留物理位置，但不保留此槽口的地址；开关在 A 位置时，占位模块为信号模块，既保留物理位置又保留槽口地址，此时必须用 STEP 7 软件的组态工具给此占位模块赋参数。

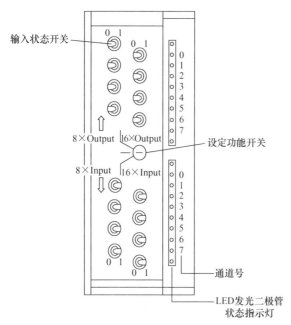

图 1-25　仿真模块操作面板

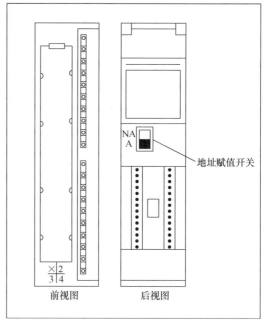

图 1-26　占位模块 DM370 的前、后视图

5. 模拟量输入模块

模拟量输入模块 SM331 用于将现场各种模拟量测量传感器输出的直流电压或电流信号转换成 PLC 内部处理的数字信号。S7-300 模拟量输入模块独具特色，它可以接入热电偶、热电阻、4～20mA 电流、0～10V 电压等 18 种不同的信号或元件，输入量程范围很宽。该类模块主要由 A-D 转换器、转换开关、恒流源、补偿电路、光隔离器及逻辑电路组成。AI 8 × 13 位模拟量输入模块的内部电路及端子接线如图 1-27 所示。从中可以看出 SM331 内部只有一个 A-D 转换器，各路模拟信号可以通过转换开关的切换，按顺序依次完成转换。

模拟量输入模块 SM331 目前有 8 种规格型号，所有模块内部都设有光电隔离电路，输入一般采用屏蔽电缆，其工作原理、性能、参数设置等各方面都完全一样。

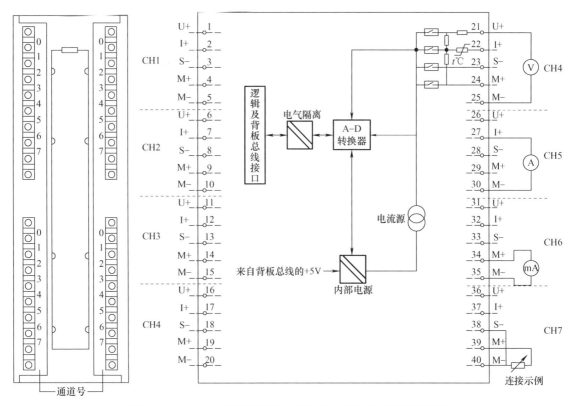

图 1-27　AI 8×13 位模拟量输入模块的内部电路及端子接线图

6. 模拟量输出模块

模拟量输出模块 SM332 用于将 S7-300 PLC 的数字信号转换成系统所需要的模拟量信号，从而控制模拟量调节器或执行机构。S7-300 模拟量输出模块可以输出 0~10V、1~5V、-10~10V、0~20mA、4~20mA、-20~20mA 等多种模拟信号。SM332 AO 4×12 位模块的内部电路及端子接线图如图 1-28 所示。

SM332 目前有 4 种规格型号，所有模块内部都设有光电隔离电路，其工作原理、性能、参数设置等各方面都完全一样。

模拟量输出模块可用于驱动负载或执行器，其输出有电流和电压两种形式。对于电压型模拟量输出模块，与负载的连接可以采用二线制或者四线制电路；对于电流型模拟量输出模块，与负载的连接只能采用二线制电路。

关于模拟量输入/输出模块的接线，读者可参考模块的使用说明，此处不再介绍。

1.2.4　S7-300 模块地址的确定

根据机架上模块的类型，地址可以为输入（I）或输出（O）。S7-300 的信号模块的字节地址与模块所在的机架号和槽号有关，位地址与信号线接在模块上的哪个端子上有关。数字 I/O 模块从 0 号机架的 4 号槽开始，每个槽划分为 4 字节（等于 32 个 I/O 点）。

模拟量模块以通道为单位，每个模拟量输入通道或输出通道的地址总是一个字地址（占两个字节地址）。一个模拟量模块最多有 8 个通道，起始地址从 256 开始。表 1-1 为 S7-300 信号模块的起始地址。

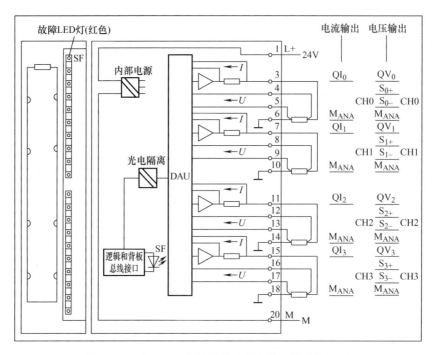

图 1-28 AO 4×12 位模块的内部电路及端子接线图

表 1-1 S7-300 信号模块的起始地址

机架	模块起始地址	槽 位 号									
		1	2	3	4	5	6	7	8	9	10	11
0	数字量 模拟量	PS	CPU	IM	0 256	4 272	8 288	12 304	16 320	20 336	24 352	28 368
1	数字量 模拟量	—		IM	32 384	36 400	40 416	44 432	48 448	52 464	56 480	60 496
2	数字量 模拟量	—		IM	64 512	68 528	72 544	76 560	80 576	84 592	88 608	92 624
3	数字量 模拟量	—		IM	96 640	100 656	104 672	108 688	112 704	116 720	120 736	124 752

1. 确定数字量模块的地址

数字量模块中的输入点和输出点的地址由字节部分和位部分组成。一个字节（B）等于 8 位（bit）。例如：I3.2 是一个数字量输入的位地址，小数点前的 3 是地址字节部分，小数点后的 2 表示这个输入点是 3 号字节的第 2 位。一个数字量模块的输入或输出地址由字节地址和位地址组成。字节地址取决于其模块起始地址。例如一块数字量模块插在第 4 号槽里，其地址分配如图 1-29 所示。

2. 确定模拟量模块的地址

模拟量输入或输出通道的地址总是一个字地址。通道地址取决于模块的起始地址。例如第一块模拟量模块插在第 4 号槽，其地址分配如图 1-30 所示。

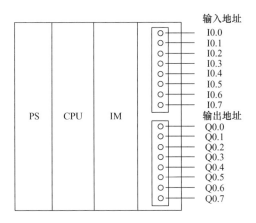

图 1-29 数字量模块地址分配举例

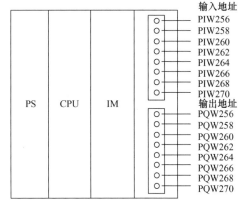

图 1-30 模拟量模块地址分配举例

1.2.5 S7-300 PLC 的存储区

PLC 的用户存储区在使用时必须按功能区分，S7-300 PLC 的 CPU 内部存储区如图 1-31 所示。由图可见，除了三个基本存储区（系统存储区、装载存储区和工作存储区）外，S7-300 PLC 的 CPU 中还有外设 I/O 存储区、累加器、地址寄存器、数据块地址寄存器和状态字寄存器等。

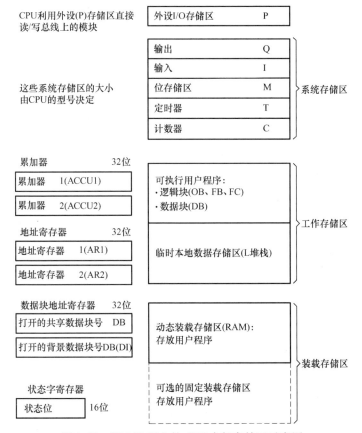

图 1-31 S7-300 PLC 的 CPU 内部存储区示意图

1. 系统存储器

系统存储器是 CPU 为用户程序提供的存储器，也集成在 CPU 内且不可扩展。系统存储器分为若干区域，如过程映像 I/O 区、位存储区、定时器和计数器、堆栈区、诊断缓冲区以及临时存储区等，需保持的数据可在组态时设置。表 1-2 为程序可访问的存储区及功能。

表 1-2　系统存储区

名　　称	存　储　区	存储区功能
输入（I）	过程输入映像表	扫描周期开始，操作系统读取过程输入值并录入表中，在处理过程中，程序使用这些值。每个 CPU 周期，输入存储区在输入映像表中存放输入状态值。输入映像表是外设输入存储区首 128B 的映像
输出（Q）	过程输出映像表	在扫描周期中，程序计算输出值并存储在该表中；在扫描周期结束后，操作系统从表中读取输出值，并传送到过程输出口。过程输出映像表是外设输出存储区的首 128B 的映像
位存储区（M）	存储位	存放程序运算的中间结果
外设输入（PI） 外设输出（PQ）	I/O：外设输入 I/O：外设输出	外设存储区允许直接访问现场设备（物理的或外部的输入和输出），外设存储区可以以字节、字和双字格式访问，但不可以以位方式访问
定时器（T）	定时器	为定时器提供存储区，计时时钟访问该存储区中的计时单元，并以减法更新计时值。定时器指令可以访问该存储区和计时单元
计数器（C）	计数器	为计数器提供存储区，计数指令访问该存储区
临时本地数据（L）	本地数据堆栈（L 堆栈）	在 FB、FC 或 OB 运行时设定，将块变量声明表中声明的暂时变量存在该存储区中，提供空间以传送某些类型参数和存放梯形图中间结果。块结束执行时，临时本地存储区再进行分配，不同的 CPU 提供不同数量的临时本地存储区
数据块（DB）	数据块	存放程序数据信息，可被所有逻辑块公用（"共享"数据块 DB）或被 FB 特定占用"背景"数据块 DI

2. 装载存储器

装载存储器用于保存用户程序（不包括符号地址及注释）和系统数据（即组态、连接和模块参数等）。部分型号的 CPU 内集成有装载存储器，而有些型号的 CPU 采用 MMC（微存储卡）作为装载存储器。对于集成的装载存储器具有掉电保护功能。使用 MMC 的装载存储器时，因数据保存在 MMC 上，所以可认为能永久保留。

使用 MMC 的装载存储器，装载存储器与 SIMATIC MMC 卡的大小完全相同。它用于存储代码块、数据块和系统数据（组态、连接、模块参数等）。确认与执行无关的块单独存储在装载存储器中，也可在 SIMATIC MMC 卡上存储项目的所有组态数据。必须在 CPU 中插入一个 SIMATIC MMC 卡，才能装载用户程序并运行 CPU。

3. 工作存储器

它用于执行代码和处理用户程序数据。用户程序仅在工作存储器和系统存储器中运行。工作存储器主要存储 CPU 运行时的用户程序和数据，如 OB（组织块）、FB（功能块）、FC（功能）、DB（数据块）等。只有与程序运行有关的块才被装入工作存储器，在 CPU 启动时，从装载存储器装入。工作存储器集成在 CPU 内且不可扩展，其容量及保持性特性与CPU 型号有关。

4. CPU 中的寄存器

（1）累加器（ACCUx） 累加器是用于处理字节、字或双字的寄存器。S7-300 PLC 有两个 32 位累加器（ACCU1 和 ACCU2）。几乎所有语句表的操作都是在累加器中进行的。

（2）状态字寄存器 状态字是一个 16 位的寄存器，用于储存 CPU 执行指令后的状态。状态字的结构如图 1-32 所示。可以在编程语言参考手册和 STEP 7 的指令在线帮助中查找到各条指令的执行对状态字的影响。用户程序并不直接使用状态位，但是某些状态位可以决定某些指令是否执行和以什么样的方式执行。

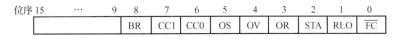

图 1-32 状态字的结构

状态字的结构中从低位到高位分别为：首位检测位（$\overline{FC}$）；逻辑运算结果（RLO）；状态位（STA）；或位（OR）；溢出位（OV）；溢出状态保持位（OS）；条件码 1（CC1）和条件码 0（CC0）；二进制结果位（BR）。

（3）地址寄存器 S7 中有两个地址寄存器，它们是 AR1 和 AR2。通过地址寄存器，可以对各存储区的存储器内容实现寄存器间接寻址。

（4）数据块地址寄存器 DB 和 DI 寄存器分别用来保存打开的共享数据块和背景数据块的编号。

用户编程时，程序所能访问的存储区为系统存储区的全部、工作存储区中的数据块（DB）、临时本地数据存储区（L 堆栈，或称临时局域存储区）、外设 I/O 存储区（P）等。

任务 1.3 使用 STEP 7 软件创建 S7 项目

【提出任务】

STEP 7 编程软件如何使用？如何创建一个项目？

【分析任务】

学习 STEP 7 编程软件，要从学习安装软件、创建项目、组态硬件、编写程序和运行调试的顺序逐步进行。本任务学习如何安装软件，怎样创建项目，如何组态和实际设备相符合的硬件系统。编写程序和调试程序的方法将在项目 2 进行解答。

【解答任务】

1.3.1 STEP 7 软件安装

1. 软件功能

STEP 7 是一种用于对西门子 PLC 进行组态和编程的标准软件包，它是 SIMATIC 工业软件的组成部分。STEP 7 编程软件、S7-300 PLC 硬件系统和被控设备之间的关系如图 1-33 所示。使用 STEP 7 软件，可以在一个项目中创建 S7 程序，PLC 通过 S7 程序监控机器，在 S7 程序中通过地址寻址 I/O 模块。

本书以 STEP 7 V5.5 版本为例进行讲解，学习 STEP 7 如何对 SIMATIC S7-300 PLC 进行编程、监控和参数设置，如何使用 STEP 7 软件在一个项目中创建 S7 程序。

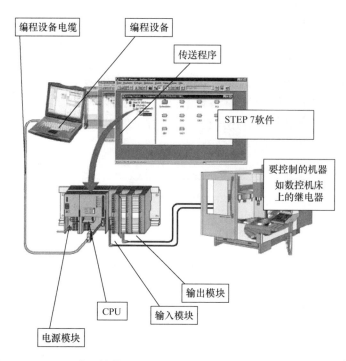

图 1-33　STEP 7 编程软件、S7-300 PLC 硬件系统和被控设备之间的关系

2. 安装要求

（1）硬件要求　注意需要为 STEP 7 V5.5 软件增加主存储空间。下面是安装 STEP 7 V5.5 版本软件的要求：在 Windows XP 专业版中安装时，PC 需要至少 512MB 的内存，主频至少达到 600MHz（推荐内存扩展到 1GB）；在 Windows Server 2003 中安装时，PC 需要至少 1GB 的内存，主频至少 2.4GHz；在 Windows 7 操作系统中安装时，PC 需要至少 1GB 的内存，主频至少 1GHz（推荐内存扩展到 2GB）。

（2）操作系统要求　STEP 7 V5.5 可以安装在以下操作系统上：微软 Windows 7 32 位旗舰版、专业版和企业版；微软 Windows XP 专业版 SP2 或 SP3；微软 Windows Server 2003 SP2/R2 SP2 工作站。STEP 7 软件适用于 Windows XP Professional，32 位操作系统，不能安装在 Windows XP Professional X64（64 位版本）系统下。

（3）存储空间的需求　TEP 7 V5.5 安装需要 650～900MB 之间的硬盘空间。根据可用存储空间的大小，安装了 STEP 7 V5.5 的操作系统针对交换文件需要额外的硬盘空间（典型的为 C 盘），所要求的硬盘存储空间大小至少为计算机内存的两倍（例如：计算机内存为 512MB，在安装 STEP 7 后，针对交换文件硬盘空余空间至少为 1024MB）。根据项目的大小，当在复制一个完整的项目时，可能需要更多的交换文件空间，例如硬盘剩余空间是项目大小的两倍。如果对于交换文件的存储空间太小，STEP 7 可能会出错（甚至损坏）。其他 Windows 的应用程序（如 MS Word）在与 STEP 7 V5.5 同时运行时交换文件同样也需要相应的硬盘空余空间。

（4）在已有较早版本 STEP 7 基础上安装　STEP 7 V5.5 可以覆盖安装较早版本的软件，如 STEP 7 V5.1、V5.2、V5.3 或 V5.4。通常情况不需要卸载先前版本的 STEP 7 或已安装的选件包。但仍需注意的是，STEP 7 V5.3 不再支持老的操作系统（Windows 95/98/ME）。在此情况下，需要预先升级操作系统。要安装 STEP 7 V5.5 升级包需要 STEP 7 V3.×、V4.×、V5.0、V5.1、V5.2、V5.3 或 V5.4 的有效授权。在升级操作系统之前，请备份授权/许可证文件。

3. 安装 STEP 7

将 STEP 7 V5.5 安装光盘插入光驱，操作系统会自动启动安装向导，也可以直接执行 Setup. exe 启动安装向导，开始安装。选择安装程序语言为"简体中文"，单击"下一步"按钮，勾选"本人接受上述许可协议中的条款及开源许可协议中的条款，本人确认已阅读并理解了安全说明"复选框，如图 1-34 所示。

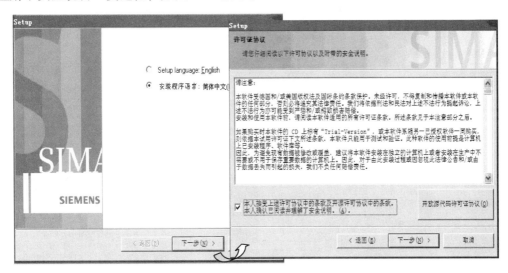

图 1-34　设置安装语言和接受许可证协议对话框

单击"下一步"按钮，选择要安装的程序，这里按默认设置勾选 STEP 7 V5.5、S7-PCT（S7-PCT 端口配置工具）、Automation License Manager（自动化许可证管理器）。再单击"下一步"按钮，勾选"我接受对系统设置的更改"，如图 1-35 所示。单击"下一步"按钮，程序进入安装状态，大概会花费十几分钟。

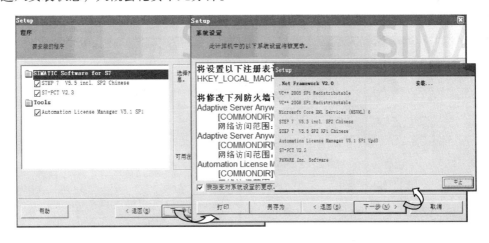

图 1-35　选择安装程序和接受系统设置更改对话框

　　将程序逐个进行安装，直到进入"欢迎使用安装程序"对话框，单击"下一步"按钮，弹出"说明文件"对话框，单击"下一步"按钮，弹出"用户信息"对话框，采用默认的用户名和组织。过程如图 1-36 所示。

图 1-36　欢迎、说明文件和用户信息对话框

　　单击"下一步"按钮，弹出"安装类型"对话框，选择最合适的安装类型，建议采用默认的安装类型（典型的），可以更改安装目录，修改后单击"确定"按钮，返回安装类型对话框，如图 1-37 所示。

　　单击"下一步"按钮，在"产品语言"对话框中选择"简体中文"；单击"下一步"按钮，在"传送许可证密钥"对话框中选中"否，以后再传送许可证密钥"；单击"下一步"按钮，弹出"准备安装程序"对话框，单击"安装"按钮，程序会继续进行安装。过程如图 1-38 所示。

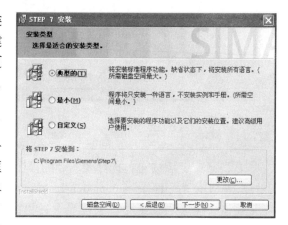

图 1-37　安装类型对话框

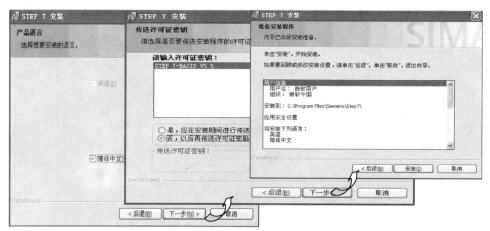

图 1-38　产品语言、传送许可证密钥和准备安装程序对话框

　　安装好软件后，出现"存储卡参数赋值"对话框，接口选"无"，单击"确定"按钮。安装完成后，在出现的对话框中，采用默认选项"是，立即重启计算机"。单击"完成"按钮结束安装过程，如图 1-39 所示。重启后计算机桌面上会多出"Automation License Manager""S7-PCT - Port Configuration Tool"和"SIMATIC Manager"三个图标，如图 1-40 所示。

图 1-39　存储卡参数赋值和安装完成对话框　　　　　图 1-40　桌面图标

4. 安装授权

　　双击 Simatic_EKB_Install. exe 授权图标开始授权，如图 1-41 所示，注意，在 Windows 7 下安装运行的时候如果不正常，请在授权软件图标处单击鼠标右键，然后在弹出的快捷菜单中选择"以管理员身份运行"即可正常运行，这是 Windows 7 的权限问题。

图 1-41　授权图标

　　在打开的授权窗口中，选择左上角授权文件所在磁盘，在左边的软件目录中，选择"Step 7"选项，然后将出现的授权文件全部选中，单击安装长密钥，步骤如图 1-42 所示，最后确认就可完成授权。到此安装、授权完毕，可以放心地使用该软件了。

1.3.2　创建项目

1. 激活许可证密钥

　　在上节介绍的 STEP 7 安装过程中，传送许可证密钥选择了"否，以后再传送许可证密钥"。可以用许可证管理器安装许可证密钥，如果没有许可证密钥，可以在首次打开安装好的软件时，激活 14 天期限的试用许可证密钥。

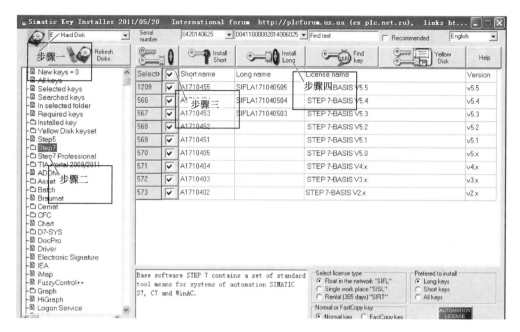

图 1-42　软件授权安装步骤

激活许可证密钥后，双击桌面上的图标，打开自动化许可证管理器，可以查看许可证密钥、已安装软件、丢失的许可证密钥和已获许可的软件等，如图 1-43 所示。这个操作不是软件使用时必需的操作。

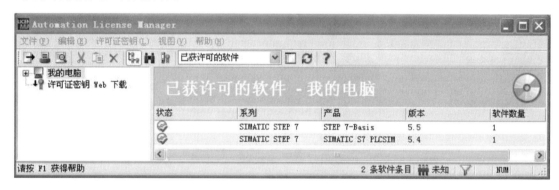

图 1-43　自动化许可证管理器

2. 用新建项目向导创建项目

双击桌面上的 STEP 7 图标，打开 SIMATIC Manager（SIMATIC 管理器）。单击管理器的"文件"→"'新建项目'向导"命令，打开"STEP 7 向导:'新建项目'"对话框，如图 1-44 左图所示。单击"下一步 >"按钮，在弹出的对话框中选中 CPU 模块的型号，如图 1-44 所示。

组态实际的系统时，CPU 的型号和订货号应与实际的硬件相同，实际硬件的 CPU 型号、订货号和固件版本如图 1-45 所示。注意，在新建项目向导中所列出的 CPU 的固件版本号可能和实际的硬件不符合，需要在硬件组态窗口核对并修改，具体见 1.3.3 节组态硬件的介

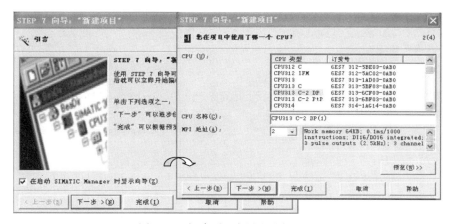

图 1-44　新建项目向导和选择 CPU

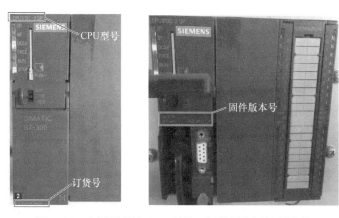

图 1-45　实际硬件的 CPU 型号、订货号和固件版本号

绍。在图 1-44 中 CPU 列表框的下面是所选 CPU 的基本特性。

单击"下一步 >"按钮，在"您要添加哪些块"对话框中采用默认设置的 OB1 组织块。将所选块的编程语言选择为"LAD"（梯形图），如图 1-46 左图所示。

单击"下一步 >"按钮，在"如何命名项目"对话框中，输入项目名称"电动机起停控制"，如图 1-46 右图所示，单击"完成"按钮，创建完一个项目。

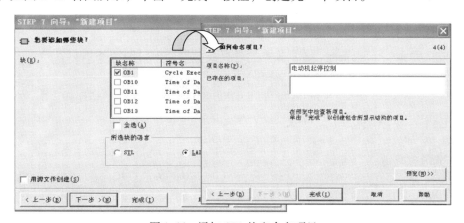

图 1-46　添加 OB1 块和命名项目

3. 手动创建项目

打开 SIMATIC Manager（SIMATIC 管理器），单击管理器的"文件"→"新建"命令，打开"新建项目"对话框，如图 1-47 所示。项目包含"用户项目""库""多重项目"三个选项卡，一般选择"用户项目"选项卡，上方窗口内列出的是已有项目。在"用户项目"选项卡的"名称"区域输入项目名称，如"电动机起停控制"，在"类型"区域选择"项目"类型。在存储位置（路径）区域可以输入保存项目的路径目录，可以单击"浏览"按钮选择目录，如"G:\"。

图 1-47 "新建项目"对话框

单击"确定"按钮完成新项目创建，并返回到 SIMATIC 管理器。所见项目内只有一个 MPI 子网。要完成完整的项目结构，还需要完成硬件组态和程序编程，详见 1.3.3 节组态硬件。

4. 项目的分层结构

项目以分层结构保存对象数据的文件夹，包含了自动控制系统中所有的数据，图 1-48 是通过"新建项目向导"建立项目后的 SIMATIC 管理器窗口。该图的左边是项目树形结构窗口。第一层为项目，第二层为站，站是组态硬件的起点。站的下面是 CPU，"S7 程序"文件夹是编写程序的起点，所有的用户程序均存放在该文件夹中。

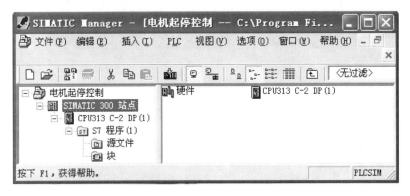

图 1-48 SIMATIC 管理器

用鼠标选中项目结构中某一层的对象，管理器右边的窗口将显示所选文件夹内的对象。双击其中某个对象，可以打开和编辑该对象。

项目包含站和网络对象，站包含硬件和 CPU，CPU 包含 S7 程序和连接，S7 程序包含源文件、块和符号表。生成程序时自动生成一个空的符号表。

项目刚生成时，"块"文件夹中只有主程序 OB1。

5. 设置项目属性

STEP 7 中文版可以使用中文和英语。可以用下面的方法修改语言：执行 SIMATIC 管理器中的菜单命令"选项"→"自定义"，选中"自定义"对话框中的"语言"选项卡，可以选择"english"或"中文"，如图 1-49 左图所示。

选中"自定义"对话框中的"常规"选项卡，可以修改保存项目和库的文件夹，如图 1-49 右图所示。如果保存项目的文件夹的名称含有中文，则不能使用"新建项目向导"。

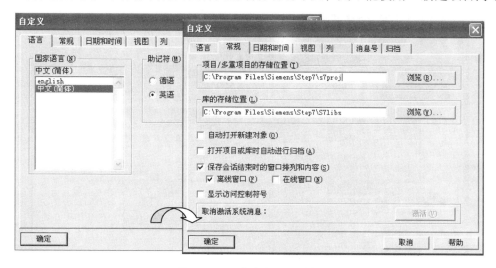

图 1-49　"自定义"对话框

6. 编辑项目

（1）复制一个项目　选中要复制的项目，在 SIMATIC 管理器中单击"文件"→"另存为"命令，选中"通过重新组织（慢速）"可以使数据的存储得到优化，同时项目的结构得到检查。在"另存为"对话框中，输入新项目的名称并且根据需要输入存储的路径，单击"确认"按钮完成项目复制。

（2）复制一个项目的一部分　如果打算复制一个项目中的一部分，如站、软件、程序块等，选中要复制的项目中的那部分，在管理器中单击"编辑"→"复制"命令，选择所要存储的文件夹，然后单击"编辑"→"粘贴"命令，完成复制项目的一部分。

（3）删除一个项目　在 SIMATIC 管理器中，单击"文件"→"删除"命令，在"删除"对话框中，激活"用户项目"选项卡，对话框中列表栏将列出全部项目名，选择要删除的项目，单击"确认"按钮完成删除任务。

（4）删除一个项目中的一部分　选中项目中要删除的部分，在 SIMATIC 管理器中单击"编辑"→"删除"命令，按照提示完成删除项目中一部分的操作。

1.3.3　组态硬件

组态硬件，就是使用 STEP 7 对 SIMATIC 工作站进行硬件配置和参数分配，所配置的数据以后可以通过"下载"传送到 PLC。组态硬件的条件是必须创建一个带有 SIMATIC 工作站的项目，具体过程包括插入工作站、插入机架、插入电源模块、插入 CPU 模块、插入信号模块以及保存并编辑几个步骤。

1. 插入 SIMATIC 300 工作站

在项目中，工作站代表了 PLC 的硬件结构，并包含用于组态和给各个模块进行参数分配的数据。

由"新建项目向导"建立的项目具有完整的项目结构，而通过手动创建的项目不具有完整的项目结构，此时需要插入 SIMATIC 300 工作站。使用菜单命令"插入"→"站点"→"SIMATIC 300 站点"插入一个 SIMATIC 300 工作站，如图 1-50 所示。

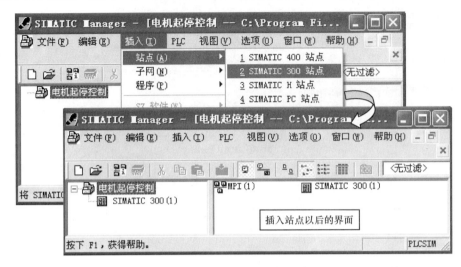

图 1-50　插入 SIMATIC 300 工作站

新建工作站可使用预定义的名称，如 SIMATIC 300（1）、SIMATIC 300（2）等，也可以使用自定义名称。

2. 放置硬件对象

单击项目下的站点名，SIMATIC 管理器的右边窗口出现硬件图标，双击"硬件"，打开"HW Config"硬件组态窗口，如图 1-51 所示。

图 1-51　打开硬件组态窗口及硬件配置环境

（1）插入导轨 如果窗口右侧未出现硬件目录，可单击硬件目录图标显示硬件目录。然后单击 SIMATIC 300 左侧的田符号展开目录，双击 RACK-300 目录下的"Rail"图标插入一个 S7-300 机架（导轨），过程如图 1-51 所示。插入机架后的硬件组态窗口如图 1-52 所示。本例中只扩展一个机架（导轨），且 3 号槽不需要放置连接模块，保持空缺。

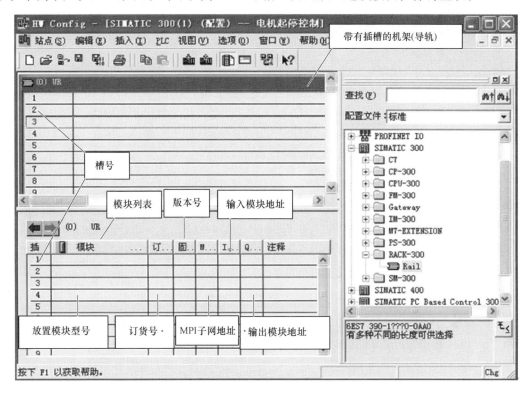

图 1-52 插入一个机架

（2）插入电源 按照模块安装的规则，1 号槽只能放置电源模块，在图 1-52 中选中 1 号槽，展开硬件目录 PS-300 子目录，双击相应电源模块类型图标可以插入电源模块。本例中所使用的 CPU 为"CPU 313C-2 DP"，属于紧凑型 CPU，并自带有内部电源和集成数字量 I/O。在这里不用放置电源模块。

（3）插入 CPU 模块 2 号槽位只能放置 CPU 模块，且 CPU 的型号、订货号和版本号必须与实际所选择的 CPU 相一致，否则将无法下载程序及硬件配置。根据现场的 CPU（见图 1-45），选中 2 号槽，然后在硬件目录中展开 CPU-300 子目录下的"CPU 313C-2 DP"，继续展开订货号子目录 6ES7 313-6CF03-0AB0，双击图标插入版本号为"V2.6"的 CPU，如图 1-53 所示。

在模块列表内双击 CPU 313C-2 DP 可打开 CPU 属性对话框，如图 1-54 所示。

选中"常规"选项卡，可以重命名 CPU 的名称，在接口区域单击"属性"按钮，可以重设 MPI 子网信息。在 CPU 属性窗口，还可以设置启动、周期时钟存储器、保持存储器、中断、日期时间中断、循环中断、诊断/时钟、保护和通信，这些在程序块结构部分会陆续介绍。

（4）插入信号模块 在机架的 4~11 号槽位可以放置数字量输入、输出模块，模拟量

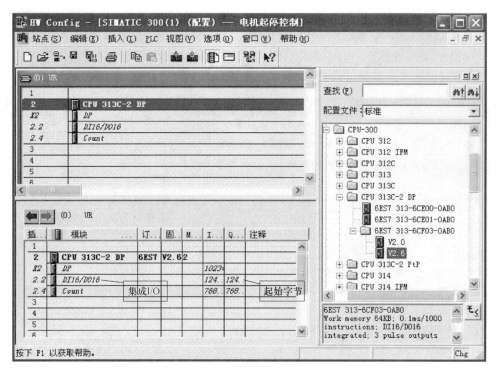

图 1-53   插入 CPU 模块

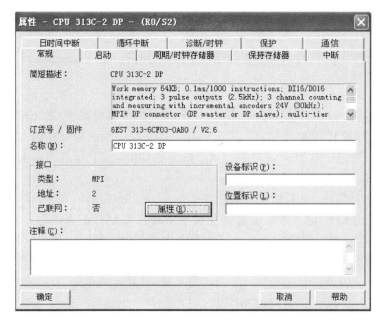

图 1-54   CPU 313C-2 DP 属性对话框

输入、输出模块，也可以放置通信处理器或功能模块。具体放置什么模块必须与实际模块的安装顺序一致，且所放置的模块型号及订货号必须与实际的模块相同，否则同样会出现下载错误。

插入信号模块的过程和 CPU 模块相似，选中槽号 4，在硬件目录内展开 SM-300 子目录下的 DI-300（或 DO-300、AI-300、AO-300），选中信号模块，插入 4 号槽。

CPU 313C-2 DP 带有集成的数字量 I/O，可以提供 16 点输入和 16 点输出，满足本书实例中的点数要求，此处不用再添加信号模块。

（5）修改 I/O 默认地址　由于系统默认的数字量输入和数字量输出的起始字节为 124，而习惯上编程的字节是从 0 开始的，因此需要手动修改字节。双击模块列表中的 DI16/DO16 行，进入"属性"对话框，选中"地址"选项卡，输入和输出地址均去掉"系统默认"复选框的对钩，在开始栏填上"0"，代表输入地址从 IB0 到 IB1，共 16 位，输出地址也是从 QB0 到 QB1，共 16 位，如图 1-55 所示。

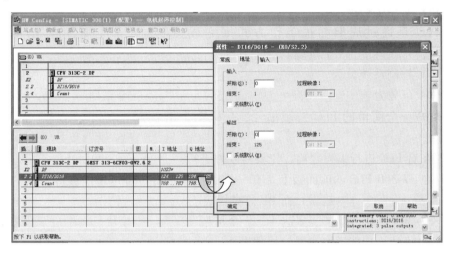

图 1-55　修改 CPU 313C-2 DP 的默认地址

修改完成后，单击"确定"按钮完成修改。

3. 编译和保存组态信息

组态结束后，在 HW Config 硬件配置环境下使用菜单命令"站点"→"一致性检查"，可以检查硬件配置是否存在组态错误，若没有出现组态错误，可以单击工具栏上的编辑并保存按钮，编译成功后，系统会在当前工作站插入"S7 程序"文件夹。选中左边窗口 S7 程序下面的"块"，在右边窗口可以看到编译后生成的保存硬件组态信息和网络组态信息的"系统数据"图标，如图 1-56 所示。单击 SIMATIC 管理器工具栏的下载按钮，可以将它下载到 CPU，也可以在 HW Config 中将硬件组态信息下载到 CPU。

图 1-56　组态完成后的 SIMATIC 300 工作站

思考与练习

1. 填空题

（1）美国数字设备公司于_____年研制出世界第一台 PLC。

（2）PLC 从组成结构形式上可以分为_____和_____两类。

（3）PLC 是由_____逻辑控制系统发展而来的，它在_____、_____方面具有一定优势。

（4）PLC 主要由_____、_____、_____、_____几部分组成。

（5）PLC 所用存储器基本上由_____、_____、_____等组成。

（6）PLC 常用编程语言有_____、_____、_____等。

（7）PLC 是通过周期扫描工作方式来完成控制的，每个周期包括_____、_____、_____三个阶段。

（8）PLC 控制系统分为_____、_____、_____三大类。西门子 PLC 的 CPU 从总体上可分为_____、_____、_____三个系列。

（9）构成一个简单的 PLC 控制单元，一般至少由_____、_____、_____三种模块构成。

（10）在对 PLC 进行编程之前，先要对硬件进行_____，然后还要_____。

（11）在 S7-300 PLC 的前面板上，有一排工作指示灯，可以用于故障诊断。其中，SF 灯亮红色代表_____错误，而 BF 灯亮代表_____错误。

（12）S7-300 PLC 可以扩展多达_____个机架、_____个模块。每个机架最多只能安装_____个信号模块、功能模块或通信处理模块。

（13）S7-300 PLC 的模块槽号地址分配是有规律的，通常 1 号槽固定为_____模块、2 号槽固定为_____模块、3 号槽固定为_____模块、4～11 号槽可以为_____等模块。（说明：本题填英文符号）

（14）某模块的型号为"SM322 DO16/DC24V"，"SM322"表示_____，"16"表示_____，DC24V 表示_____。

（15）S7-300 PLC 的模块中，IM 是_____，CP 是_____，FM 是_____。

2. 思考题

（1）什么是可编程序控制器？

（2）可编程序控制器是如何分类的？简述其特点。

（3）简述可编程序控制器的工作原理，如何理解 PLC 的循环扫描工作过程？

（4）简述 PLC 与继电器-接触器控制在工作方式上各有什么特点。

（5）PLC 能用于工业现场的主要原因是什么？

（6）详细说明 PLC 在扫描的过程中，输入映像寄存器和输出映像寄存器各起什么作用。

（7）S7-300 的存储区由哪几部分组成？两者的区别是什么？

（8）简述 PLC 模块上的 SF、FRCE、RUN、STOP 指示灯的含义。

3. 操作题

（1）要求：通过手动方法创建项目 S7-300XT1 并进行硬件组态，硬件组态时使用电源模块 PS307 2A，CPU 选择 315-2 DP，输入模块为 SM321 DI32 × DC24V，输出模块选用

SM322 DO32 × DC24V/0.5A。

（2）完成图 1-57 所示 S7-300 的一个中央机架和一个扩展机架的组态。

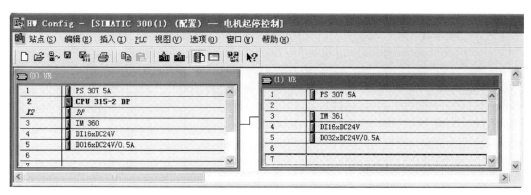

图 1-57　S7-300 扩展机架组态

项目2

典型机床线路 PLC 控制设计与调试

　　随着科学技术的不断发展，对于各种机床的控制要求越来越严谨，鉴于机床的电气控制系统存在线路复杂、故障率高、维护工作量大、可靠性低、灵活性差等缺点，用 PLC 对典型机床的继电器-接触器控制系统进行技术改造，从而保证了电控系统的快速性、准确性、合理性，可以更好地满足实际生产的需要，提高经济效益。

　　PLC 的梯形图与继电器控制电路图十分相似，主要是 PLC 梯形图大致沿用了继电器控制的电路元器件符号，仅个别之处有些不同。同时，两者信号的输入/输出形式及控制功能基本上也是相同的，对于熟悉继电器控制电路的人员来说，很容易接受。本项目将典型机床的控制电路用 PLC 来实现。

项目目标

1. 熟练使用 STEP 7 编程软件。
2. 掌握本项目相关位逻辑指令并熟练应用。
3. 熟练设计并运行调试电动机起停控制相关任务。
4. 能独立完成 C650 型卧式车床控制系统的设计与调试。

任务2.1　学习基本位逻辑指令及应用

【提出任务】

　　本项目完成需要一定的指令基础，本项目所用到的指令有哪些？这些指令有什么功能？如何应用呢？

【分析任务】

　　在 STEP 7 编程中所有的位逻辑指令如图 2-1 所示。本项目中将会用到触点、线圈指令，这是指令的基础。同时触点之间的与、或、非、异或等逻辑关系，可以方便地构造出多种梯形图，完成程序的设计。

　　位逻辑指令使用两个数字 1 和 0，这两个数字构成二进制系统的基础，称为二进制数字或位。对于触点和线圈而言，1 表示已激活或已励磁，0 表示未激活或未励磁。

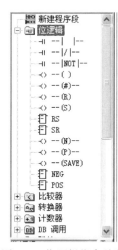

图 2-1　位逻辑指令总览

位逻辑指令解释信号状态 1 和 0，并根据布尔逻辑将其组合。这些组合产生"逻辑运算结果"（RLO）的结果 1 或 0。

由位逻辑指令触发的逻辑运算可以执行多种功能。

STEP 7 有可以执行下列功能的位逻辑指令：

---｜ ｜--- 常开触点

---｜/｜--- 常闭触点

---（ ） 输出线圈

---（ # ）--- 中间输出

---｜NOT｜--- 取反使能位

本任务将学习以上位逻辑指令。

【解答任务】

2.1.1　触点和线圈

1. ---｜ ｜---常开触点

在梯形图中所表示的常开触点符号如图 2-2 所示，其中，触点上方的问号是要输入的位地址。该位地址的数据类型是 BOOL（布尔型），位地址的存储区可以是 I、Q、M、L、D、T、C，表示某存储区选中的位，比如 M0.1 表示位存储器 M 中选中的 MB0 的第 1 位。

---｜ ｜---存储在指定＜地址＞的位值为"1"时，常开触点处于闭合状态。触点闭合时，梯形图轨道能流流过触点，逻辑运算结果（RLO）="1"。

否则，如果指定＜地址＞的信号状态为"0"，常开触点将处于断开状态。触点断开时，能流不流过触点，逻辑运算结果（RLO）="0"。

串联使用时，通过与（AND）逻辑将---｜ ｜---与 RLO 位进行连接。并联使用时，通过或（OR）逻辑将其与 RLO 位进行连接。

举例：图 2-3 是常开触点组成的梯形图。

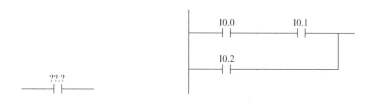

图 2-2　常开触点符号　　　　　　　图 2-3　常开触点梯形图

满足下列条件之一时，将会通过能流：

输入端 I0.0 和 I0.1 的信号状态都为"1"时，或输入端 I0.2 的信号状态为"1"时。

2. ---｜/｜--- 常闭触点

在梯形图中所表示的常闭触点符号如图 2-4 所示，其中，触点上方的问号是要输入的位地址。该位地址的数据类型是 BOOL（布尔型），位地址的存储区可以是 I、Q、M、L、D、T、C，表示某存储区选中的位。

---｜/｜---存储在指定＜地址＞的位值为"0"时，常闭触点处于闭合状态。触点闭合时，梯形图轨道能流流过触点，逻辑运算结果（RLO）="1"。

否则，如果指定 < 地址 > 的信号状态为 "1"，将断开触点。触点断开时，能流不流过触点，逻辑运算结果（RLO）= "0"。

串联使用时，通过 AND 逻辑将---|/|---与 RLO 位进行连接。并联使用时，通过 OR 逻辑将其与 RLO 位进行连接。

举例： 图 2-5 是常闭触点组成的梯形图。

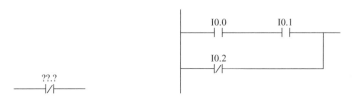

图 2-4　常闭触点符号　　　　　图 2-5　常闭触点梯形图

满足下列条件之一时，将会通过能流：

输入端 I0.0 和 I0.1 的信号状态都为 "1" 时，或输入端 I0.2 的信号状态为 "0" 时。

3. ---（　）输出线圈

在梯形图中所表示的线圈符号如图 2-6 所示，其中，线圈上方的问号是要输入的位地址。该位地址的数据类型是 BOOL（布尔型），位地址的存储区可以是 Q、M、L、D，表示某存储区分配的位。

---（　）（输出线圈）的工作方式与继电器逻辑图中线圈的工作方式类似。如果有能流通过线圈（RLO = 1），将置位 < 地址 > 位置的位为 "1"；如果没有能流通过线圈（RLO = 0），将置位 < 地址 > 位置的位为 "0"。只能将输出线圈置于梯级的右端，可以有多个（最多 16 个）输出单元。使用---| NOT |---（能流取反）单元可以创建取反输出。

举例： 线圈的应用如图 2-7 所示。

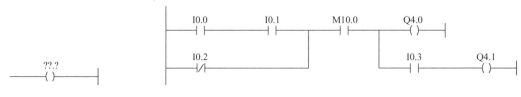

图 2-6　线圈符号　　　　　　　图 2-7　线圈的应用

满足下列条件之一时，输出端 Q4.0 的信号状态将是 "1"：输入端 I0.0 和 I0.1 的信号状态都为 "1"，M10.0 的信号状态也为 1 时；或输入端 I0.2 的信号状态为 "0"，M10.0 的信号状态为 "1" 时。

满足下列条件之一时，输出端 Q4.1 的信号状态将是 "1"：输入端 I0.0 和 I0.1 的信号状态都为 "1"，M10.0 的信号状态和输入端 I0.3 的信号状态都为 "1" 时；或输入端 I0.2 的信号状态为 "0"，M10.0 和输入端 I0.3 的信号状态都为 "1" 时。

上述程序的语句表（STL）和功能图（FBD）在 STEP 7 软件编程窗口中可以互相切换，这里不再展示。

举例： 二分频器。二分频器的时序图如图 2-8 所示。二分频器是一种具有一个输入端和一个输出端的功能单元，输出频率为输入频率的一半。

图 2-9 为二分频器梯形图程序，如果将 M10.0 换成 Q4.1，则得到两个输出频率，一个在输入信号的上升沿有效，另一个在输入信号的下降沿有效。

程序段 1：二分频器梯形图

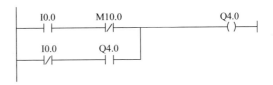

程序段 2：标题：

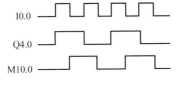

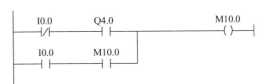

图 2-8　二分频器时序图　　　　　　　　图 2-9　二分频器梯形图程序

举例：位异或运算。

对于位异或运算，必须按图 2-10 所示创建由常开触点和常闭触点组成的程序段。如果（I0.0 = "0"　AND I0.1 = "1"）或者（I0.0 = "1"　AND I0.1 = "0"），输出 Q4.0 将是 "1"。

双控灯的控制就符合异或逻辑，开关 S1 或 S2 任意一个开关的开和关的操作均可以控制灯 L 的亮和灭。比如 Q4.0 代表被控制的灯 L，I0.0 为一楼开关 S1，I0.1 为二楼开关 S2。

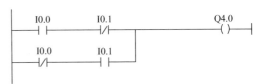

图 2-10　位异或运算梯形图

闭合一楼开关 S1，灯 L 亮，上到二楼闭合开关 S2，灯 L 灭；同理在二楼闭合开关 S2，打开灯 L，下到一楼操作开关 S1，关闭灯 L。

2.1.2　能流取反、中间输出

1. ---|NOT|--- 能流取反

---|NOT|---（能流取反）功能是取反 RLO 位。

举例：能流取反的应用如图 2-11 所示。满足下列条件之一时，输出端 Q4.0 的信号状态将是 "0"；输入端 I0.0 的信号状态为 "1" 时，或当输入端 I0.1 和 I0.2 的信号状态都为 "1" 时。

2. ---(#)--- 中间输出

在梯形图中所表示的中间输出指令符号如图 2-12 所示，其中，线圈上方的问号是要输入的位地址。该位地址的数据类型是 BOOL（布尔型），位地址的存储区可以是 I、Q、M、D，表示某存储区分配的位。

---(#)---（中间输出）是中间分配单元，它将 RLO 位状态（能流状态）保存到指定 <地址>。中间输出单元保存前面分支单元的逻辑结果。以串联方式与其他触点连接时，可以像插入触点那样插入 ---(#)---。不能将 ---(#)--- 单元连接到左右母线，而应直接连

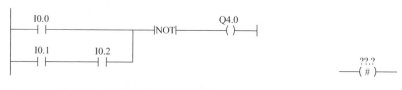

图 2-11　能流取反指令梯形图　　　　　　　图 2-12　中间输出符号

接在分支连接的后面或连接在分支的尾部。使用---|NOT|---（能流取反）单元可以创建取反
---（ # ）---。

举例：中间输出的应用如图 2-13 所示。

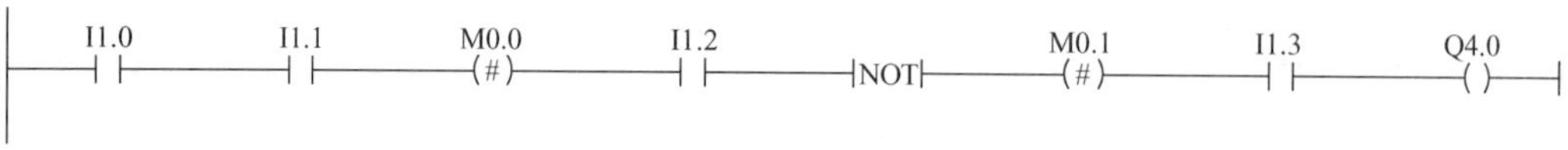

图 2-13　中间输出的应用

在图 2-13 所示的梯形图中，M0.0 保存了前面分支单元 I1.0 串联 I1.1 的逻辑运算结果，
M0.1 保存了前面分支单元 I1.0、I1.1 和 I1.2 三个触点串联再取反以后的逻辑运算结果。
图 2-13 等价的梯形图程序如图 2-14 所示，可见，中间输出在一定程度上可以简化程序
结构。

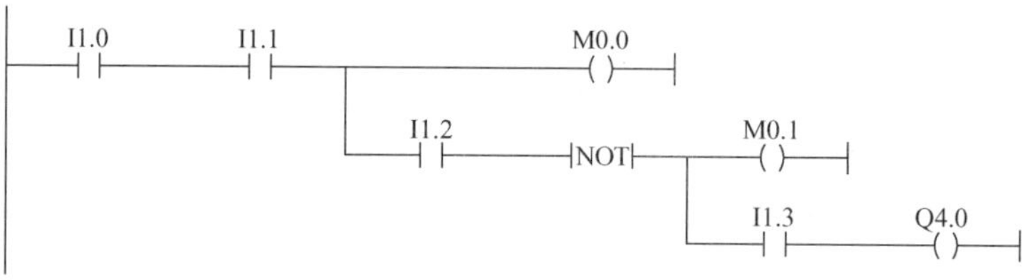

图 2-14　图 2-13 等价的梯形图程序

任务2.2　设计并调试电动机起停控制程序

【提出任务】

三相异步电动机直接起动单向运转的继电器-接触器控制电路如图 2-15 所示，如改用
PLC 来控制此电动机的起动和停止，应该如何实现？

【分析任务】

PLC 系统设计流程如图 2-16 所示。

本任务要在编程软件 STEP 7 中创建项目、组态硬件、生成程序、传送程序到 CPU 并调
试。使用 STEP 7 设计完成一项自动化任务的基本步骤如下：

第一步：要根据需求设计一个自动化任务解决方案。

第二步：在 STEP 7 中创建一个项目（Project）。

第三步：在项目中，可以先组态硬件再写程序，或者先写程序再组态硬件。

第四步：硬件组态和程序设计完成后，通过编程电缆将组态信息和程序下载到硬件设
备中。

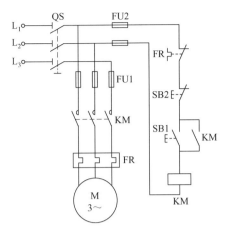

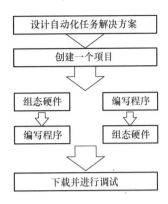

图 2-15　电动机直接起动单向运转控制电路　　　　图 2-16　PLC 系统设计流程

第五步：进行在线调试并最终完成整个系统项目。

在大多数情况下，建议先组态硬件再编写程序，尤其是对于 I/O 点数比较多、结构复杂的项目（例如有多个 PLC 站的项目）来说，应该先组态硬件再编写程序。这样做有以下优点：

1）STEP 7 在硬件组态窗口中会显示所有的硬件地址，硬件组态完成后，用户编写程序的时候就可以直接使用这些地址，从而减少出错的机会。

2）一个项目中包含多个 PLC 站点的时候，合理的做法是在每个站点下编写各自的程序，这样就要求先做好各个站点的硬件组态，否则项目结构就会显得混乱，而且下载程序时也容易出现错误。

【解答任务】

2.2.1　生成用户程序

1. I/O 分配及外部电路

图 2-17 是电动机单向旋转 PLC 外部接线图。各输入信号均用常开触点提供，起动和停止按钮分别接到输入端 I0.0 和 I0.1。输出端 Q0.0 接 KM 的线圈，热继电器起过载保护作用。

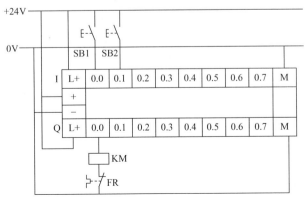

图 2-17　电动机单向旋转 PLC 外部接线图

49

2. 创建项目并组态硬件

用手动创建项目的方法创建一个名为"电动机起停控制"的项目，CPU 选择和现场实物统一的型号、订货号和版本号的机型。如果用 PLCSIM 进行仿真，可以只有 CPU 模块，可以不对 S7-300 PLC 进行其他模块的硬件组态。本任务中选用型号为 CPU313C-2DP 的紧凑型 CPU 模块，注意修改默认的输入、输出地址编号。创建项目全过程同项目 1 中任务 1.3 的内容。

3. 定义符号表

每个输入和输出都有一个由硬件配置预定义的绝对地址。该地址是直接指定的，如 I0.0 为绝对地址。该绝对地址可以用用户所选择的任何符号名替换。

在程序中可以使用绝对地址访问变量，但是简单程序输入、输出并不多，因此可以凭借记忆知道地址所对应的功能，使用绝对地址编程就可以。复杂程序则使得程序阅读和理解非常不便，所以编程之前编辑符号表是个良好的习惯。用符号表定义的符号可供所有的逻辑块使用。

选中 SIMATIC 管理器左边窗口的"S7 程序"，双击右边窗口的"符号"，打开符号编辑器，如图 2-18 所示，开始输入符号、地址、数据类型和注释，数据类型不需输入可自动生成，注释可有可无。有时符号编辑器会自动生成几行符号，可以在下一行开始添加用户自定义符号。

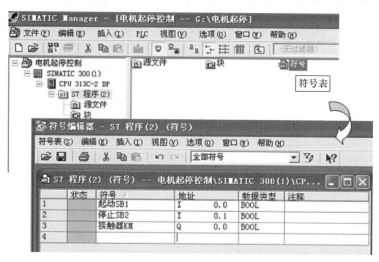

图 2-18　符号表编辑器

单击某一列的表头，可以改变符号表的排序。例如单击"地址"列表头，该单元出现向上三角形，表中各行按地址升序排列。符号表中的符号可以从 Word、Excel 等软件中的表格中直接复制粘贴。多个项目或站点符号表之间也可以多行复制粘贴。

在符号表中执行菜单命令"查看"→"过滤"，出现过滤器对话框，可以用过滤器来有选择地显示部分符号，例如在过滤器的"地址"属性中，"I *"表示只显示所有输入，"I *. *"表示只显示所有的输入位，"I2. *"表示只显示 IB2 中的位等。

单击"保存"按钮，保存已经完成的输入或修改，然后关闭符号表窗口。

4. 在 OB1 中创建梯形图程序

选中 SIMATIC 管理器左边窗口的"块"，双击右边窗口的"OB1"，弹出组织块属性窗口，选择创建语言"LAD"，然后单击"确定"按钮，如图 2-19 所示。

打开的 LAD/STL/FBD 编程窗口如图 2-20 所示。

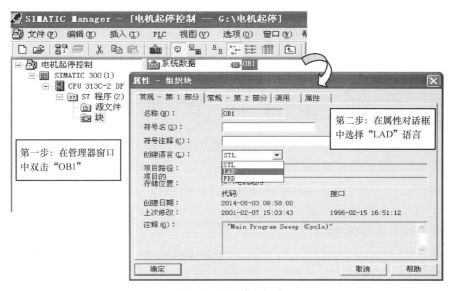

图 2-19 选择编程语言

图 2-20 LAD/STL/FBD 编程窗口

图 2-20 左边的窗口是指令目录，也称为编程元素，可以用菜单"视图"→"总览"打开或关闭它。

图 2-20 右上部窗口是变量声明表，在变量声明表中可以生成变量和设置变量的参数。

图 2-20 右下部是程序编辑窗口，在该区域编写用户程序。执行菜单命令"视图"→"LAD""STL"和"FBD"可以将编程语言切换为梯形图、语句表和功能块图，这里选择"LAD"梯形图语言。

用户可以在程序段号右边加上程序段的标题，在程序段号下面为程序段加上注释。

单击工具条中的触点按钮 ⊣⊢、⊣/⊢ 或线圈按钮 ⟨⟩，将在矩形光标所在位置放置触点或线圈。单击 ↳ 按钮，可以生成分支电路或并联电路。用鼠标左键选中双箭头表示的触点的端点，按住左键不放，将自动出现与端点连接的线，拖到希望并允许放置的位置时，放开左键，该触点便被连接到指定的位置。

单击放置好的触点或线圈的红色问号，输入该元件的绝对地址或符号地址。

单击 按钮可以在编程区插入新的程序段。在程序编辑区单击鼠标右键可以执行"插入程序段""插入符号"等操作。STEP 7 的鼠标右键功能是很强的，用右键单击窗口的某一对象，在弹出的快捷菜单中将会出现该对象有关的常用命令，建议在使用软件过程中熟悉和使用右键功能。

另外，在编程过程中还可以添加或补充符号表中的符号，执行菜单命令"选项"→"符号表"可以打开符号编辑器。

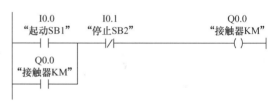

电动机单向旋转起停控制的梯形图如图 2-21 所示。起停控制还可以用置位复位指令实现，详见项目 3 任务 3.1。建议在下载程序之前，一定要先保存好 OB1 块。

图 2-21　电动机单向旋转起停控制梯形图

2.2.2　下载与调试

1. 建立在线连接

打开 STEP 7 的 SIMATIC 管理器时，建立的是离线窗口，看到的是计算机硬盘上的项目信息。STEP 7 与 CPU 成功建立连接后，将会生成在线窗口，显示通信得到的 CPU 上的项目结构。

为了测试前面我们所完成的电动机起停控制项目，必须将程序和模块信息下载到 PLC 的 CPU 模块。要实现编程设备与 PLC 之间的数据传送，首先应正确安装 PLC 硬件模块，然后用编程电缆（如 USB-MPI 电缆、PROFIBUS 总线电缆）将 PLC 与 PG/PC 连接起来。这里演示用通信硬件 MPI/PC 适配器和电缆连接计算机和 PLC（见图 2-22），然后通过在线（ONLINE）的项目窗口访问 PLC 的方法。

（1）设置 PG/PC 接口　通过 PC/MPI 通信电缆通信时，硬件只需用通信电缆的接口连接 PC 的 COM 口和 PLC 的 MPI 口即可。

单击"开始"→"设置"→"控制面板"命令，用鼠标左键双击控制面板中的"设置 PG/PC 接口"图标，或从管理器窗口单击"选项"→"设置 PG/PC 接口"命令，进入 RS-232 和 MPI 接口参数设置对话框，如图 2-23 所示。选择"PC Adapter（MPI）"选项，然后单击

图 2-22 MPI/PC 适配器及 PLC 与计算机连接

"属性"按钮。

单击"MPI"选项卡设置适配器 MPI 接口参数,由于适配器的 MPI 口的波特率固定为 187.5kbit/s,所以这里只能设置为 187.5 kbit/s。注意不要修改 CPU 上 MPI 口波特率的出厂默认值(在"网络设置"选项下)。如果是 PC Adapter(Auto)模式,则选择"地址:0"和"超时:30s"。

单击"本地连接"选项卡设置 RS-232 接口参数,正确连接 PC 的 COM 口(RS-232),选择 RS-232 的通信波特率为 19200bit/s 或 38400bit/s,这个数值必须和 MPI/PC 适配器上开关设置的数值相同(拨动开关后必须重新上电后方能生效)。

设置 MPI 和本地连接过程如图 2-23 所示。

图 2-23 设置 PG/PC 接口

完成以上设置后即可实现计算机与 PLC 通信了。

(2)在线窗口与离线窗口 单击 SIMATIC 管理器工具条对应的在线按钮 ，将打开在线窗口，如图 2-24 所示。

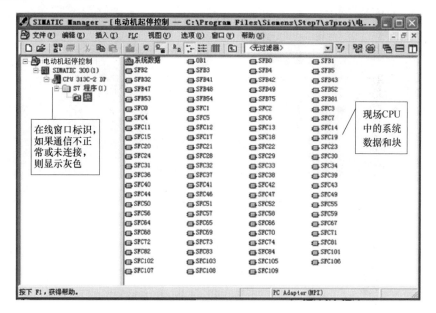

图 2-24　在线窗口

该窗口最上面的标题栏将出现浅蓝色背景。如果选中管理器左边窗口的"块"，则右边的窗口将会列出 CPU 集成的大量的系统功能块（SFB）、系统功能（SFC）、当前 CPU 的系统数据和用户编写的块。在线窗口显示的是 PLC 中的内容，而离线窗口显示的是计算机中的内容。

打开在线窗口后，可以用 SIMATIC 管理器工具条中的 ▉ 按钮和 ▉ 按钮，或者用管理器的"窗口"菜单来切换在线窗口和离线窗口。

2. 下载与上传

首先打开电源开关，再将 CPU 模式选择开关打到"STOP"状态。

下载用户程序之前将 CPU 中的用户存储器复位，以保证 CPU 内没有旧的程序。存储器复位完成以下工作：删除所有的用户数据（不包括 MPI 参数分配），进行硬件测试与初始化。复位过程如下：将模式选择开关从"STOP"位置扳到"MRES"位置，指示 STOP 的 LED 灯慢速闪烁两次后松开模式开关，它自动回到"STOP"位置。再将模式开关扳到"MRES"位置，指示 STOP 的 LED 灯快速闪动时，CPU 已经被复位。复位完成后模式开关重新置于"STOP"位置。

下载的方法如下：选中管理器左边窗口的"块"对象，单击工具条上的 ▉ 按钮，将下载所有的块和系统数据。选中站点对象后单击 ▉ 按钮，可以下载整个站点，包括硬件组态信息、网络组态信息、逻辑块和数据块。也可以只选中管理器右边窗口中的部分块，然后用 ▉ 按钮下载它们。

对块编程或组态硬件和网络时，可以在当时的主窗口中，用工具条上的 ▉ 按钮下载当前正在编辑的对象。建议在下载之前，首先保存块或组态信息。

在 STEP 7 中生成一个空的项目，执行菜单命令"PLC"→"将站点上传到 PC"，选中要上传的站点，单击"确定"按钮，将上传站点上的系统数据和块。上传的内容保存在打开的项目中，该项目原来的内容将被覆盖。

3. 验证结果

将 PLC 主机上的模式选择开关拨到 RUN 位置，运行指示灯点亮，表明程序开始运行，有关的设备将显示运行结果。按下起动按钮后松开，现场的接触器 KM 得电，触点闭合，电动机单向运转并连续；按下停止按钮，KM 失电，电动机停转。

2.2.3　用 PLCSIM 仿真调试程序

S7-PLCSIM 是西门子公司开发的可编程序控制器模拟软件，它在 STEP 7 集成状态下实现无硬件模拟，也可以与 WinCC 一同集成于 STEP 7 环境下实现上位机监控模拟。S7-PLCSIM 是学习 S7-300 必备的软件，不需要连接真实的 CPU 即可以仿真运行，直接安装即可，支持 Windows 7 系统。

安装好 STEP 7 V5.5 中文版后，需要安装 S7-PLCSIM，S7-PLCSIM 将自动嵌入 STEP 7 中。

用户程序的调试是通过视图对象来进行的，S7-PLCSIM 提供多种视图对象，用它们可以实现对仿真 PLC 的各种变量、计数器和定时器的监视和修改。

1. 打开仿真软件 PLCSIM

单击 SIMATIC 管理器工具条中的⊞按钮，打开 S7-PLCSIM 后，自动建立 STEP 7 与仿真 PLC 之间的 MPI 连接。如果有多个 PLC 站点，这里要注意选择将要仿真的 MPI 连接，如图 2-25 所示。

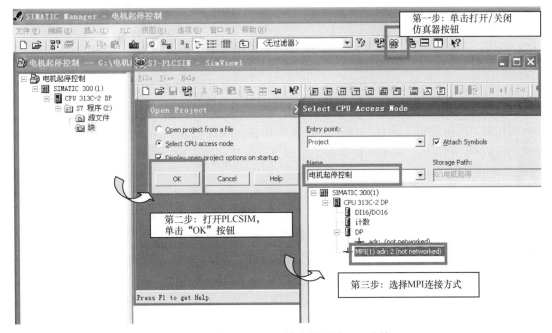

图 2-25　打开 PLCSIM 并选择项目 MPI 连接

弹出 S7-PLCSIM 窗口后，窗口中有自动生成的 CPU 视图对象（见图 2-26），同时自动建立了 STEP 7 与仿真 CPU 的连接。此时仿真 PLC 的电源连通，CPU 处于"STOP"模式。单击上面的"STOP""RUN"和"RUN-P"小方框，可以令仿真 PLC 处于相应的运行模式。

单击"MRES"按钮，可以清除仿真 PLC 中已经下载的程序。

可以用鼠标调节 S7-PLCSIM 窗口的大小，还可以执行菜单命令"View"→"Status Bar"关闭或打开状态条。

2. 下载 PLC 项目

单击 S7-PLCSIM 工具条中的📥和📤按钮，生成输入 IB0 和输出 QB0 的视图对象。其他视图对象的含义如图 2-26 所示。可以改变视图对象的字节地址编号，比如把 QB0 改为 QB4，按〈Enter〉键生效，也可以改变视图对象的显示格式。

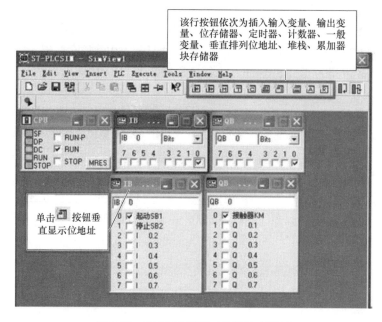

图 2-26 PLCSIM 视图对象及仿真结果

选中 SIMATIC 管理器中"电动机起停控制"项目的 SIMATIC 300 站点，单击工具栏的下载按钮🔻，可以把整个站点的信息（包括程序块、硬件组态）均下载到 CPU 中。在调试过程中可以在 CPU 的"STOP"模式下，单独下载硬件组态或编程程序。

3. 用 PLCSIM 视图对象调试程序

单击 CPU 视图对象的小方框，将 CPU 切换到"RUN"或"RUN-P"模式。

根据梯形图电路，调试用户程序（见图 2-26）：单击 IB0 视图对象中第 0 位复选框，出现符号"√"，I0.0 变为 ON（1 状态），相当于按下起动按钮。再单击一次，"√"消失，I0.0 变为 OFF（0 状态），相当于放开起动按钮。视图对象的 QB0 中的第 0 位出现符号"√"，表示 Q0.0 变为 ON，即电动机起动并连续运行。

单击 IB0 视图对象中第 1 位复选框，出现符号"√"，相当于按下停止按钮。视图对象的 QB0 中的第 0 位"√"消失，表示 Q0.0 变为 OFF，即电动机停止。

2.2.4 程序运行状态监视

当 PLC 处于运行模式时，打开 OB1，单击工具栏上的"监视"按钮👓，启动程序状态监视功能，程序状态监视界面如图 2-27 所示。

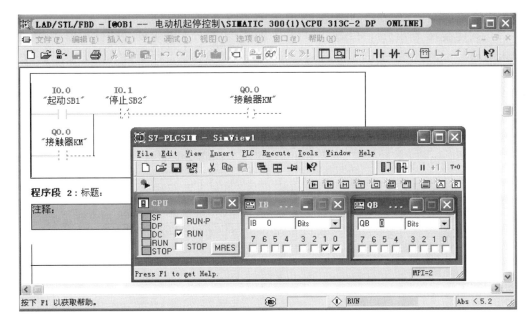

图 2-27　程序状态监视界面

从梯形图左侧垂直的"电源"线开始的水平线均为绿色，表示有能流流过；如果梯形图显示虚线，表示此处触点或线圈状态为"0"，则没有能流流过；用黑色连续线表示状态未知。

任务 2.3　设计电动机正反转控制

除电动机自锁控制之外，继电器-接触器控制中还有很多典型的基本控制电路，三相异步电动机正反转双重联锁控制电路是一个经典的继电器-接触器控制环节。运用 PLC 对其进行改造控制，也是 PLC 设计的传统入门题目。

【提出任务】

如何实现三相异步电动机的"正-停-反"及"正-反-停"控制，动作包括正、反向点动控制，同时具有过载保护，设计程序并完成运行调试。

【分析任务】

为了实现控制要求，本任务可以按以下思路分步实现。

第一步：实现三相异步电动机的正反转双重联锁控制。

第二步：正反转且能点动控制。

第三步：具有过载保护功能。

第四步：调试程序。

【解答任务】

2.3.1　正反转控制程序设计

1. 硬件设计

（1）主电路　三相异步电动机的正反向点动、连续控制是要求电动机在正转和反转时都能实现点动及连续控制方式。主电路如图 2-28 所示。

（2）设计输入/输出分配并编写符号表　输入/输出分配及 I/O 接线图如图 2-29 所示，在输入端 SB1 ～ SB4 分别做正转和反转的点动、连续控制按钮。SB5 为停车按钮。FR 为热继电器常闭触点。输出端用了 KM1 和 KM2 两个常闭触点，在硬件上进行了互锁控制。

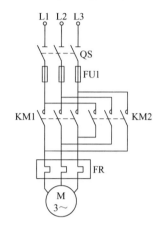 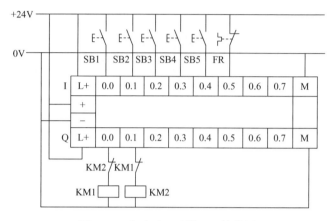

图 2-28　正反转控制主电路　　　　　　图 2-29　点动及正反转 I/O 接线图

建立"正反转控制"项目，完成硬件组态，编写符号表如图 2-30 所示。完成后将符号表保存，同时将硬件组态保存并编译。

	状态	符号	地址	/	数据类型	注释
1		正转点动SB1	I	0.0	BOOL	
2		正转长动SB2	I	0.1	BOOL	
3		反转点动SB3	I	0.2	BOOL	
4		反转长动SB4	I	0.3	BOOL	
5		停车SB5	I	0.4	BOOL	
6		过载FR	I	0.5	BOOL	
7		正转KM1	Q	0.0	BOOL	
8		反转KM2	Q	0.1	BOOL	
9						

图 2-30　正反转控制符号表

2. 软件设计

打开管理器中左侧"块"文件夹，双击 OB1 块，编制梯形图程序。

（1）正-停-反控制　实际工程中，对于大功率的电动机或负载起动的电动机，转向切换时需要按下停止按钮，再进行换向起动。正-停-反控制程序如图 2-31 所示。控制程序中将 Q0.0 和 Q0.1 的常闭触点串接在对方回路的程序段中实现软件互锁。

（2）正-反-停控制　在实际控制中，对于小功率的电动机或空载起动的电动机，可通过正反向起动按钮，在正、反转之间直接切换。正-反-停控制程序如图 2-32 所示。

（3）既能正反转又能点动的控制　工程中常常需要运行前点动调试设备，既可以连续

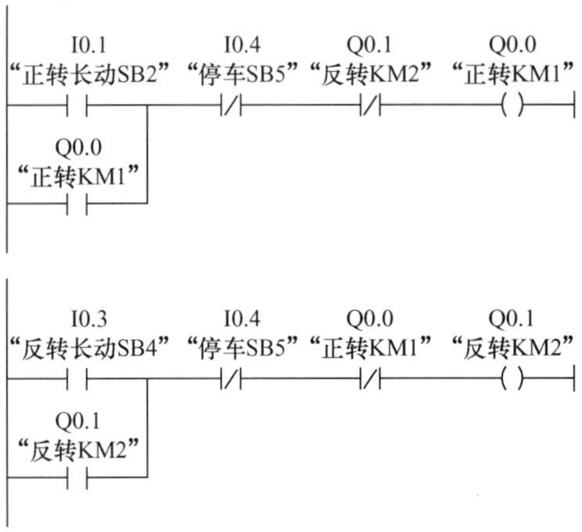

图 2-31 正-停-反控制程序

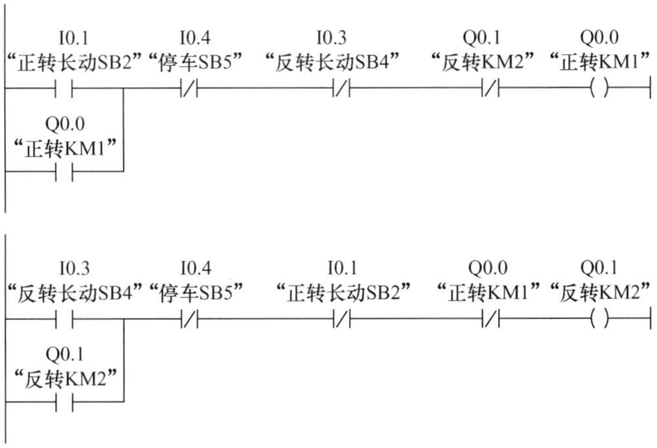

图 2-32 正-反-停控制程序

运行，又可以点动控制的程序如图 2-33 所示。初学者的程序设计中容易出现双线圈的情况，本程序中采用了辅助继电器 M 做中间传递，避免了双线圈输出。

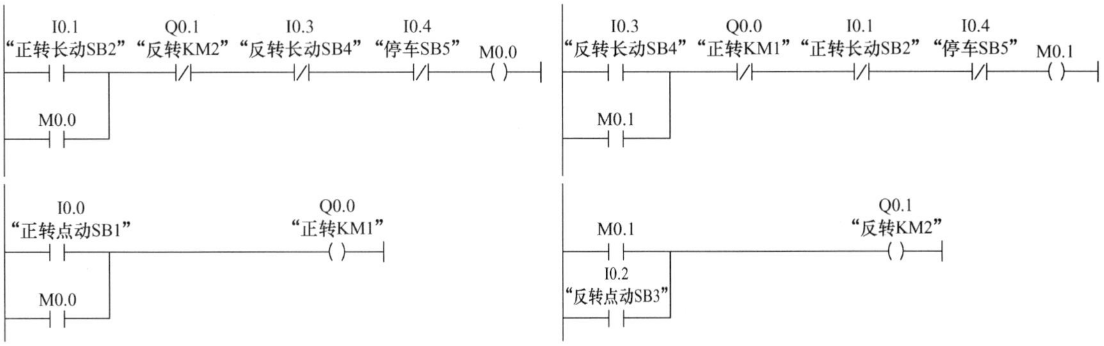

图 2-33 既正反转又点动控制的梯形图程序

2.3.2 常闭触点输入处理

下面设计正-反-停控制并带过载保护的控制程序。在图 2-29 中，硬件接线的输入端子上接的是热继电器 FR 的常闭触点，如何设计正反转带过载保护的梯形图呢？这里要分析外部输入触点形式对梯形图设计的影响。

在设计梯形图时，其输入继电器采用触点的形式（指常开还是常闭）与其外部给定信号的形式密切相关。为了使所设计的梯形图与继电器控制电路相一致，外部给定信号往往采用常开的形式。图 2-34a 是控制电动机正反转运行的 PLC 外部接线图，其外部给定信号全部采用常开的形式。它所对应的梯形图如图 2-34b 所示，与继电器控制电路图中触点的形式是完全一致的。

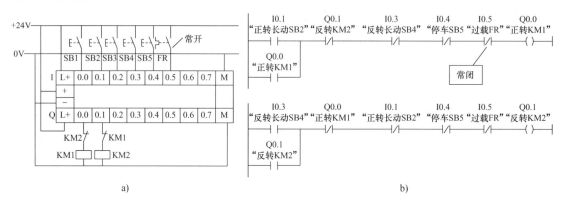

图 2-34　FR 为常开触点输入时的梯形图

如果热继电器接入 PLC 的是 FR 的常闭触点，如图 2-35a 所示，在常态下 FR 是接通的，输入继电器 I0.5 是"得电"的，它的常开触点是闭合的，常闭触点是断开的，所以在梯形图中就将 I0.5 的常开触点与 Q0.0 和 Q0.1 的线圈串联，如图 2-35b 所示。当热继电器 FR 因电动机的过载而使其触点动作时，它的常开触点闭合，常闭触点断开，使输入继电器 I0.5 失电，其常开触点复位，使 Q0.0 或 Q0.1 线圈"失电"，电动机停止运行。

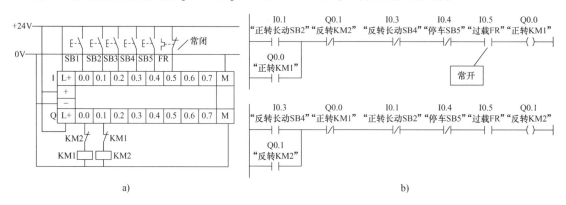

图 2-35　FR 为常闭触点输入时的梯形图

注意这时在梯形图中所用的 I0.5 的触点类型为常开，与 PLC 外接 FR 为常开触点时的情况刚好相反，与继电器电路图中的习惯也是相反的。建议尽可能用常开触点作可编程序控制器的输入信号。如本例中的停止按钮，继电器系统一般用常闭触点作为停止信号，这里接到 PLC 的是停车按钮 SB5 的常开触点，设计的梯形图程序和我们平时的阅读习惯是相同的。

正-反-停控制，带过载保护，既可以点动也可以长动的控制程序，请读者自行设计。

程序设计完毕后保存 LAD 程序。

2.3.3　用变量表调试程序

1. 变量表基本功能

变量表是用来监控相应变量在线状态的，可以根据不同的调试要求，生成多个变量表。变量表是不会下载到 PLC 里面的。变量表是 STEP 7 的一个工具，它可以保存各种测试环境。这样，在操作或进行维修和维护时，可以有效地进行测试和监控。对于所保存的变量表的数量没有限制。使用变量表测试具有如下功能：

1）监视（Monitor）变量：该功能可以让用户在 PG/PC 上显示用户程序中或 CPU 中的每个变量的当前值。

2）修改（Modify）变量：可以用这个功能将固定值赋给用户程序或 CPU 中的每个变量。使用程序状态测试功能时，也能立即进行变量的数值修改。

3）使用外设输出并激活修改值：这一功能允许用户在停机状态下将固定值赋给 CPU 中的每个 I/O 输出。

4）强制变量：可以用这个功能给用户程序或 CPU 中的每个变量赋予一个固定值，这个值是不能被用户程序覆盖的。

在变量表中可以赋值或显示的变量包括输入、输出、位存储器、定时器、计数器、数据块内的存储器和 I/O 外设。

5）定义变量被监视或赋予新值的触发点和触发条件。

2. 创建变量表

（1）生成变量表　在 SIMATIC 管理器对话框内单击"块"文件夹，在右视窗内单击鼠标右键，在弹出的快捷菜单中选择"插入新对象"→"变量表"菜单项插入一个调试变量表，然后双击该变量表。

（2）在变量表中输入变量　在变量表窗口中，输入"正反转控制"项目中相关的符号名或地址，当按〈Enter〉键完成输入项时，其余的明细数据会加进来。可以从符号表中复制地址，将它粘贴到变量表。变量表窗口见图 2-37。

选中变量表中的某行，执行菜单命令"视图"→"选择显示格式"，或用鼠标右键单击"显示格式"列，可以选择"二进制""布尔型"和"十进制"等多种显示格式。

每行输入结束会有语法检查，不正确的输入会被标为红色。

在某个变量的"修改数值"列，如果用键盘加上"//"注释符号，则该行变量的修改值数据就会无效，变为注释了。重新删除注释符号，可以使修改值重新有效。

定时器输入的上限为：W#16#3999（BCD 格式的最大值）。

计数器输入的上限是：C#999；W#16#0999（BCD 格式的最大值）。

3. 使用变量表

（1）建立变量表与 CPU 的在线连接　为了监视或修改变量表（VAT）中输入的变量，

必须与相应的 CPU 建立连接。

首先，启动仿真工具 PLCSIM，并选择当前项目所用 CPU 作为调试对象，然后下载硬件组态信息及程序块 OB1。

使用菜单命令 "PLC"→"连接到"→…来定义与所需 CPU 的连接，以便进行变量的监视或修改。如果用 PLCSIM 仿真，可以选择连接到 "组态的 CPU"；如果是用编程电缆连接了现场的 CPU，可以选择 "直接 CPU"；如果用户程序已经与一个 CPU 连接了，可以选择 "可访问的 CPU" 来打开一个对话框，用它选择另外一个想建立连接的 CPU。

如果在线连接存在，变量表窗口标题栏中的 "ONLINE（在线）" 项会显示该情况。状态栏将显示操作状态 "RUN" "STOP" "DISCONNECTED" 或 "CONNECTED"，这取决于 CPU。

使用菜单命令 "PLC"→"断开连接"，可以断开变量表和 CPU 的连接。

（2）定义变量表的触发方式　用菜单命令 "变量"→"触发器" 打开 "触发器" 对话框，如图 2-36 所示，选择在程序处理过程中的某一特定点来监视或修改变量。比如将 "修改的触发条件" 设置为一次，那么单击一次修改变量的按钮，就会执行一次相应的操作。

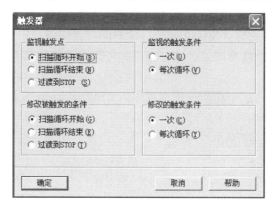

图 2-36　变量表的触发器

（3）监视变量　用菜单命令 "变量"→"监视"，对所选变量的数值做一次立即刷新。

（4）修改变量　用菜单命令 "变量"→"修改"，在 "STOP" 模式修改变量时，各变量的状态不会相互影响，并且有保持功能；在 "RUN" 模式修改变量时，各变量同时又受到用户程序的控制。

（5）调试数据　在变量表工具栏上单击 "监视变量" 按钮将变量表切换到监视状态，摆放好 PLCSIM 对话框的位置，然后单击 "图钉" 按钮 📌 以固定窗口，并将 I0.5 设置为 1，以表示热继电器 FR 的常闭触点处于常闭状态，如图 2-37 所示。将 CPU 模式开关切换到 "RUN" 或 "RUN-P" 模式，然后在 PLCSIM 对话框内操作输入信号的状态，在变量表对话框内观察输出信号的状态，并及时在 PLCSIM 对话框内给出反馈信号。如 I0.1 为 1，则应立即使 I0.1 切换为 0，模拟按下正转长动起动按钮后，再松开按钮。

如果本例正反转控制的现场接触器出现意外情况，接触器不动作了，那么第一种解决方法是打开程序看一看，看问题出在哪里；第二种解决方法是可以建一个变量表，将以上变量写上，在线观看变量的状态。简单程序变量表的优势不明显，但在多个逻辑块调用的程序结

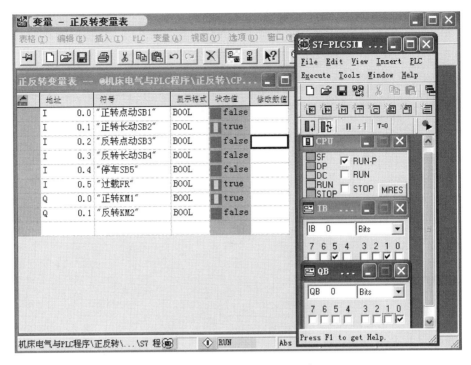

图 2-37 变量表在线调试程序

构中，程序复杂不易阅读，采用变量表调试可以更快捷地找到故障原因。用户对变量表用得多了，就会发现变量表是一个很好的工具。

任务 2.4 C650 型卧式车床控制系统设计

【提出任务】

C650 型卧式车床是常见的一种普通机床，其主电路如图 2-38 所示。本任务主要完成对 C650 型卧式车床的 PLC 控制。

【分析任务】

分析 C650 型车床电气控制的特点：

1）采用 3 台三相笼型异步电动机拖动，即主轴电动机 M1（简称主电动机）、冷却泵电动机 M2 和溜板箱快速移动电动机 M3。其中车床溜板箱的快速移动由一台快速移动电动机 M3 拖动。三台电动机分别由 5 个接触器控制。KM1、KM2 控制主电动机 M1 的正反转；KM3 接通和切断 M1 的制动限流电阻 R；KM4 控制冷却泵电动机 M2；KM5 控制快速移动电动机 M3。FR1、FR2 分别为主电动机 M1、冷却泵电动机 M2 的热保护元件；KS-1、KS-2 为主电动机速度继电器 KS 的正向常开和反向常开触点。

2）主电动机 M1，功率为 30kW，允许空载下直接起动；能实现正、反转；还有单向低速点动的调整控制；其正、反向停车时均具有反接制动停车控制。

3）冷却泵电动机 M2，功率为 0.15kW，只需要单向连续运转。

4）快速移动电动机 M3，功率为 2.2kW，用于溜板箱连续移动时短时工作，只需要点

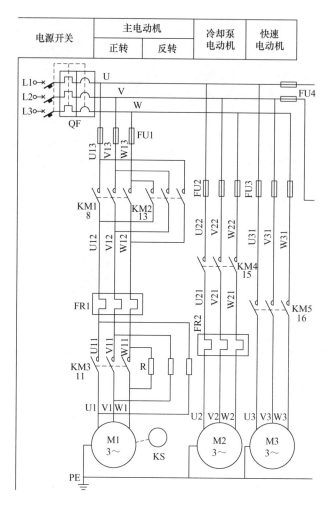

图 2-38　C650 型车床电气控制主电路

动，不设置过载保护。

5）具有完善的保护和联锁功能。

程序设计可以结合前面任务的经验进行综合设计。

【解答任务】

1. 硬件设计

（1）硬件 I/O 接线　根据 C650 型卧式车床的控制要求，该机床的输入信号共有 11 个点，输出信号有 5 个点。输入元件中，按钮 SB1、SB5，热继电器 FR1、FR2，这 4 个点接入常闭触点，而其他接入的都是常开触点。输出元件中，KM1、KM2 接触器互锁。C650 型卧式车床 I/O 接线图如图 2-39 所示。

（2）建立项目及编写符号表　建立名为"C650 型卧式车床"的 PLC 项目，完成硬件组态，并编辑符号表如图 2-40 所示。

2. 软件程序设计

根据 C650 型卧式车床的动作要求，编制其 PLC 控制梯形图程序，如图 2-41 所示。

（1）主电动机控制　Q0.0（KM1）、Q0.1（KM2）、Q0.3（KM3）程序中，用了 4 个辅

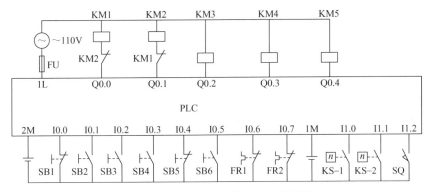

图 2-39　C650 型卧式车床 I/O 接线图

	状态	符号	地址		数据类型	注
1		M1停止SB1	I	0.0	BOOL	
2		M1点动SB2	I	0.1	BOOL	
3		M1正转起动SB3	I	0.2	BOOL	
4		M1反转起动SB4	I	0.3	BOOL	
5		冷却泵停止SB5	I	0.4	BOOL	
6		冷却泵起动SB6	I	0.5	BOOL	
7		M1过载FR1	I	0.6	BOOL	
8		M2过载FR2	I	0.7	BOOL	
9		M1正转制动KS-1	I	1.0	BOOL	
10		M1反转制动KS-2	I	1.1	BOOL	
11		快移限位SQ	I	1.2	BOOL	
12		主电动机M1正转KM1	Q	0.0	BOOL	
13		主电动机M1反转KM2	Q	0.1	BOOL	
14		接通电源并短接电阻KM3	Q	0.2	BOOL	
15		冷却泵M2起停KM4	Q	0.3	BOOL	
16		快移M3起停KM5	Q	0.4	BOOL	
17						

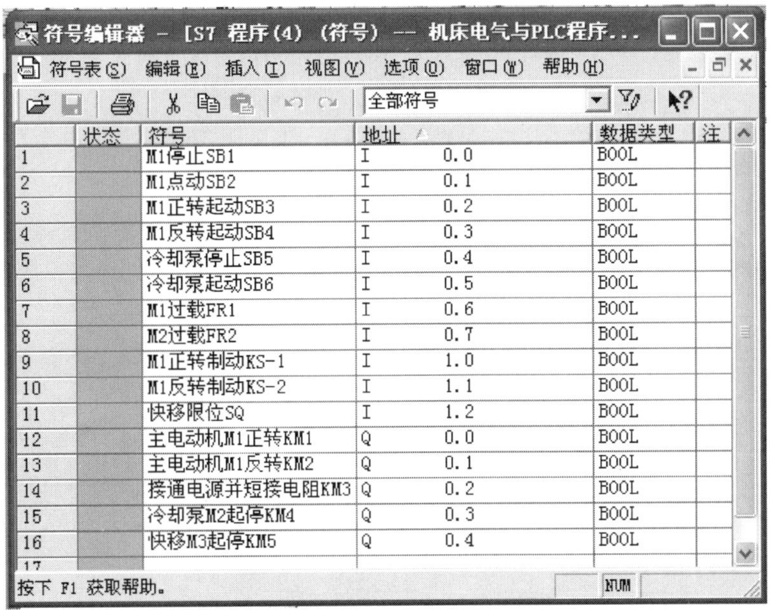

图 2-40　C650 型卧式车床控制符号表

助继电器，即 M0.1、M0.2、M0.3、M0.4。其中，M0.1、M0.2 分别为主电动机正、反转起动辅助继电器，具有自锁保持功能；M0.3 为正、反转辅助继电器；M0.4 为制动辅助继电器，在其自锁点中用了 Q0.0、Q0.1 互锁，表示按停止按钮 I0.0（SB1）时，松手后能自锁（因为此时 KM1、KM2 都断电了，即 Q0.0、Q0.1 的常闭触点使 M0.3 自锁保持）。用 M0.4 控制反接制动，反接制动开始后，当 KM1（或 KM2）接通时，M0.4 失电，见图 2-41 中程序段 1 到程序段 5。

1）点动：由 I0.1（SB2）的通断控制，无自锁，见图 2-41 中程序段 6。

2）正转起动：由辅助继电器 M0.1 及 Q0.2（KM3）共同控制，见图 2-41 中程序段 6。反转起动由 M0.2 和 Q0.2（KM3）控制，见图 2-41 中程序段 7。

3）反转的反接制动：假设电动机原来反转运行，则 I1.1（KS-2）闭合。当按下停止按钮 I0.0（SB1）时，制动辅助继电器 M0.4 接通，使正转 Q0.0 接通并自锁。当主电动机转速降到 100r/min 时，KS-2 断开，I1.1 断开，此时 Q0.0（KM1）断开，反接制动结束，见图 2-41 中程序段 6。

Q0.1（KM2）为反转控制，与正转相同，只是少了一个点动控制，见图 2-41 中程序段 7。

（2）冷却泵电动机控制 Q0.3（KM3）　起动用 I0.5（SB5），停止用 I0.6（SB6）。I0.7（FR2）起过载保护作用，可以将 FR2 的硬件触点直接串入 PLC 硬件回路 KM4、KM5 的公共处，这样可以省去一个输出点，见图 2-41 中程序段 8。

（3）快速移动控制 Q0.4（KM5）　快速移动电动机 M3 由 KM5 接通，用点动功能实现，操作 I1.2（SQ）点动即可，见图 2-41 中程序段 9。

（4）其他　冷却、联锁和辅助控制过程分析（略）。

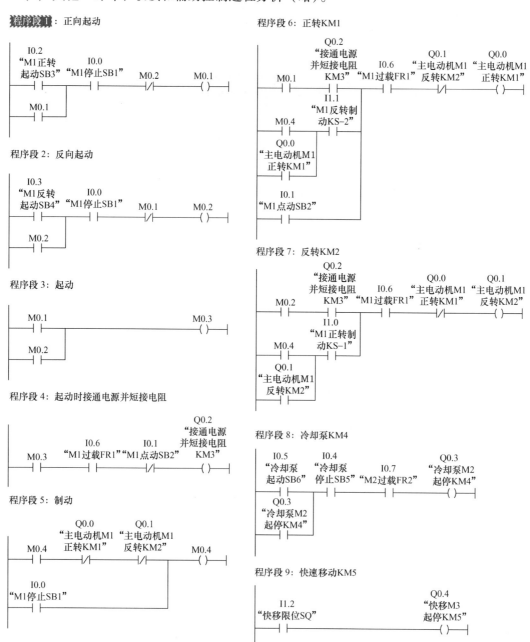

图 2-41　C650 型卧式车床 PLC 控制梯形图程序

思考与练习

1. 三相交流异步电动机点动运行控制，有一台三相交流异步电动机 M，其运行由交流接触器 KM 控制。当按下按钮 SB1 时，接触器 KM 线圈通电，其主触点闭合，电动机 M 转动；当松开按钮 SB1 时，接触器 KM 线圈失电，其主触点断开，电动机 M 停止转动。为了保护电动机 M，在控制电路中设置了热保护继电器 FR。当电动机 M 过载时，热保护继电器 FR 动作，接触器 KM 线圈失电，其主触点断开，电动机 M 停止转动。完成硬件接线、程序设计及调试。

2. 工作台自动往返控制，示意图如图 2-42 所示。

某工作台由一台三相交流异步电动机拖动，在工作台运行的左右两端有限位开关，工作台在两个限位开关之间做自动往返运行。

其控制要求如下：

图 2-42　自动往返运行示意图

（1）工作过程：按下起动按钮 SB1，工作台如果不在最左端，则应向左后退先返回最左端，碰到左端限位开关后，自动向右前进；如果工作台已经在最左端，则工作台直接向右前进。向右碰到右端限位开关后，工作台向左后退，直至碰到左端限位开关后，工作台继续向右前进……如此循环往复。

（2）停止过程：任何时候，按下停止按钮 SB2，工作台立即停止运行。

3. 第 2 题停止过程的要求改为：任何时候，按下停止按钮 SB2，工作台不会立即停止，只有当工作台向左后退，碰到左端限位开关后，工作台才停止运行，停止过程结束，试完成控制程序。

4. 抢答器控制

某抢答器系统能够允许三位选手进行抢答，主持人用开关 S 可以控制是否允许抢答。其控制要求如下：

（1）如果主持人没有启动允许抢答开关，所有选手的抢答开关都无效，所有选手的指示灯熄灭。

（2）当主持人启动运行抢答开关后，所有选手允许抢答。一旦有一位选手按下了抢答按钮进行了抢答，对应该位选手的指示灯点亮，同时其他的选手抢答开关也失效，不能够再进行抢答。

（3）当主持人开关 S 断开时，所有选手的指示灯熄灭，准备开始重新抢答。

项目 3

四路抢答器程序设计与调试

抢答器在各类竞赛中都有应用,在竞赛中,参赛人员往往分为几组参加,针对主持人提出的问题,各组要进行抢答,因此,判断哪一组先按键至关重要。抢答器能够通过指示灯显示、数码显示等方式在竞赛中准确、公正、直观地指示出第一抢答者。本项目介绍如何用PLC进行设计和调试简单的四路抢答器。

项目目标

1. 熟练使用 STEP 7 编程软件。
2. 掌握本项目相关位逻辑指令并熟练应用。
3. 能独立完成四路抢答器的设计与调试。

任务3.1　学习抢答器相关指令及应用

【提出任务】

项目 2 中的图 2-21 为电动机单向旋转起停控制梯形图,那么除了用基本指令完成该程序功能外,还有其他方法吗?

【分析任务】

电动机的单向旋转起停控制,关键在于自锁控制。图 2-21 中的梯形图程序,把输出线圈 Q0.0 的常开触点并联在了起动按钮两边,实现了自锁控制,这种设计符合电气控制设计的逻辑规则,易于理解,是一种常用的方法。除此以外,还可以用其他指令实现同样的功能。下面就给大家介绍置位、复位等其他常用位逻辑指令。

【解答任务】

3.1.1　置位和复位指令及应用

1. 置位指令和复位指令

(1) 符号及格式　---(S) 置位指令符号如图 3-1 所示,其中,线圈上方的问号是要输入的位地址。该位地址的数据类型是 BOOL (布尔型),位地址的存储区可以是 I、Q、M、L、D。

---(R) 复位指令符号如图 3-2 所示,其中,线圈上方的问号是要输入的位地址。该位地址的数据类型是 BOOL (布尔型),位地址的存储区可以是 I、Q、M、L、D、T、C。

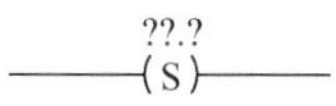

$$\text{??.?}\atop{---(S)---}$$

图 3-1　置位指令符号

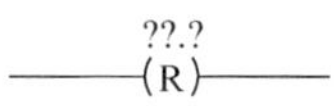

$$\text{??.?}\atop{---(R)---}$$

图 3-2　复位指令符号

（2）说明　---S（Set，置位或置 1）指令根据逻辑运算结果（RLO）的值，来决定操作数的信号状态是否改变，对于置位指令，只有在前面指令的逻辑运算结果（RLO）为"1"（能流通过线圈）时，才会执行---（S）（置位线圈）。如果 RLO 为"1"，则操作数的状态置"1"，即使逻辑运算结果（RLO）又变为"0"，输出仍保持为"1"；若 RLO 为"0"，则操作数的信号状态保持不变，这一特性又称为静态的置位。

---R（Reset，复位或置 0）指令，只有在前面指令的 RLO 为"1"（能流通过线圈）时，才会执行---（R）（复位线圈）。如果 RLO 为"1"，则操作数的状态复位为"0"。RLO 为 0（没有能流通过线圈）时，将不起作用，单元指定地址的状态将保持不变。

需要注意的是，在 LAD 中，置位和复位指令都要放在逻辑串最右端，而不能放在逻辑串中间。

举例：置位指令的格式及应用示例如图 3-3 所示。

图 3-3　置位指令的格式及应用

满足下列条件时，输出端 Q1.0 的信号状态将是 1：输入端 I0.0 的信号状态为 1 且 I0.2 的信号状态为 0 时。如果---（S）前面指令的 RLO 为 0，输出端 Q1.0 的信号状态将保持不变。

举例：复位指令的格式及应用示例如图 3-4 所示。

图 3-4　复位指令的格式及应用

满足下列条件时，将把输出端 Q1.0 的信号状态复位为 0：输入端 I0.1 的信号状态为 1 且 I0.2 的信号状态为 0 时。如果---（R）前面指令的 RLO 为 0，输出端 Q1.0 的信号状态将保持不变。

为进一步说明图 3-3 和图 3-4 中的置位指令如何保持输出 Q1.0 为"1"，直至复位指令把它变为"0"，以及复位指令如何保持输出 Q1.0 的状态为"0"，直到置位指令把它置为"1"，下面给出置位和复位指令的工作时序图，如图 3-5 所示。

2. 置位指令和复位指令的应用实例

举例：用置位和复位指令实现项目 2 中的三相异步电动机直接起动单向旋转控制。

三相异步电动机直接起动单向旋转控制的控制要求、I/O 分配及符号表见任务 2.2，在此不再赘述。采用置位和复位指令实现的控制梯形图程序如图 3-6 所示。

程序段 1：标题：
I0.0
I0.2
Q1.0
S
程序段 2：标题：
I0.1
I0.2
Q1.0
R
I0.0
I0.1
I0.2
Q1.0

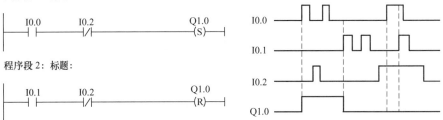

图 3-5　置位和复位指令的工作时序图

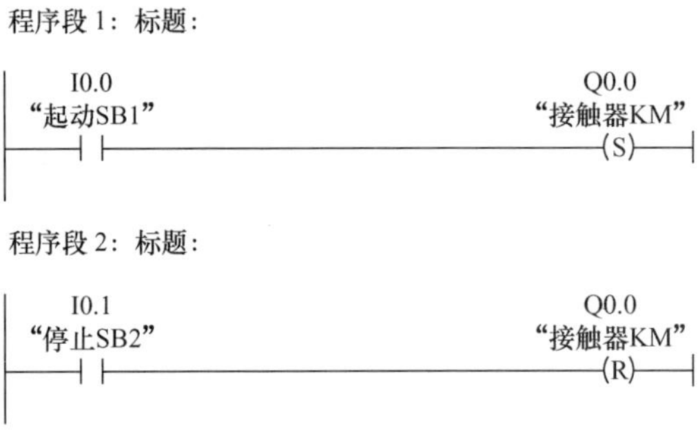

程序段 1：标题：
I0.0
“起动SB1”
Q0.0
“接触器KM”
S
程序段 2：标题：
I0.1
“停止SB2”
Q0.0
“接触器KM”
R

图 3-6　采用置位和复位指令实现的电动机单向旋转控制梯形图程序

举例：传送带运动控制。

传送带运动控制示意图如图 3-7 所示。在传送带的起点有两个按钮，用于起动的 S1 和用于停止的 S2。在传送带的尾端也有两个按钮，用于起动的 S3 和用于停止的 S4。要求能从任一端起动或停止传送带。另外，当传送带上的物件到达末端时，传感器 S5 使传送带停止。

S5
传感器
MOTOR_ON
电动机
S1
起动
S2
停止
S3
起动
S4
停止

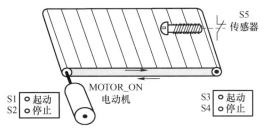

图 3-7　传送带运动控制

（1）硬件 I/O 接线　传送带控制的 PLC 硬件接线图如图 3-8 所示。图中 S1～S4 为常开按钮，接到输入端 I0.0～I0.3，分别作为起点的起动、停止，尾部的起动、停止按钮。S5 为位置传感器常闭触点，接在输入 I0.4 上。输出 Q0.0 接拖动传送带的电动机。

（2）定义符号地址　建立名为“传送带运动控制”的 PLC 项目，完成硬件组态，并编辑符号表，如图 3-9 所示。

（3）梯形图程序　传送带运动控制的梯形图程序如图 3-10 所示。当按下 S1（即 I0.0 得电）或 S3（即 I0.2 得电）时，Q0.0 输出为“1”，即拖动传送带运动的电动机起动，传送带向前运动；当按下 S2（即 I0.1 得电）或 S4（即 I0.3 得电）时，Q0.0 输出为“0”，即拖动传送带运动的电动机停止，传送带停止运动。当传送带上的货物运动到末端，碰触到 S5（即 I0.4 得电）时，Q0.0 输出为“0”，电动机停止转动，传送带停止运行。

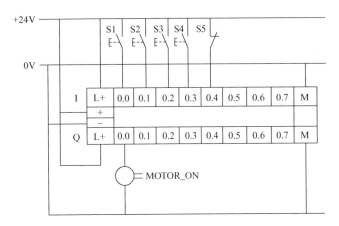

图 3-8　传送带控制的 PLC 硬件接线图

	状态	符号 △	地址		数据类型	注释
1		MOTOR-ON	Q	0.0	BOOL	传送带电动机
2		S1	I	0.0	BOOL	起点起动按钮
3		S2	I	0.1	BOOL	起点停止按钮
4		S3	I	0.2	BOOL	尾部起动按钮
5		S4	I	0.3	BOOL	尾部停止按钮
6		S5	I	0.4	BOOL	机械式位置传感器，常闭
7						

S7 程序(1)(符号)——传送带运动控制\SIMATIC 300 站点\CPU 313-2 DP(1)

图 3-9　传送带运动控制符号表

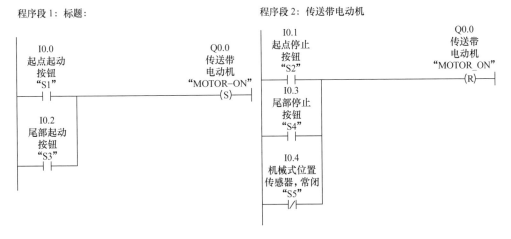

图 3-10　传送带运动控制的梯形图程序

3.1.2　RS 触发器和 SR 触发器指令及应用

1. RS 触发器和 SR 触发器指令

（1）指令符号及格式　RS 触发器为"置位优先"型触发器（当 R 和 S 驱动信号同时为
"1"时，触发器最终为置位状态）；SR 触发器为"复位优先"型触发器（当 R 和 S 驱动信号同时为"1"时，触发器最终为复位状态）。RS 触发器和 SR 触发器的指令符号如图 3-11 所示。其中，线圈上方的问号是要输入的位地址，<??.?>是要置"1"或复"0"的位。"S"端为置位指令输入端，"R"端为复位指令输入端，"Q"端为输出端，输出<??.?>的状态信号，<??.?>地址位或 Q 端输出状态由最后执行的指令决定。S、R 及输出 Q 所使用的操作数可以是 I、Q、M、L、D。

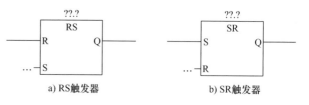

图 3-11　RS 触发器和 SR 触发器的梯形图符号

（2）说明　对于 RS 触发器，如果 R 输入端的信号状态为"1"，S 输入端的信号状态为"0"，则复位 RS 触发器。否则，如果 R 输入端的信号状态为"0"，S 输入端的信号状态为"1"，则置位触发器。如果两个输入端的 RLO 状态均为"1"，则指令的执行顺序是最重要的。RS 触发器先在指定位地址位置执行复位指令，然后执行置位指令，以使该地址在执行余下的程序扫描过程中保持置位状态。只有在 RLO 为"1"时，才会执行 S（置位）和 R（复位）指令。这些指令不受 RLO 为"0"的影响，指令中指定的地址保持不变。

对于 SR 触发器，如果 S 输入端的信号状态为"1"，R 输入端的信号状态为"0"，则置位 SR 触发器。否则，如果 S 输入端的信号状态为"0"，R 输入端的信号状态为"1"，则复位触发器。如果两个输入端的 RLO 状态均为"1"，则指令的执行顺序是最重要的。SR 触发器先在指定位地址位置执行置位指令，然后执行复位指令，以使该地址在执行余下的程序扫描过程中保持复位状态。只有在 RLO 为"1"时，才会执行 S（置位）和 R（复位）指令。这些指令不受 RLO 为"0"的影响，指令中指定的地址保持不变。

在梯形图中，RS 触发器和 SR 触发器可以用在逻辑串最右端，结束一个逻辑串，也可用在逻辑串中，影响右边的逻辑操作结果。

RS 触发器和 SR 触发器的输入、输出关系表如表 3-1 所示。

表 3-1　RS 触发器和 SR 触发器输入、输出关系表

RS 触发器			SR 触发器		
R	S	Q	S	R	Q
0	0	不变	0	0	不变
1	0	0	0	1	0
0	1	1	1	0	1
1	1	1	1	1	0

举例：RS 触发器指令应用示例。

RS 触发器指令应用示例如图 3-12 所示。如果输入端 I0.0 的信号状态为"1"，I0.1 的信号状态为"0"，则 M0.0 将被复位，Q4.0 端输出"0"。否则，如果输入端 I0.0 的信号状态为"0"，I0.1 的信号状态为"1"，则 M0.0 将被置位，Q4.0 输出"1"。如果两个信号状态均为"0"，则不会发生任何变化。如果两个信号状态均为"1"，则将按顺序关系执行置位指令，置位 Q4.0。

举例：SR 触发器指令应用示例。

SR 触发器指令应用示例如图 3-13 所示。如果输入端 I0.0 的信号状态为"1"，I0.1 的信号状态为"0"，则 Q4.2 将输出"1"。否则，如果输入端 I0.0 的信号状态为"0"，I0.1 的信号状态为"1"，则 Q4.2 将输出"0"。如果两个信号状态均为"0"，则不会发生任何变化。如果两个信号状态均为"1"，则将按顺序关系执行复位指令，复位 Q4.2。

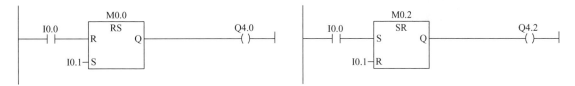

图 3-12　RS 触发器指令应用示例　　　　图 3-13　SR 触发器指令应用示例

为进一步说明示例中的 RS 触发器和 SR 触发器对 R 端和 S 端信号的响应及响应优先级，下面给出 RS 触发器和 SR 触发器的工作时序图，如图 3-14 所示。

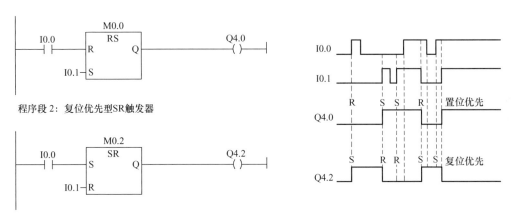

图 3-14　RS 触发器和 SR 触发器工作时序图

2. RS 触发器和 SR 触发器指令应用实例

举例： 某型号的自动化生产线供料单元侧视图如图 3-15 所示，其供料单元依靠两个标准双作用直线气缸 A 和 B 的配合工作，完成将放置在料仓中待加工的工件自动推到物料台上的功能。气缸 A 和 B 均由两位五通双电控电磁阀来驱动，其气动控制回路如图 3-16 所示。具体工作过程是这样的：初始状态时，顶料气缸 A 和推料气缸 B 的活塞杆均处于缩回状态，当需要执行供料操作时，共分为四步。首先，按下起动按钮 S0，第一步，若 A 的活塞杆处于缩回状态（靠安装在气缸 A 上的传感器 1S1 来检测），则电磁阀 1Y1 得电，气缸 A 的活塞杆伸出；伸出到位后（靠传感器 1S2 检测），执行第二步，即电磁阀 2Y1 得电，气缸 B 的活塞杆伸出；伸出到位后（靠传感器 2S2 检测），执行第三步，即电磁阀 2Y2 得电，气缸 B 的活塞杆缩回；缩回到位后（靠传感器 2S1 检测），执行第四步，即电磁阀 1Y2 得电，气缸 A 的活塞杆缩回。缩回到位，完成一次供料操作。若要停止，只需按下停止按钮 S1 即可。

（1）I/O 分配及外部电路　生产线供料单元控制的外部电路如图 3-17 所示，共有输入信号 6 点，输出信号 4 点。S0 和 S1 分别为起动按钮和停止按钮，均为常开按钮，分别接到

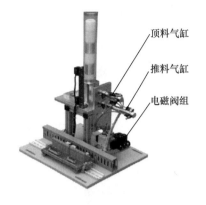

图 3-15 某型号自动化生产线供料单元侧视图

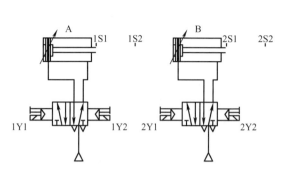

图 3-16 气动控制回路

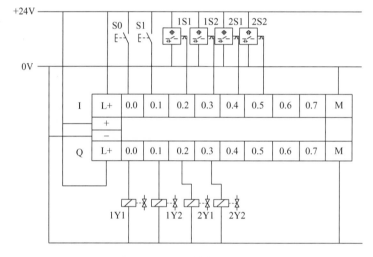

图 3-17 PLC 外部接线图

输入端的 I0.0 和 I0.1。1S1、1S2、2S1、2S2 均为传感器，分别检测气缸 A 的活塞杆缩回与伸出到位，气缸 B 的活塞杆缩回与伸出到位，接到 PLC 的 I0.2 ~ I0.5。1Y1 与 1Y2 分别为控制气缸 A 的活塞杆伸出与缩回的换向阀电磁线圈，分别接到 PLC 的输出 Q0.0 和 Q0.1。2Y1 和 2Y2 分别为控制气缸 B 的活塞杆伸出与缩回的换向阀电磁线圈，分别接到 PLC 的输出 Q0.2 和 Q0.3。

（2）定义符号表 建立名为"供料单元的控制"的 PLC 项目，完成硬件组态，并编辑符号表，如图 3-18 所示。

（3）梯形图程序 采用 SR 触发器编制的程序如图 3-19 所示，仅供参考，读者可自行设计满足要求的程序。

3.1.3 跳变沿检测指令及应用

1. RLO 边沿检测指令

（1）指令格式 RLO 边沿检测指令有两种类型：RLO 上升沿检测和 RLO 下降沿检测，梯形图指令格式如图 3-20 所示。

	状态	符号	地址		数据类型	注释
1		1S1	I	0.2	BOOL	A缩回到位
2		1S2	I	0.3	BOOL	A伸出到位
3		1Y1	Q	0.0	BOOL	A伸出阀
4		1Y2	Q	0.1	BOOL	A缩回阀
5		2S1	I	0.4	BOOL	B缩回到位
6		2S2	I	0.5	BOOL	B伸出到位
7		2Y1	Q	0.2	BOOL	B伸出阀
8		2Y2	Q	0.3	BOOL	B缩回阀
9		S0	I	0.0	BOOL	起动按钮
10		S1	I	0.1	BOOL	停止按钮
11		STEP0	M	0.0	BOOL	
12		STEP1	M	0.1	BOOL	
13		STEP2	M	0.2	BOOL	
14		STEP3	M	0.3	BOOL	
15		STEP4	M	0.4	BOOL	
16						

图 3-18　供料单元控制符号表

程序段1：标题：

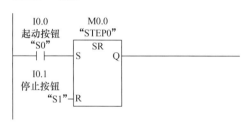

程序段5：标题：

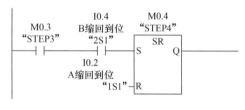

程序段2：标题：

程序段6：标题：

程序段3：标题：

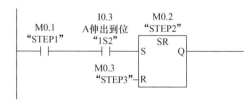

程序段7：标题：

程序段4：标题：

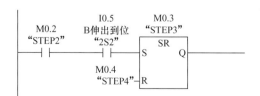

程序段8：标题：

程序段9：A缩回阀

图 3-19　供料单元梯形图程序

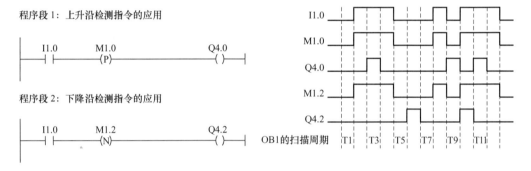

a) RLO 上升沿检测指令格式　　　　b) RLO 下降沿检测指令格式

图 3-20　RLO 上升沿与下降沿检测指令格式

其中，上方的问号表示输入位地址，该位地址的数据类型是 BOOL（布尔型），位地址的存储区可以是 I、Q、M、L、D。

（2）说明　正跳沿检测指令是检测该指令所在点的逻辑状态是否从"0"到"1"的变化，即是否有上升沿发生。<??.?>位为边沿存储器，作用是存储该点前一个扫描周期的状态，以便进行状态比较。如果本周期该点状态为"1"，上个扫描周期为"0"，则说明有上升沿发生，逻辑输出结果为"1"，否则逻辑结果为"0"。

负跳沿检测指令是检测逻辑位从"1"到"0"的变化，如果逻辑位有负跳沿变化，则逻辑检测结果为"1"，否则为"0"。地址位的功能与正跳沿检测相同。

举例： 上升沿检测指令与下降沿检测指令的应用示例如图 3-21 所示。

图 3-21　RLO 边沿检测指令应用示例及工作时序图

分析图 3-21 所示的工作时序可知，对于上升沿指令，在 T1 周期若 CPU 检测到输入 I1.0 为"0"（并保存到 M1.0），在 T2 周期若 CPU 检测到输入 I1.0 为"1"（并保存到 M1.0），说明 M1.0 检测到一个 RLO 的上升沿，同时使状态位 RLO="1"，输出 Q4.0 的线圈在下一周期内得电。对于下降沿指令，在 T4 周期若 CPU 检测到输入 I1.0 为"1"（并保存到 M1.2），在 T5 周期若 CPU 检测到输入 I1.0 为"0"（并保存到 M1.2），说明 M1.2 检测到 RLO 的一个下降沿，同时使状态位 RLO="1"，输出 Q4.2 的线圈在下一周期内得电。

举例： 使用一个按钮 SB（I0.0），控制一台电动机的起动和停止 KM（Q0.0）。

本例在继电器控制系统中很难实现，而在 PLC 控制系统中，可以使用边沿指令轻松实现。程序如图 3-22 所示。

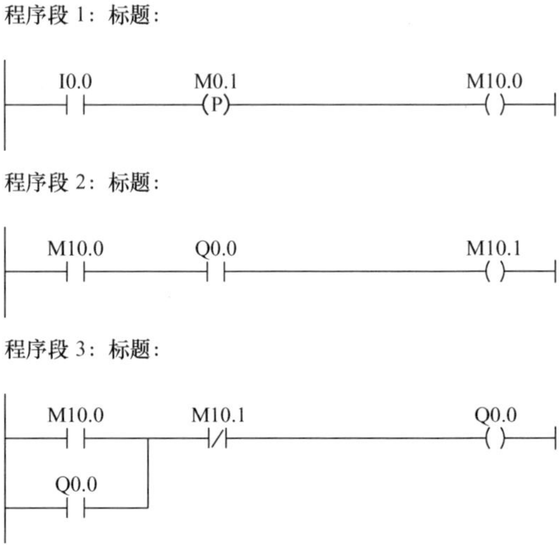

图 3-22　一个按钮控制一台电动机起动和停止梯形图

分析二分频器的时序图（见图2-8）可知，输入每有一个正跳沿，输出便翻转一次。据此，图3-22所示梯形图用跳变沿检测指令也实现了二分频功能。

2. 触点信号边沿检测指令

（1）指令格式 触点信号边沿检测指令有两种类型：触点信号上升沿检测和触点信号下降沿检测，指令格式如图3-23所示。其中的"位地址1""位地址2（M_BIT）"和"状态（Q）"使用的存储区可以是I、Q、M、L、D。图中的启动条件可有可无。

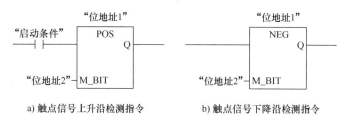

a) 触点信号上升沿检测指令　　b) 触点信号下降沿检测指令

图3-23 触点信号上升沿检测指令和触点信号下降沿检测指令格式

（2）说明 地址上升沿检测指令将"位地址1"的信号状态与存储在"位地址2"中的前一周期信号状态比较，如果有从"0"至"1"的变化，则输出Q为"1"，否则为"0"。地址下降沿检测指令将"位地址1"的信号状态与存储在"位地址2"中的前一周期信号状态比较，如果有从"1"至"0"的变化，则输出Q为"1"，否则为"0"。

在梯形图中，地址跳变沿检测方块和RS触发器方块可被看作一个特殊常开触点。该常开触点的特性为：若方块的Q为"1"，则触点闭合；若Q为"0"，则触点断开。

举例：触点信号边沿检测指令应用示例及工作时序。

触点信号边沿检测指令应用示例及工作时序图如图3-24所示。

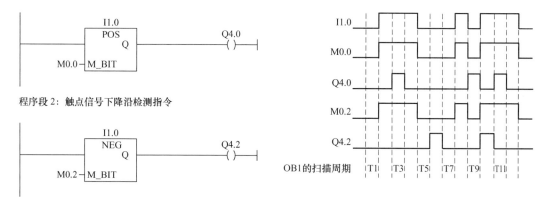

图3-24 触点信号边沿检测指令及工作时序图

举例：在地下停车场的出入口处，同时只允许一辆车进出，在进出通道的两端设置有红绿灯，如图3-25所示，光电开关I0.0和I0.1用来检测是否有车经过，光线被车遮住时，I0.0或I0.1为"1"状态。有车进入通道时，光电开关检测到车的前沿，两端的绿灯灭，红灯亮，以警示两方后来的车辆不能再进入通道。车离开通道时，光电开关检测到车的后沿，两端的红灯灭，绿灯亮，别的车辆可以进入通道。

图 3-26 所示波形图中的 M0.0 和 M0.1 分别是有车下行和有车上行的信号。

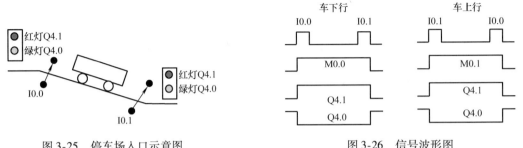

图 3-25　停车场入口示意图

图 3-26　信号波形图

（1）定义符号表　建立名为“车库入口”的 PLC 项目，完成硬件组态，编辑符号表，如图 3-27 所示。

S7 程序(1) (符号) -- 车库入口\SIMATIC 300 站点\CPU313C-2 DP(1)

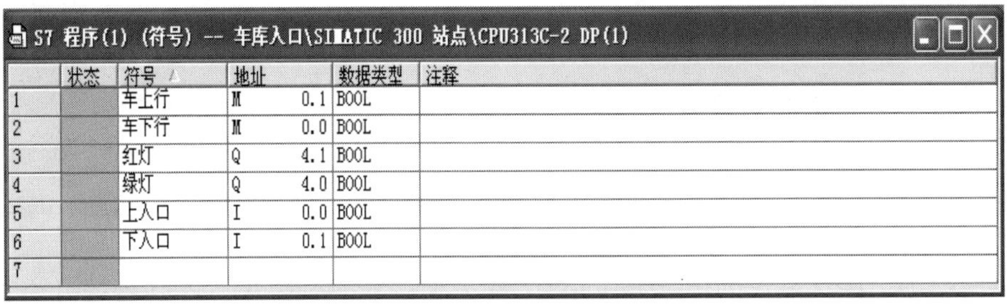

	状态	符号	地址		数据类型	注释
1		车上行	M	0.1	BOOL	
2		车下行	M	0.0	BOOL	
3		红灯	Q	4.1	BOOL	
4		绿灯	Q	4.0	BOOL	
5		上入口	I	0.0	BOOL	
6		下入口	I	0.1	BOOL	
7						

图 3-27　车库入口符号表

（2）参考程序　车库入口梯形图参考程序如图 3-28 所示。

图 3-28　车库入口梯形图程序

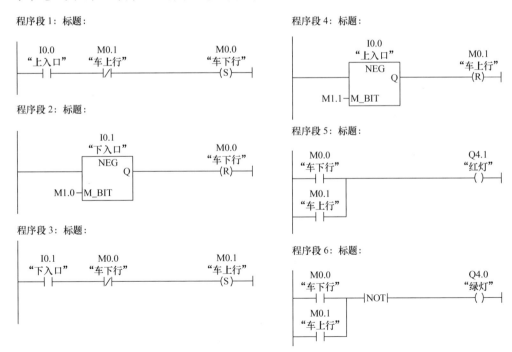

车库入口控制主要通过光电开关 I0.0 和 I0.1 来采集有无车辆入库和出库信息。以车辆下行入库为例，若有车辆进入通道，则光电开关 I0.0 的信号为"1"，M0.0 被置位，接通 Q4.1，红灯亮，警示后方车辆有车正在入库，不能进入，直到车辆已经通过了车库下入口时，I0.1 的信号为"0"，触点信号下降沿检测指令检测到有"1"到"0"的信号变化，输出为"1"，M0.0 被复位，接通 Q4.0，绿灯亮。

任务 3.2　设计与调试四路抢答器控制程序

【提出任务】

某单位举行知识抢答类竞赛，参赛人员共分四队，为公平、公正起见，采用抢答器进行抢答，其结构图如图 3-29 所示。

要求：

1）系统初始上电后，主持人在总控制台上单击"开始"按键后，允许各队人员开始抢答，即各队抢答按键有效。

2）抢答过程中，1～4 队中的任何一队抢先按下各自的抢答按键（S1、S2、S3、S4）后，该队指示灯（L1、L2、L3、L4）相应点亮，LED 数码显示系统显示当前的队号，并且其他队的人员继续抢答无效。

3）主持人对抢答状态确认后，单击"复位"按键，系统又继续允许各队人员重新开始抢答，即主持人按下"开始"按键，直至又有一队抢先按下自己的抢答按键。

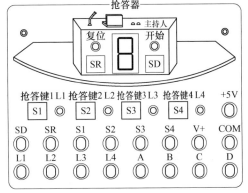

图 3-29　四路抢答器结构图

该模块中的数码管，经过译码电路处理为 8421BCD 码输入方式，D 端、C 端、B 端、A 端依次对应的权限为 8、4、2、1。

试设计该抢答器。

【分析任务】

该程序设计可以分为四部分：启动控制、各队抢答控制、复位控制及数码管显示控制。启动控制的外部按钮信号要通过程序处理为保持型信号。各队抢答控制要用互锁的方法保证只能有一个队抢答成功。复位控制将主持人的复位键作为停止信号设计在程序中。数码管显示控制要注意避免双线圈输出。

【解答任务】

1. 硬件设计

（1）硬件 I/O 接线　根据该四路抢答器的控制要求，该抢答器的输入信号共有 6 个点，输出信号共有 8 个点，均接入常开触点。其 I/O 接线图如图 3-30 所示。

（2）建立项目及编写符号表　建立名为"四路抢答器"的 PLC 项目，完成硬件组态，并编辑符号表，如图 3-31 所示。

2. 软件程序设计

根据四路抢答器的控制要求，编制其 PLC 控制梯形图程序，如图 3-32 所示。

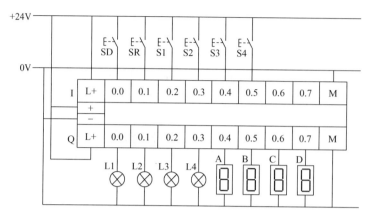

图 3-30　四路抢答器 I/O 接线图

S7 程序(1) (符号) -- 四路抢答器\SIMATIC 300 站点\CPU313C-2 DP(1)

	状态	符号	地址		数据类型	注释
1		1队抢答S1	I	0.2	BOOL	
2		1队抢答显示	Q	0.0	BOOL	
3		2队抢答S2	I	0.3	BOOL	
4		2队抢答显示	Q	0.1	BOOL	
5		3队抢答S3	I	0.4	BOOL	
6		3队抢答显示	Q	0.2	BOOL	
7		4队抢答S4	I	0.5	BOOL	
8		4队抢答显示	Q	0.3	BOOL	
9		复位SR	I	0.1	BOOL	
10		启动SD	I	0.0	BOOL	
11		数码控制端子A	Q	0.4	BOOL	
12		数码控制端子B	Q	0.5	BOOL	
13		数码控制端子C	Q	0.6	BOOL	
14		数码控制端子D	Q	0.7	BOOL	
15						

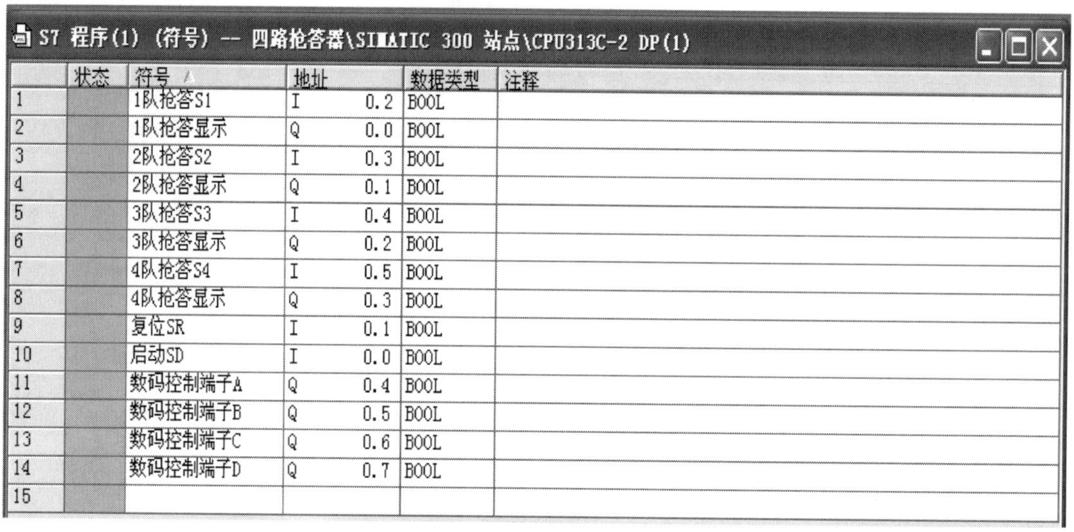

图 3-31　四路抢答器符号表

（1）启动控制　由于控制要求中，只有当主持人按下启动按钮时，各队才能开始抢答，所以用到了辅助继电器 M100.0，其常开触点串接在各队的抢答回路中，实现该控制功能。具体分析过程如下：主持人按下启动按钮 SD（I0.0 接通）后，辅助继电器 M100.0 的线圈得电，串接在各队抢答控制回路中的 M100.0 的常开触点闭合，为各队抢答做准备。程序段 1 将主持人“启动”按钮的短信号，变成了保持型信号。

（2）各队抢答控制　以 1 队抢答为例，若 1 队先于其他队按下了抢答按钮 S1，即 I0.2 得电，则 Q0.0 线圈得电，即 1 队抢答指示灯 L1 亮并保持。将 Q0.0 常开触点接到其他队控制程序中的 R 端，实现了互锁，若其他队再按下抢答按钮，则抢答无效。其他各队的抢答控制分析同 1 队抢答控制。

（3）复位　当主持人按下复位按钮 SR（I0.1 接通）时，以 1 队为例，Q0.0 复位，1 队指示灯熄灭，等待重新抢答。其他各队的分析同 1 队复位控制。

（4）数码管显示队号　1 队控制程序中的 M0.0 和 Q0.0 逻辑结果相同（程序段 2）。根

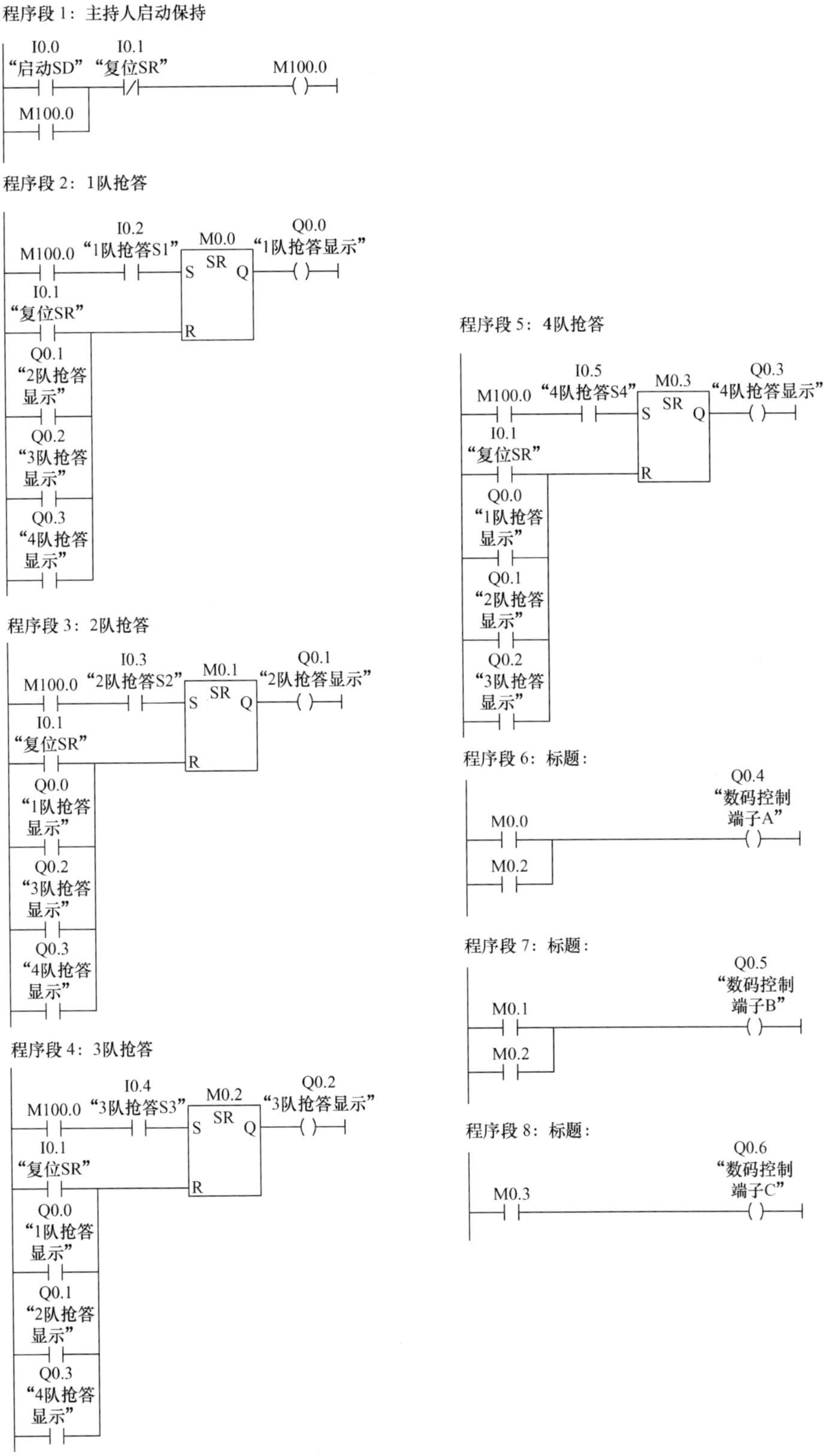

程序段 1：主持人启动保持

程序段 2：1 队抢答

程序段 3：2 队抢答

程序段 4：3 队抢答

程序段 5：4 队抢答

程序段 6：标题：

程序段 7：标题：

程序段 8：标题：

图 3-32 四路抢答器控制梯形图程序

据该模块数码管的特点，由 M0.0 接通 A（Q0.4）（程序段 6），则 1 队抢答成功时，数码管会显示 1。同理，由 M0.1 接通 B（Q0.5）（程序段 7），则 2 队抢答成功时，数码管会显示 2。由 M0.3 接通 C（Q0.6）（程序段 8），则 4 队抢答成功时，数码管会显示 4。显示 3 队队号"3"时，由 M0.2 将 A（Q0.4）和 B（Q0.5）同时接通即可。

 思考与练习

1. 传送带运动方向检测示意图如图 3-33 所示，一侧装配有两个反射式光电传感器 PEB1 和 PEB2（安装距离小于包裹的长度），设计用于检测包裹在传送带上的移动方向，并用方向指示灯 LEFT 和 RIGHT 指示。其中光电传感器触点为常开触点，当检测到物体时动作（闭合）。定义符号表并给出梯形图。

2. 本项目中图 3-10 所示的传送带运动控制，若采用图 3-34 所示的梯形图会出现什么问题？应如何改正？

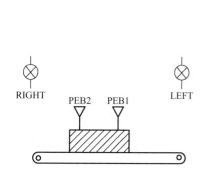

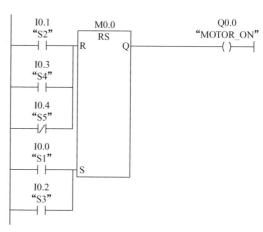

图 3-33　传送带运动方向检测示意图

图 3-34　用 RS 触发器编写的传送带运动控制梯形图

3. 灯泡控制程序。一盏灯泡由一个按钮来控制，已知第一次按下按钮，灯泡亮，第二次按下按钮，灯泡灭。

4. 用本项目介绍的相关指令编写电动机的三地起停控制程序，要求给出硬件接线图，编写符号表，并编制梯形图。

项目 4

水塔水位控制程序设计与调试

在工农业生产过程中，经常需要对水位进行测量和控制。水位控制在日常生活中应用也相当广泛，比如水塔、地下水、水电站等的水位控制。而水位检测可以有多种实现方法，如机械控制、逻辑电路控制、机电控制等。最常采用的是在水箱上安装一个自动测水位装置，利用水的导电性连续地全天候地测量水位的变化，把测量到的水位变化转换成相应的电信号给 PLC，由 PLC 控制相应的生产设备，使水位保持在适当的位置。

 项目目标

1. 熟悉 S7-300 PLC 的定时器类型。
2. 掌握 S7-300 PLC 的定时器应用。
3. 掌握访问 CPU 的时钟存储器的方法。
4. 能独立完成水塔水位控制系统设计与调试。

任务 4.1 学习水塔水位相关指令及应用

【提出任务】

本项目完成需要一定的指令基础，并且要用到时间原则控制方法。本项目的时间控制用哪些指令？这些指令有什么功能？如何应用呢？

【分析任务】

定时器是 S7 CPU 中的一个系统存储区域，该存储区为每个定时器留一个 16 位定时字和一个二进制位存储空间。STEP 7 指令最多支持 256 个定时器，不同的 CPU 模块所支持的定时器数目在 64～512 之间不等，在使用定时器时，定时器的地址编号必须在有效范围之内。

PLC 中的定时器类似于继电器电路中的时间继电器，但计时功能更加丰富。在 STEP 7 指令中有五类不同形式的定时器，适用于不同的程序控制中。这五种定时器为：脉冲 S5 定时器（SP）、扩展脉冲 S5 定时器（SE）、接通延时 S5 定时器（SD）、保持型接通延时 S5 定时器（SS）和断开延时 S5 定时器（SF）。

在介绍定时器之前，需要仔细说明一下定时器时间值的格式问题。S5TIME 是 STEP 7 中常用定时器指令的时间数据格式，数据类型长度为 16 位，包括时基和时间常数两部分，时间常数采用 BCD 码。S5TIME 时间数据类型结构如图 4-1 所示。

S5TIME 的时基如表 4-1 所示。

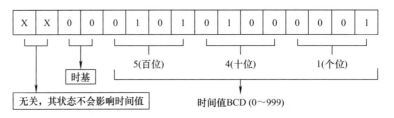

图 4-1　S5TIME 时间数据类型结构图

表 4-1　S5TIME 的时基

时　　基	时基的二进制码
10ms	00
100ms	01
1s	10
10s	11

时间值计算公式为

$$时间值 = 时基 \times 时间常数（BCD 码）$$

因此图 4-1 所表示的时间为 $10\text{ms} \times 541 = 5410\text{ms}$。

预装时间时，采用的格式为 S5T#aaH_bbm_ccs_ddms。其中 aa = 小时、bb = 分、cc = 秒、dd = 毫秒。由时间存储的格式可以算出，采用这个格式可以预装的时间值，最大为 9990s，也就是 S5TIME 时间数据类型的取值范围为 S5T#10ms ~ S5T#2H_46m_30s_0ms。注意由于时间格式的原因，当时基为 10s 时，就不能分辨 50ms 了。

下面将详细介绍这五种定时器块图和线圈格式，并分析指令的功能和应用。

【解答任务】

4.1.1　定时器指令及应用

1. S_PULSE（脉冲 S5 定时器）

S_PULSE（脉冲 S5 定时器，简称脉冲定时器）指令有两种形式：块图指令和 LAD 环境下的定时器线圈指令。

（1）脉冲定时器块图指令　脉冲定时器的 LAD 符号如图 4-2 所示。

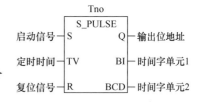

图 4-2　脉冲定时器的 LAD 符号

脉冲定时器指令的参数说明如表 4-2 所示。

表 4-2　S_PULSE 指令的参数说明

参　　数	数 据 类 型	内 存 区 域	说　　明
Tno	定时器	T	定时器标识号，范围取决于 CPU
S	布尔	I、Q、M、L、D	使能输入
TV	S5TIME	I、Q、M、L、D	预设时间值
R	布尔	I、Q、M、L、D	复位输入
BI	字	I、Q、M、L、D	剩余时间值，整型格式
BCD	字	I、Q、M、L、D	剩余时间值，BCD 格式
Q	布尔	I、Q、M、L、D	定时器的状态

（2）脉冲定时器指令说明　如果在启动 S 输入端有一个上升沿，S_PULSE 将启动指定的定时器。信号变化始终是启动定时器的必要条件。定时器在输入端 S 的信号状态为 1 时运行，但最长周期是由输入端 TV 指定的时间值。只要定时器运行，输出端 Q 的信号状态就为 1。如果在时间间隔结束前，S 输入端的信号状态从 1 变为 0，则定时器将停止。这种情况下，输出端 Q 的信号状态为 0。

如果在定时器运行期间定时器复位 R 输入的信号状态从 0 变为 1，则定时器将被复位，当前时间和时间基准也被设置为 0。如果定时器不是正在运行，则定时器 R 输入端的逻辑 1 没有任何作用。

可在输出端 BI 和 BCD 上扫描当前时间值。时间值在 BI 处为二进制编码，在 BCD 端是 BCD 格式。当前时间值为初始 TV 值减去定时器启动后经过的时间。

（3）脉冲定时器时序图　脉冲定时器时序图如图 4-3 所示（t 为设定时间）。

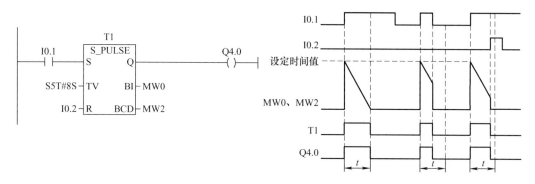

图 4-3　脉冲定时器时序图

举例： 用定时器构成一脉冲发生器。当按钮 S1（I0.0）按下时，输出指示灯 H1（Q4.0）以亮 1s、灭 2s 的规律交替进行闪烁。梯形图如图 4-4 所示。

程序段 1：标题：

程序段 2：标题：

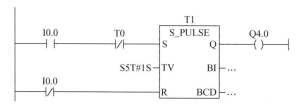

图 4-4　脉冲定时器构成脉冲发生器梯形图

该程序也称为闪烁电路，是常用的一种经典电路。

（4）脉冲定时器线圈---（SP）指令　脉冲定时器线圈的 LAD 符号如图 4-5 所示。定时器线圈的参数说明如表 4-3 所示。

表 4-3　定时器线圈的参数说明

参　　数	数据类型	内存区域	说　　明
Tno	TIMER	T	定时器标识号，范围取决于 CPU
定时时间	S5TIME	I、Q、M、L、D	预设时间值

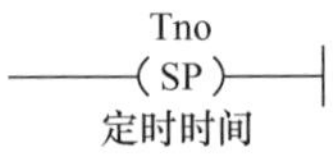

```
                Tno
        ————（ SP ）——
              定时时间
```
图 4-5　脉冲定时器线圈的 LAD 符号

（5）脉冲定时器线圈指令说明　如果 RLO 状态有一个上升沿，SP 将以"定时时间"启动指定的定时器。只要 RLO 保持正值，定时器就继续运行指定的时间间隔。只要定时器运行，定时器的信号状态就为 1。如果在达到时间值前，RLO 中的信号状态从 1 变为 0，则定时器停止。这种情况下，对于 1 的扫描始终产生结果 0。

举例：图 4-6 所示为脉冲定时器线圈的应用。

如果输入端 I0.1 信号状态从 0 变为 1，则定时器 T2 启动，只要输入端 I0.1 的信号状态为 1，定时器就继续运行指定的 10s 时间。如果在指定的时间结束前输入端 I0.1 的信号状态从 1 变为 0，则定时器停止。

只要定时器运行，输出端 Q4.1 的信号状态就为 1。如果输入端 I0.2 的信号状态从 0 变为 1，则定时器 T2 将复位，定时器停止，并将时间值的剩余部分清为 0。

2. S_PEXT（扩展脉冲 S5 定时器）

S_PEXT（扩展脉冲 S5 定时器，简称扩展脉冲定时器）指令有两种形式：块图指令和 LAD 环境下的定时器线圈指令。

（1）扩展脉冲定时器块图指令　扩展脉冲定时器的 LAD 符号如图 4-7 所示。

图 4-6　脉冲定时器线圈的应用

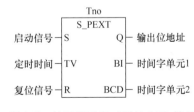

图 4-7　扩展脉冲定时器的 LAD 符号

（2）扩展脉冲定时器指令说明　如果在启动 S 输入端有一个上升沿，S_PEXT 将启动指定的定时器。信号变化始终是启动定时器的必要条件。定时器以在输入端 TV 指定的预设时间间隔运行。即使在时间间隔结束前，S 输入端的信号状态为 0，只要定时器运行，输出端

Q 的信号状态就为 1。如果在定时器运行期间输入端 S 的信号状态从 0 变为 1，则将使用预设的时间值重新启动定时器。

如果在定时器运行期间定时器复位 R 输入的信号状态从 0 变为 1，则定时器将被复位，当前时间和时间基准也被设置为 0。

可在输出端 BI 和 BCD 上扫描当前时间值。时间值在 BI 处为二进制编码，在 BCD 端是 BCD 格式。当前时间值为初始 TV 值减去定时器启动后经过的时间。

（3）扩展脉冲定时器时序图　扩展脉冲定时器时序图如图 4-8 所示（t 为设定时间）。

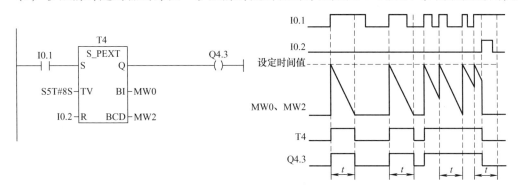

图 4-8　扩展脉冲定时器时序图

（4）扩展脉冲定时器线圈---（SE）指令　扩展脉冲定时器线圈的 LAD 符号如图 4-9 所示。

（5）扩展脉冲定时器线圈指令说明　如果 RLO 状态有一个上升沿，SE 将以"定时时间"启动指定的定时器。定时器继续运行指定的时间间隔，即使定时器达到指定时间前 RLO 的信号状态变为 0，只要定时器运行，定时器的信号状态就为 1。如果在定时器运行期间 RLO 的信号状态从 0 变为 1，则将以指定的时间间隔重新启动定时器。

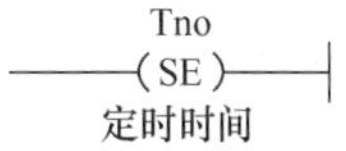

図 4-9　扩展脉冲定时器线圈的 LAD 符号

举例：利用扩展脉冲定时器设计电动机延时自动关闭控制程序。按下起动按钮 S1（I0.0），电动机 M（Q4.0）立即起动，延时 5min 以后自动关闭。起动后按下停止按钮 S2（I0.1），电动机立即停机。梯形图程序如图 4-10 所示。

3. S_ODT（接通延时 S5 定时器）

S_ODT（接通延时 S5 定时器）指令有两种形式：块图指令和 LAD 环境下的定时器线圈指令。

（1）接通延时定时器块图指令　接通延时定时器的 LAD 符号如图 4-11 所示。

（2）接通延时定时器指令说明　如果在启动 S 输入端有一个上升沿，S_ODT 将启动指定的定时器。信号变化始终是启动定时器的必要条件。只要输入端 S 的信号状态为 1，定时器就以输入端 TV 指定的时间间隔运行。定时器达到指定时间而没有出错，并且 S 输入端的信号状态仍为 1 时，输出端 Q 的信号状态就为 1。如果定时器运行期间输入端 S 的信号状态从 1 变为 0，则定时器将停止。这种情况下，输出端 Q 的信号状态为 0。

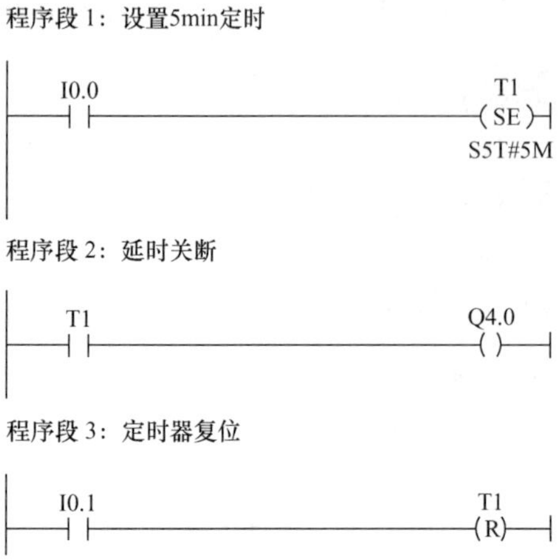

程序段 1：设置5min定时

程序段 2：延时关断

程序段 3：定时器复位

图 4-10　电动机延时自动关闭控制梯形图

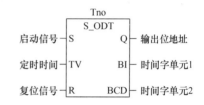

图 4-11　接通延时定时器的 LAD 符号

如果在定时器运行期间复位 R 输入端的信号状态从 0 变为 1，则定时器将被复位。当前时间和时间基准也被设置为 0，输出端 Q 的信号状态变为 0。如果在定时器没有运行时 R 输入端有一个逻辑 1，并且输入端 S 的 RLO 的信号状态为 1，则定时器也被复位。

可在输出端 BI 和 BCD 上扫描当前时间值。时间值在 BI 处为二进制编码，在 BCD 端是 BCD 格式。当前时间值为初始 TV 值减去定时器启动后经过的时间。

（3）接通延时定时器时序图　接通延时定时器时序图如图 4-12 所示（t 为设定时间）。

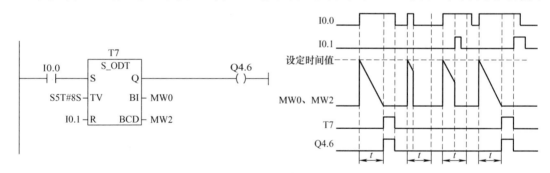

图 4-12　接通延时定时器时序图

（4）接通延时定时器线圈---（SD）指令　接通延时定时器线圈的 LAD 符号如图 4-13 所示。

（5）接通延时定时器线圈指令说明　如果 RLO 状态有一个上升沿，SD 将以"定时时间"启动指定的定时器。如果达到"定时时间"值而没有出错，且 RLO 的信号状态仍为 1，则定时器的信号状态为 1。如果在定时器运行期间 RLO 的信号状态从 1 变为 0，则定时器复位。这种情况下，对于 1 的扫描始终产生结果 0。

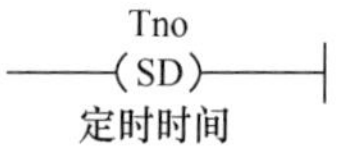

图 4-13　接通延时定时器线圈的 LAD 符号

举例： 电动机顺序起动控制程序。

有三台电动机 M1、M2、M3，按下起动按钮后 M1 起动，延时 5s 后 M2 起动，再延时 10s 后 M3 起动。设计满足要求的梯形图程序。

梯形图参考程序如图4-14所示。当按下起动按钮时，M1起动，同时定时器T1线圈得电，5s后其常开触点闭合，M2起动，定时器T2线圈得电，10s后其串联在程序段3中的常开触点闭合，M3起动，实现顺序起动的功能。串联在程序段1中的M2的常闭触点及串联在程序段2中的M3的常闭触点的作用为互锁。

程序段1：标题：

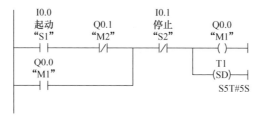

程序段2：标题：

程序段3：标题：

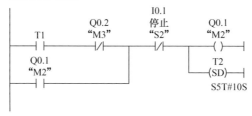

图4-14 电动机顺序起动梯形图程序

举例：接通延时定时器实现闪烁电路（脉冲发生器），如图4-15所示。当I0.0闭合以后，输出Q0.0按接通1s、断开2s的规律交替进行。

注意：图4-15所示的程序中，定时器的常开、常闭触点和线圈的使用规律，程序的指令顺序不能颠倒，否则不能产生脉冲信号。

4. S_ODTS（保持接通延时S5定时器）

S_ODTS（保持接通延时S5定时器）指令有两种形式：块图指令和LAD环境下的定时器线圈指令。

（1）保持接通延时定时器块图指令 保持接通延时定时器的LAD符号如图4-16所示。

（2）保持接通延时定时器指令说明 如果在启动S输入端有一个上升沿，S_ODTS将启动指定的定时器。信号变化始终是启动定时器的必要条件。定时器以在输入端TV指定的时间间隔运行，即使在时间间隔结束前，输入端S的信号状态变为0。定时器预设时间结束时，输出端Q的信号状态为1，而无论输入端S的信号状态如何。如果在定时器运行时输入端S的信号状态从0变为1，则定时器将以指定的时间重新启动。

如果复位R输入端的信号状态从0变为1，则无论S输入端的RLO如何，定时器都将复位，然后输出端 Q 的信号状态变为 0。

程序段 1：标题：

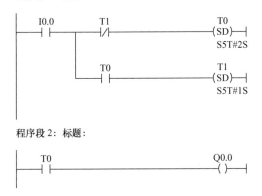

程序段 2：标题：

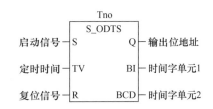

图 4-15　（SD）指令实现脉冲发生器程序　　　　图 4-16　保持接通延时定时器的 LAD 符号

可在输出端 BI 和 BCD 上扫描当前时间值。时间值在 BI 处为二进制编码，在 BCD 端是 BCD 格式。当前时间值为初始 TV 值减去定时器启动后经过的时间。

（3）保持接通延时定时器时序图　保持接通延时定时器时序图如图 4-17 所示（t 为设定时间）。

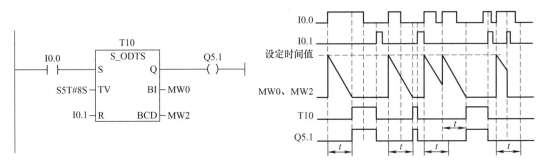

图 4-17　保持接通延时定时器时序图

（4）保持接通延时定时器线圈---（SS）指令　保持接通延时定时器线圈的 LAD 符号如图 4-18 所示。

（5）保持接通延时定时器线圈指令说明　如果 RLO 状态有一个上升沿，SS 将启动指定的定时器。如果达到"定时时间"值，定时器的信号状态为 1，只有明确进行复位，定时器才可能重新启动。只有复位才能将定时器的信号状态设为 0。

如果在定时器运行期间 RLO 的信号状态从 0 变为 1，则定时器以指定的时间值重新启动。

$$
\begin{array}{c}
\text{Tno}\\
\text{——(SS)——}\\
\text{定时时间}
\end{array}
$$

图 4-18　保持接通延时定时器线圈的 LAD 符号

举例：如图 4-19 所示，按下起动按钮 SB（I0.0）后，延时 5s 后 M1（Q0.0）起动，再延时 10s 后 M2（Q0.1）起动。I0.1 为停止按钮。

图 4-19 所示的程序中，不管 I0.0 是短信号还是长信号，都会满足延时要求，只有 I0.1 才能使定时器复位，让输出停止。

程序段 1：标题：

```
           T0
           S_ODTS
  I0.0                            Q0.0
 ──┤├──── S        Q ──────────────( )──
           │                │
  S5T#5S ──TV       BI ─── …
           │                │
   I0.1 ──R        BCD ─── …
```

程序段 2：标题：

```
           T1
           S_ODTS
  I0.0                            Q0.1
 ──┤├──── S        Q ──────────────( )──
           │                │
  S5T#15S ─TV       BI ─── …
           │                │
   I0.1 ──R        BCD ─── …
```

图 4-19　保持接通延时定时器的应用

5. S_OFFDT（断开延时 S5 定时器）

S_OFFDT（断开延时 S5 定时器）指令有两种形式：块图指令和 LAD 环境下的定时器线圈指令。

（1）断开延时定时器块图指令　断开延时定时器的 LAD 符号如图 4-20 所示。

（2）断开延时定时器指令说明　如果在启动 S 输入端有一个下降沿，OFFDT 将启动指定的定时器。信号变化始终是启动定时器的必要条件。如果 S 输入端的信号状态为 1，或定时器正在运行，则输出端 Q 的信号状态为 1；如果在定时器运行期间输入端 S 的信号状态从 0 变为 1，则定时器将复位。输入端 S 的信号状态再次从 1 变为 0 后，定时器才能重新启动。

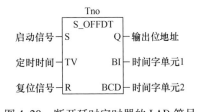

图 4-20　断开延时定时器的 LAD 符号

如果在定时器运行期间复位 R 输入端的信号状态从 0 变为 1，则定时器将复位。

可在输出端 BI 和 BCD 上扫描当前时间值。时间值在 BI 处为二进制编码，在 BCD 端是 BCD 格式。当前时间值为初始 TV 值减去定时器启动后经过的时间。

（3）断开延时定时器时序图　断开延时定时器时序图如图 4-21 所示（t 为设定时间）。

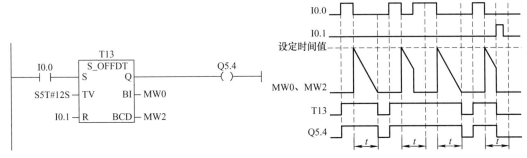

图 4-21　断开延时定时器时序图

（4）断开延时定时器线圈- - -（SF）指令　断开延时定时器线圈的 LAD 符号如图 4-22 所示。

（5）断开延时定时器线圈指令说明　如果 RLO 状态有一个下降沿，SF 将启动指定的定时器。当 RLO 的信号状态为 1 时或只要定时器在"定时时间"给定的时间间隔内运行，定时器的信号状态为 1。如果在定时器运行期间 RLO 的信号状态从 0 变为 1，则定时器复位。只要 RLO 的信号状态从 1 变为 0，定时器即会重新启动。

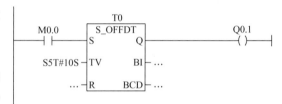

图 4-22　断开延时定时器线圈的 LAD 符号

举例：断开延时定时器的应用如图 4-23 所示。按下按钮 SB1（I0.1），电动机 M（Q0.1）立即起动，按下停止按钮 SB2（I0.2），延时 10s 后 M 停机。

6. 定时器工作原理总结

综上所述，现总结五种定时器的工作原理如下：

（1）S_PULSE（脉冲定时器）　工作原理：输入为 1，定时器开始计时，输出为 1；计时时间到，定时器停止工作，输出为 0。如在定时时间未到时，输入变为 0，则定时器停止工作，输出变为 0。如果定时器复位端 R 从 0 变为 1 则定时器复位，时间清零，输出变为 0。

（2）S_PEXT（扩展脉冲定时器）　工作原理：输入从 0 到 1 时，定时器开始工作计时，输出为 1；定时时间到，输出为 0。在定时过程中，输入信号断开不影响定时器的计时（定时器继续计时）。如果定时器复位端 R 从 0 变为 1，则定时器复位，时间清零，输出变为 0。

程序段 1：标题：

```
        I0.1        I0.2              M0.0
      ──┤ ├──────┤/├──────────────( )──
        M0.0
      ──┤ ├──
```

程序段 2：标题：

```
                      T0
        M0.0       S_OFFDT            Q0.1
      ──┤ ├──── S       Q ──────────( )──
      S5T#10S ──TV     BI ── …
          … ──R       BCD ── …
```

图 4-23　断开延时定时器的应用

扩展脉冲定时器与脉冲定时器的区别是前者在定时过程中，输入信号断开不影响定时器的计时（只需接通一瞬间）。

（3）S_ODT（接通延时定时器）　工作原理：输入信号为 1，定时器开始计时，此时输出为 0；计时时间到，输出为 1。计时时间到后，若输入信号断开，则定时器输出为 0。如在计时时间未到时，输入信号变为 0，则定时器停止计时。

顾名思义"接通延时"就是启动定时器（输入信号变为 1）且定时时间到之后定时器输出 Q 才接通。

（4）S_ODTS（保持型接通延时定时器）　工作原理：输入信号为 1，定时器开始计时，输出为 0，计时时间到，定时器输出为 1。当定时器定时结束时，不管输入信号状态如何，输出 Q 的状态总为 1，定时器位只有使用复位指令才能使输出变为 0，并触发下一个定时器定时工作。

（5）S_OFFDT（断开延时定时器）　工作原理：输入信号由 0 到 1 时定时器复位，输出为 1；当输入信号由 1 到 0 时，定时器才开始计时，计时时间到，输出为 0。在计时过程中，如果输入信号由 0 到 1 则定时器复位，停止计时，输出为 1，等待输入由 1 到 0 时才重新开始计时。

7. 定时器指令应用实例

举例：十字路口交通信号灯控制。

十字路口的交通指挥信号灯布置如图4-24所示。控制要求如下：

（1）启动　信号灯系统由一个启动开关控制，当启动开关接通时，该信号灯系统开始工作，当启动开关关断时，所有信号灯都熄灭。

（2）南北红灯亮维持25s　在南北红灯亮的同时东西绿灯也亮，并维持20s。到20s时，东西绿灯闪亮，闪亮3s后熄灭。此时，东西黄灯亮，并维持2s。到2s时，东西黄灯熄灭，东西红灯亮。同时，南北红灯熄灭，南北绿灯亮。

（3）东西红灯亮维持30s　南北绿灯亮维持25s，然后闪亮3s后熄灭。同时南北黄灯亮，维持2s后熄灭，这时南北红灯亮，东西绿灯亮。

（4）循环　以上南北、东西信号灯周而复始的交替工作状态，指挥着十字路口的交通。

设计参考：

（1）硬件I/O接线　十字路口交通信号灯控制的PLC硬件接线图如图4-25所示。X0为启动按钮，所有元件均接入常开触点。

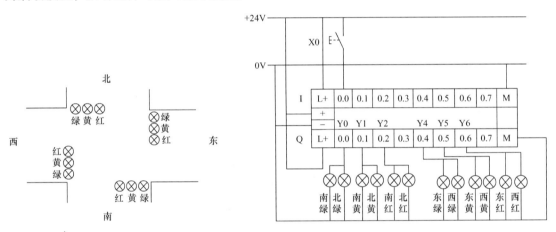

图4-24　交通信号灯布置图　　　　图4-25　十字路口交通信号灯控制的PLC硬件接线图

（2）符号表　建立名为"交通信号灯控制"的PLC项目，完成硬件组态，编辑符号表，如图4-26所示。

	状态	符号	地址		数据类型	注释
1		X0	I	0.0	BOOL	启动
2		Y0	Q	0.0	BOOL	南北绿灯
3		Y1	Q	0.1	BOOL	南北黄灯
4		Y2	Q	0.2	BOOL	南北红灯
5		Y4	Q	0.4	BOOL	东西绿灯
6		Y5	Q	0.5	BOOL	东西黄灯
7		Y6	Q	0.6	BOOL	东西红灯
8						

图4-26　十字路口交通信号灯控制符号表

（3）梯形图程序　根据控制要求，编写符合要求的梯形图程序，如图4-27所示，仅供参考，读者可自行设计满足控制要求的梯形图程序。

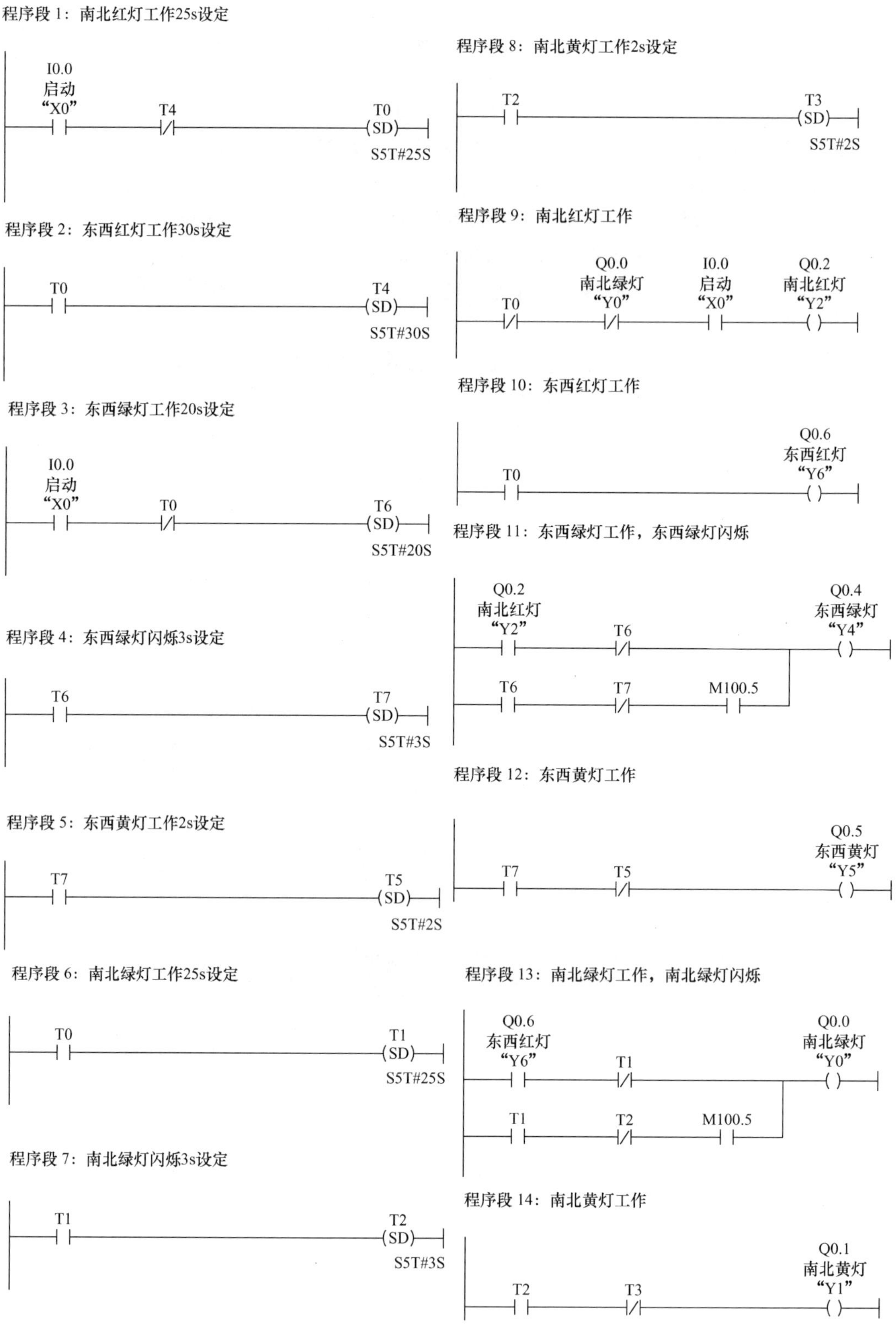

程序段 1：南北红灯工作25s设定

```
   I0.0
   启动
   "X0"        T4              T0
  ─┤ ├────────┤/├───────────(SD)─┤
                             S5T#25S
```

程序段 2：东西红灯工作30s设定

```
   T0                          T4
  ─┤ ├──────────────────────(SD)─┤
                             S5T#30S
```

程序段 3：东西绿灯工作20s设定

```
   I0.0
   启动
   "X0"        T0              T6
  ─┤ ├────────┤/├───────────(SD)─┤
                             S5T#20S
```

程序段 4：东西绿灯闪烁3s设定

```
   T6                          T7
  ─┤ ├──────────────────────(SD)─┤
                             S5T#3S
```

程序段 5：东西黄灯工作2s设定

```
   T7                          T5
  ─┤ ├──────────────────────(SD)─┤
                             S5T#2S
```

程序段 6：南北绿灯工作25s设定

```
   T0                          T1
  ─┤ ├──────────────────────(SD)─┤
                             S5T#25S
```

程序段 7：南北绿灯闪烁3s设定

```
   T1                          T2
  ─┤ ├──────────────────────(SD)─┤
                             S5T#3S
```

程序段 8：南北黄灯工作2s设定

```
   T2                          T3
  ─┤ ├──────────────────────(SD)─┤
                             S5T#2S
```

程序段 9：南北红灯工作

```
                Q0.0      I0.0      Q0.2
                南北绿灯   启动      南北红灯
   T0           "Y0"      "X0"      "Y2"
  ─┤/├─────────┤/├───────┤ ├───────( )─┤
```

程序段 10：东西红灯工作

```
                                    Q0.6
                                    东西红灯
   T0                               "Y6"
  ─┤ ├──────────────────────────────( )─┤
```

程序段 11：东西绿灯工作，东西绿灯闪烁

```
   Q0.2                             Q0.4
   南北红灯                          东西绿灯
   "Y2"              T6             "Y4"
  ─┤ ├────────────┤ ├──────────────( )─┤
   T6       T7       M100.5
  ─┤ ├─────┤/├──────┤ ├─┘
```

程序段 12：东西黄灯工作

```
                                    Q0.5
                                    东西黄灯
   T7           T5                  "Y5"
  ─┤ ├─────────┤ ├──────────────────( )─┤
```

程序段 13：南北绿灯工作，南北绿灯闪烁

```
   Q0.6                             Q0.0
   东西红灯                          南北绿灯
   "Y6"              T1             "Y0"
  ─┤ ├────────────┤/├──────────────( )─┤
   T1       T2       M100.5
  ─┤ ├─────┤/├──────┤ ├─┘
```

程序段 14：南北黄灯工作

```
                                    Q0.1
                                    南北黄灯
   T2           T3                  "Y1"
  ─┤ ├─────────┤/├──────────────────( )─┤
```

图 4-27　十字路口交通信号灯控制梯形图程序

4.1.2　访问 CPU 的时钟存储器

S7-300 除了在 STEP 7 中为用户提供以上 5 种定时器以外，用户还可以使用 CPU 系统时钟存储器实现精确的定时功能。要使用该功能，在硬件配置时需要设置 CPU 的属性，其中有一个选项为"时钟存储器"，选中该复选框就可激活该功能，如图 4-28 所示。

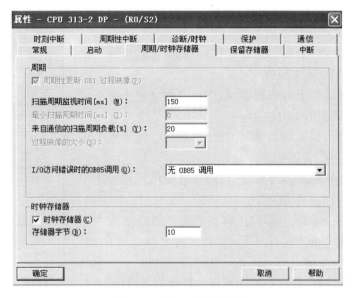

图 4-28　设置时钟存储器

在"存储器字节"文本框中输入想为该项功能设置的 MB 的地址，如需要使用 MB10，则直接输入"10"。"时钟存储器"的功能是对所定义的 MB 的各个位周期性地改变其二进制的值（占空比为 1∶1）。时钟存储器各位的周期及频率如表 4-4 所示。

表 4-4　时钟存储器各位的周期及频率

位　序	7	6	5	4	3	2	1	0
周期/s	2	1.6	1	0.8	0.5	0.4	0.2	0.1
频率/Hz	0.5	0.625	1	1.25	2	2.5	5	10

如果在硬件配置里选择了该项功能，就可以在程序里直接调用。

举例：时钟存储器的应用如图 4-29 所示。程序实现了亮 0.5s、灭 0.5s 的闪烁功能。

图 4-29　时钟存储器的应用

程序中使用了 CPU 的时钟存储器，设置 MB10 为时钟存储器，由表 4-4 可知，M10.5 的变化周期为 1s。当 CPU 置为"RUN"模式时，I0.0 闭合以后，Q0.0 就会闪烁。

任务4.2 设计与调试水塔水位控制程序

【提出任务】

水塔水位控制是工农业和日常生活中常用到的一种控制方案，本任务以图4-30所示的控制工艺要求来完成 PLC 控制的设计和调试。

水塔水位控制要求：

1）各限位开关定义如下：

S1 定义为水塔水位上部传感器（ON：液面已到水塔上限位，OFF：液面未到水塔上限位）；

S2 定义为水塔水位下部传感器（ON：液面已到水塔下限位，OFF：液面未到水塔下限位）；

S3 定义为水池水位上部传感器（ON：液面已到水池上限位，OFF：液面未到水池上限位）；

S4 定义为水池水位下部传感器（ON：液面已到水池下限位，OFF：液面未到水池下限位）。

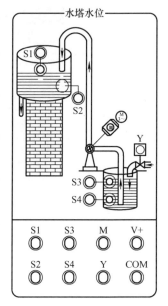

2）当水位低于 S4 时，阀 Y 开启，系统开始向水池中注水，5s 后如果水池中的水位还未达到 S4，则 Y 指示灯闪亮，系统报警。

3）当水池中的水位高于 S3 且水塔中的水位低于 S2 时，则电动机 M 开始运转，水泵由水池向水塔中抽水。

图4-30　水塔水位控制示意图

4）当水塔中的水位高于 S1 时，电动机 M 停止运转，水泵停止向水塔抽水。

程序设计可以结合前面任务的经验进行综合设计。

【分析任务】

设计该程序时应解决以下问题：进水水阀控制、抽水水泵起停控制、水池不进水报警控制。

关于进水水阀和抽水水泵的控制，可以使用起保停的设计思路。水池不进水的报警控制是设计难点，因为该控制中的水池进水阀门和报警指示灯用了同一个输出。需要实现：不故障时持续接通，代表进水；故障时该输出则是闪烁，代表故障报警。

【解答任务】

1. 硬件设计

（1）硬件 I/O 接线　根据水塔水位控制的控制要求，该控制系统的输入信号共有 4 个点，输出信号有 3 个点，输入元件中，I0.0～I0.3 接入的都是常开触点。其 I/O 接线图如图4-31所示。

（2）建立项目及编写符号表　建立名为"水塔水位控制"的 PLC 项目，完成硬件组态，编辑符号表，如图 4-32 所示。

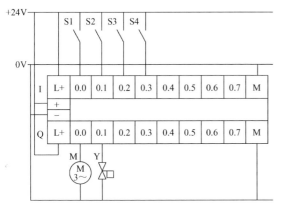

图 4-31　水塔水位控制系统 I/O 接线图

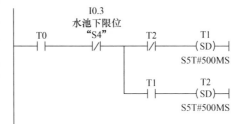

图 4-32　水塔水位控制符号表

2. 软件程序设计

根据水塔水位的控制要求，编制其 PLC 控制梯形图程序，参考程序如图 4-33 所示。

（1）水阀控制　当水池中的水位低于下限位，即 I0.3 未动作时，阀门自动打开，往水池中注水；水池中的水达到上限位，即 I0.2 得电时，水阀自动关闭。程序如图 4-33 中的程序段 1，为典型的自锁控制回路。

（2）水池水位报警控制　程序段 2 和 3 为水池水位报警控制程序。当水池水位低于下限位，即 I0.3 未动作时，定时器 T0 开始计时。5s 后，若 I0.3 仍未动作，即水池水位仍低于下限位，则接通闪烁电路（程序段 3），将 T1 的常闭触点串联在程序段 1 中，因此阀门指示灯将以 1Hz 的频率闪烁。

（3）水泵起停控制　如程序段 4 所示，当满足以下条件时，电动机 M 起动：水池水位达到上限位，即 I0.2 得电，水塔水位下降至下限位，即 I0.1 不得电。当满足以下条件时，电动机 M 停止：水塔水位达到上限位，即 I0.0 得电，水池水位降至下限位，即 I0.3 不得电。

程序段 1：阀门

程序段 2：标题：

程序段 3：标题：

程序段 4：电动机

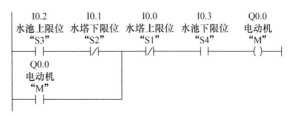

图 4-33　水塔水位 PLC 控制梯形图程序

思考与练习

1. 编写 PLC 控制程序，使 Q0.0 输出周期为 4s、占空比为 50% 的连续脉冲信号。

2. 设计电动机系统控制程序，该电动机系统由两台电动机 M1 和 M2 构成，要求：

按下起动按钮后，首先 M1 电动机工作，它所对应的指示灯亮；10s 后电动机 M2 自动起动，其指示灯亮；按下停止按钮时，电动机 M2 先停止，它所对应的指示灯灭，5s 后电动机 M1 灭，其指示灯也灭。

3. 某设备有 3 台风机，当设备处于运行状态时，如果有 2 台或 2 台以上风机工作，则指示灯常亮，指示"正常"；如果仅有 1 台风机工作，则该指示灯以 0.5Hz 的频率闪烁，指示"一级警报"；如果没有风机工作了，则指示灯以 2Hz 的频率闪烁，指示"严重警报"。当设备不运转时，指示灯不亮。试编写符合要求的控制程序。

4. 物料检测站示意图如图 4-34 所示。若传送带上 30s 内无产品通过，则检测器下的检测点报警，试编写其梯形图程序。

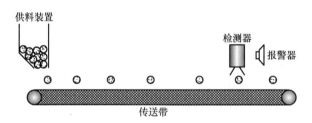

图 4-34   物料检测站示意图

5. 为了节省能源的损耗，可使用 PLC 来起动和停止分段传送带的驱动电动机，使那些只载有物体的传送带运转，没有载物的传送带停止运行。如图 4-35 所示，金属板正在传送带上输送，其位置由相应的传感器检测。传感器安放在两段传送带相邻近的地方，一旦金属板进入传感器的检测范围，PLC 便发出相应的输出信号，使后一段传送带的电动机投入工作；当金属板被送出检测范围时，PLC 内部定时器立即开始计时，在达到预定的延时时间（假设为 10s）后，前一段传送带电动机便停止运行。

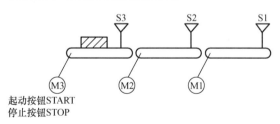

图 4-35   传送带示意图

▶ 项目 5

音乐喷泉控制程序设计与调试

音乐喷泉作为自然景观和人文景观相结合的产物，已经深受广大民众喜爱，所以有关音乐喷泉的研究也就丰富了起来。控制系统是音乐喷泉的关键部分，其余部分和普通类型的喷泉基本上一致。音乐喷泉的控制系统可采用 PLC 作为控制核心。本项目就小型音乐喷泉的控制进行设计和调试。

 项目目标

1. 熟练使用 STEP 7 编程软件。
2. 掌握数据处理的基础知识。
3. 掌握本项目所用到的传送指令并熟练应用。
4. 能独立完成音乐喷泉控制系统的设计与调试。

▦▦▦ 任务 5.1　学习音乐喷泉控制相关指令及应用 ▦▦▦

【提出任务】

在设计音乐喷泉之前，先提出如下任务：有 8 盏彩灯，要求按下按钮 S1，8 盏灯全亮；按下按钮 S2，偶数灯亮；按下按钮 S3，奇数灯亮；按下按钮 S4，8 盏灯全灭。

若采用前面所介绍的基本位逻辑指令完成该设计，程序会相对复杂，且思路不是很清晰，那么有没有一种指令能让该项目的程序简化且思路清晰呢？

【分析任务】

前面学习的基本位逻辑指令已不能满足程序设计的要求，为此，需要学习数据处理知识以及数字指令。数字指令包括装入和传送指令、比较指令、转换指令、逻辑运算指令、算术运算指令以及数字系统功能指令。本项目用到的数字指令是传送指令，下面就给大家介绍传送指令的知识。

【解答任务】

5.1.1　数据处理基础

数据类型决定数据的属性，在符号表、数据块和块的局部变量表中定义变量时，需要指定变量的数据类型。在 STEP 7 中，数据类型分为三大类：基本数据类型、复杂数据类型和参数类型。

（1）基本数据类型　　基本数据类型定义不超过 32 位的数据，可以装入 S7 处理器的累加器中，可利用 STEP 7 基本指令处理。基本数据类型共有 12 种，每一个数据类型都具备关键词、数据长度、取值范围和常数表示形式等属性。S7-300/400 PLC 所支持的基本数据类型如表 5-1 所示。

表 5-1　基本数据类型

类型（关键词）	位	表示形式	数据与范围	示　　例
布尔（BOOL）	1	布尔量	True/False	触点的闭合/断开
字节（BYTE）	8	十六进制	B#16#0 ~ B#16#FF	L B#16#20
字（WORD）	16	二进制	2#0 ~ 2#1111_1111_1111_1111	L 2#0000_0011_1000_0000
		十六进制	W#16#0 ~ W#16#FFFF	L W#16#0380
		BCD 码	C#0 ~ C#999	L C#896
		无符号十进制	B# (0, 0) ~ B# (255, 255)	L B# (10, 10)
双字（DWORD）	32	十六进制	DW#16#0000_0000 ~ DW#16#FFFF_FFFF	L DW#16#0123_ABCD
		无符号数	B# (0, 0, 0, 0) ~ B# (255, 255, 255, 255)	L B# (1, 23, 45, 67)
字符（CHAR）	8	ASCII 字符	可打印 ASCII 字符	'A'、'0'、', '
整数（INT）	16	有符号十进制数	−32768 ~ +32767	L-23
长整数（DINT）	32	有符号十进制数	L#-214 783 648 ~ L#214 783 648	L #23
实数（REAL）	32	IEEE 浮点数	±1. 175 495e-38 ~ ±3. 402823e +38	L 2. 345 67e +2
时间（TIME）	32	带符号 IEC 时间，分辨率 1ms	T#-24D_20H_31M_23S_648MS ~ T#24D_20H_31M_23S_647MS	L T#8D_7H_6M_5S_0MS
日期（DATE）	32	IEC 日期，分辨率 1 天	D#1990_1_1 ~ D#2168_12_31	L D#2005_9_27
实时时间（Time_Of_Daytod）	32	实时时间，分辨率为 1ms	TOD#0: 0: 0.0 ~ TOD23: 59: 59.999	L TOD#8: 30: 45. 12
S5 系统时间（S5TIME）	32	S5 时间，以 10ms 为时基	S5T#0H_0M_10MS ~ S5T#2H_46M_30S_0MS	L S5T#1H_1M_2S_10MS

其中，最为常用的数据类型有：布尔（BOOL）、字节（BYTE）、字（WORD）、双字（DWORD）和 S5 系统时间。

说明：一个字节由 8 个位数据组成，例如输入字节 IB0 由 I0.0 ~ I0.7 这 8 位组成，如图 5-1 所示。字节、字和双字之间的关系如图 5-2 所示，其中的第 0 位为最低位。

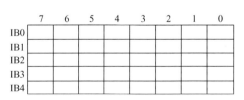

图 5-1　位数据

相邻的两个字节组成一个字，相邻的两个字组成一个双字。需注意下面两点：

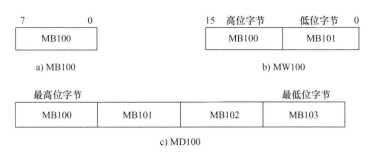

图 5-2　字节、字和双字的关系图

1）用组成字和双字的编号最小的字节 MB100 的编号作为字 MW100 和双字 MD100 的编号。

2）组成字和双字的编号最小的字节 MB100 是字 MW100 和双字 MD100 的最高位字节。

STEP 7 用十进制小数来输入或显示浮点数，例如 50 是整数，而 50.0 为浮点数。

（2）复杂数据类型　复杂数据类型定义超过 32 位或由其他数据类型组成的数据。复杂数据类型要预定义，其变量只能在全局数据块中声明，可以作为参数或逻辑块的局部变量。STEP 7 的指令不能一次处理复杂的数据类型（大于 32bit），但是一次可以处理一个元素。STEP 7 支持以下 6 种复杂数据类型：数组（ARRAY）、结构（STRUCT）、字符串（STRING）、日期和时间（DATE_AND_TIME）以及用户的数据类型。

（3）参数数据类型　参数类型是一种用于逻辑块（FB、FC）之间传递参数的数据类型，主要有以下几种：TIMER（定时器）、COUNTER（计数器）、BLOCK（块）、POINTER（指针）以及 ANY。

5.1.2　装入和传送指令及应用

1. 装入和传送指令

装入指令（L, Load）和传送指令（T, Transfer），可以对输入或输出模块与存储区之间的信息交换进行编程，CPU 在每次扫描中将无条件执行这些指令，也就是说，这些指令不受语句逻辑操作结果（RLO）的影响。

在本书项目 1 中介绍过，S7-300 PLC 有两个累加器：ACCU1 和 ACCU2。在语句表程序中，存储区之间或存储区与过程映像输入/过程映像输出之间不能直接进行数据交换，累加器相当于上述数据交换的中转站或中间商，因此装入指令（L）和传送指令（T）必须通过累加器进行数据交换。

装入指令（L）将源操作数装入累加器 1，在此之前，累加器 1 原有的数据被自动移入累加器 2。装入指令可以对字节（8 位）、字（16 位）和双字（32 位）进行操作，数据长度小于 32 位时，数据在累加器中右对齐，即被装入的数据放在累加器的低字节端，其余的高位字节填"0"。

传送指令将累加器 1 的内容写入目的存储区，累加器 1 的内容不变。被复制的数据字节数取决于目的地址的数据长度。

（1）对累加器 1 的装入和传送指令

1）装入指令（L）可以将被寻址的操作数的内容（字节、字或双字）送入累加器 1 中，未用到的位清零。指令格式如下：

L　操作数

其中的操作数可以是立即数（如 -5、B#16#1A、S5T#8s），也可以是直接或间接寻址的存储区（如 IB0、MW2）。

2）传送指令（T）可以将累加器 1 的内容复制到被寻址的操作数（目标地址），所复制的字节数取决于目标地址的类型（字节、字或双字），指令格式如下：

T　操作数

其中的操作数可以为直接 I/O 区（存储类型为 PQ）、数据存储区或过程映像输出表的相应地址（存储类型为 Q）。

（2）状态字与累加器 1 之间的装入和传送指令

1）L STW。使用 L STW 指令可以将状态字装入累加器 1 中，指令的执行与状态位无关，而且对状态字没有任何影响。对于 S7-300 系列 CPU，使用该指令不能装入状态字的 FC、STA 和 OR 位，只有位 1（RLO）、4（OV）、5（OS）、6（CC0）、7（CC1）和 8（BR）才能装入累加器 1 低字节中的相应位中，其他未用到的位（位 9 ~ 31）清零。指令格式如下：

L　STW

2）T STW。使用 T STW 指令可以将累加器 1 的位 0 ~ 8 传送到状态字的相应位，指令的执行与状态位无关，指令格式如下：

T　STW

（3）与地址寄存器有关的装入和传送指令　S7-300/400 PLC 系统有两个地址寄存器：AR1 和 AR2。对于地址寄存器可以不经过累加器 1 而直接将操作数装入和传送，或直接交换两个地址寄存器的内容。

1）LAR1。使用 LAR1 指令可以将操作数的内容（32 位指针）装入地址寄存器 AR1，执行后累加器 1 和累加器 2 的内容不变。指令的执行与状态位无关，而且对状态字没有任何影响，指令格式如下：

LAR1　　［操作数］

其中的操作数可以是累加器 1、指针型常数（P#）、存储双字（MD）、本地数据双字（LD）、数据双字（DBD）、背景数据双字（DID）或地址寄存器 AR2。操作数可以省略，若省略操作数，则直接将累加器 1 的内容装入地址寄存器 AR1。

2）LAR2。使用 LAR2 指令可以将操作数的内容（32 位指针）装入地址寄存器 AR2，指令格式同 LAR1，其中的操作数可以是累加器 1、指针型常数（P#）、存储双字（MD）、本地数据双字（LD）、数据双字（DBD）、背景数据双字（DID），但不能用 AR1。

3）TAR1。使用 TAR1 指令可以将地址寄存器 AR1 的内容（32 位指针）传送给被寻址的操作数，指令的执行与状态位无关，而且对状态字没有任何影响，指令格式如下：

TAR1　　［操作数］

其中的操作数可以是累加器 1、存储双字（MD）、本地数据双字（LD）、数据双字（DBD）、背景数据双字（DID）或地址寄存器 AR2。操作数可以省略，若省略操作数，则直接将地址寄存器 AR1 的内容传送到累加器 1，累加器 1 的原有内容传送到累加器 2。

4）TAR2。使用 TAR2 指令可以将地址寄存器 AR2 的内容（32 位指针）传送给被寻址的操作数，指令格式同 TAR1。其中的操作数可以是累加器 1、存储双字（MD）、本地数据双字（LD）、数据双字（DBD）、背景数据双字（DID），但不能用 AR1。

5）CAR。使用 CAR 指令可以交换地址寄存器 AR1 和地址寄存器 AR2 的内容，指令不需要指定操作数。指令的执行与状态位无关，而且对状态字没有任何影响。

（4）LC　使用 LC（定时器/计数器装载）指令可以在累加器 1 的内容保存到累加器 2 中之后，将指定定时器字中当前时间值和时基以 BCD 码（0～999）格式装入到累加器 1 中，或将指定计数器的当前计数值以 BCD 码（0～999）格式装入到累加器 1 中。指令格式如下：

$$LC　<定时器/计数器>$$

例如：

LC　T3　　//将定时器 T3 的当前定时值和时基以 BCD 码格式装入累加器 1 低字

LC　C10　//将计数器 C10 的计数值以 BCD 码格式装入累加器 1 低字

2. 梯形图方块传送（MOVE）指令

（1）指令格式　MOVE 指令直接将源数据传送到目的地址，不需经过累加器中转，能够复制字节（B）、字（W）或双字（D）数据对象，常用作赋值。MOVE 指令的指令格式如图 5-3 所示。

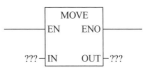

图 5-3　MOVE 指令格式

（2）说明　IN 为被传送数据输入端；OUT 为数据接收端；EN 为使能端。只有当 EN 信号的 RLO 为"1"时，才允许执行数据传送操作，将 IN 端的数据传送到 OUT 端所指定的存储器；ENO 为使能输出，其状态跟随 EN 信号而变化。应用中 IN 和 OUT 端操作数可以是常数、I、Q、M、D、L 等类型，输入变量和输出变量的数据类型可以不相同，但必须在宽度上匹配。字节、字、双字之间的传送示例如表 5-2 所示。

表 5-2　MOVE 指令在字节、字、双字之间的传送

双字传送（原地址 MD0）	11111111	00001111	11110000	01010001
到双字（目标地址 D20）	11111111	00001111	11110000	01010001
到字（目标地址 W30）			11110000	01010001
到字节（目标地址 QB0）				01010001
字节传送（原地址 QB4）				01010001
到字节（目标地址 QB2）				01010001
到字（目标地址 MW30）			00000000	01010001
到双字（目标地址 MD0）	00000000	00000000	00000000	01010001

举例：MOVE 指令应用示例如图 5-4 所示。

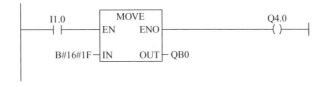

图 5-4　MOVE 指令应用示例

示例说明，当 I1.0 为"1"时，将 8 位十六进制数据 1F 赋值给输出字节 QB0，同时使

Q4.0 动作。赋值后，输出字节 QB0 各位的值如图 5-5 所示。

Q0.7　　　　　　　　　　　　　　　Q0.0

QB0	0	0	0	1	1	1	1	1

图 5-5　使用 MOVE 传送指令后 QB0 各位的值

3. MOVE 指令应用实例

举例： 实现本任务的 8 盏彩灯控制。

（1）硬件 I/O 接线　根据彩灯的控制要求，输入信号共有 4 个点，输出信号共有 8 个点。输入元件中，按钮 S1、S2、S3、S4 均为常开按钮，分别接至 PLC 的输入 I0.0～I0.3。输出元件 L1～L8 分别接至 PLC 的输出 Q0.0～Q0.7。I/O 接线图如图 5-6 所示。

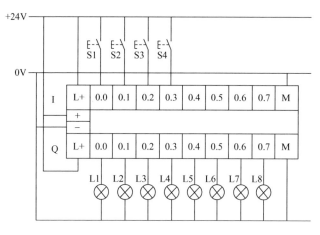

图 5-6　彩灯控制 I/O 接线图

（2）建立项目及编写符号表　建立名为"彩灯控制"的 PLC 项目，完成硬件组态，并编辑符号表，如图 5-7 所示。

S7 程序(1) (符号) -- 彩灯控制\SIMATIC 300 站点\CPU313C-2 DP(1)

	状态	符号	地址		数据类型	注释
1		L1	Q	0.0	BOOL	
2		L2	Q	0.1	BOOL	
3		L3	Q	0.2	BOOL	
4		L4	Q	0.3	BOOL	
5		L5	Q	0.4	BOOL	
6		L6	Q	0.5	BOOL	
7		L7	Q	0.6	BOOL	
8		L8	Q	0.7	BOOL	
9		S1	I	0.0	BOOL	
10		S2	I	0.1	BOOL	
11		S3	I	0.2	BOOL	
12		S4	I	0.3	BOOL	
13						

图 5-7　彩灯控制符号表

（3）梯形图程序　采用 MOVE 指令编写的梯形图程序如图 5-8 所示。按下按钮 S1（即 I0.0 接通），则 MOVE 指令将 8 位十六进制数据 FF 传送给输出字节 QB0，Q0.0～Q0.7 各位依次为 11111111，相对应的 8 盏指示灯 L1～L8 点亮。同理可分析按下按钮 S2～S4 时的彩灯控制程序，读者可自行分析。

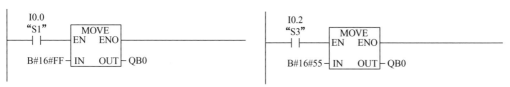

图 5-8　彩灯控制梯形图程序

任务5.2　设计与调试音乐喷泉控制程序

【提出任务】

某住宅小区要建一个小型音乐喷泉，以提高观赏性，美化生活环境。现用 L1～L8 8 盏 LED 指示灯模拟喷泉"水流"状态，其示意图如图 5-9 所示。控制要求如下：

1）置位启动开关（两位钮子开关）SD 为 ON 时，LED 指示灯依次循环点亮，点亮时间为 1s，且点亮顺序为 1→2→3…→8→1、2→3、4→5、6→7、8→1、2、3→4、5、6→7、8→1、2、3、4→5、6、7、8→1、2、3、4、5、6、7、8→1→2…，模拟当前喷泉"水流"状态。

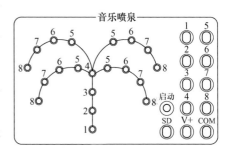

图 5-9　音乐喷泉示意图

2）置位启动开关 SD 为 OFF 时，LED 指示灯停止显示，系统停止工作。

【分析任务】

为实现控制功能，需要解决的问题有以下几个：

1）SD 为两位钮子开关，即 SD 为 ON 时，相应触点接通，音乐喷泉程序运行；SD 为 OFF 时，相应触点断开，音乐喷泉程序停止运行。

2）实现循环执行程序的功能。

3）LED 点亮时间为 1s，所以要用到项目 4 中介绍的定时器指令。

4）指示灯点亮，即相应输出触点接通的问题。

【解答任务】

1. 硬件设计

（1）I/O 接线　根据音乐喷泉的控制要求，该控制系统输入信号有 1 个，启动按钮 SD

为钮子开关,接至 PLC 的 I0.0;输出信号有 8 个,指示灯 L1~L8 分别接至 PLC 的 Q0.0~Q0.7。I/O 接线图如图 5-10 所示。

(2) 建立项目及编写符号表 建立名为"音乐喷泉"的 PLC 项目,并编辑符号表,如图 5-11 所示。

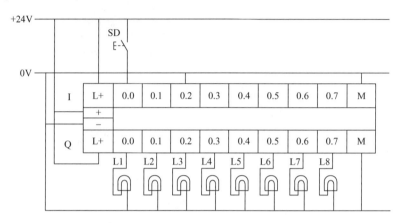

图 5-10 音乐喷泉控制系统 I/O 接线图

	状态	符号	地址		数据类型	注释
1		L1	Q	0.0	BOOL	
2		L2	Q	0.1	BOOL	
3		L3	Q	0.2	BOOL	
4		L4	Q	0.3	BOOL	
5		L5	Q	0.4	BOOL	
6		L6	Q	0.5	BOOL	
7		L7	Q	0.6	BOOL	
8		L8	Q	0.7	BOOL	
9		SD	I	0.0	BOOL	
10						

S7 程序(1)(符号) -- 音乐喷泉\SIMATIC 300 站点\CPU313C-2 DP(1)

图 5-11 音乐喷泉控制系统符号表

2. 软件程序设计

根据音乐喷泉控制系统的控制要求,编制其 PLC 控制梯形图程序,如图 5-12 所示。

(1) 钮子开关的处理 启动开关 SD 为 ON 时,I0.0 常开触点接通,常闭触点断开,MOVE 指令传送 8 位十六进制数"1"到输出字节 QB0,Q0.0~Q0.7 相应有输出,程序顺序执行;启动开关 SD 为 OFF 时,I0.0 常开触点恢复常开,常闭触点恢复闭合,MOVE 指令传送数字"0"到 QB0,所以 Q0.0~Q0.7 均为 0,对应的 L1~L8 指示灯熄灭。

(2) 程序的循环执行 当程序顺序执行到程序段 18 时,指示灯按顺序点亮一遍,定时器 T17 线圈接通,串联在程序段 1 中的 T17 的常闭触点断开,系统断电,T17 的线圈失电,其常闭触点恢复闭合,执行新一轮的程序,实现循环。这是实现程序循环执行的其中一种常用思路,读者也可以采用其他方法实现。

(3) 点亮时间 各灯点亮时间为 1s,即 QB0 输出时间为 1s,所以采用 1s 的定时器即可,1s 后,定时器常开触点闭合,接通下一条程序,指示灯按规定点亮。本程序采用的是接通延时型定时器 SD,读者也可根据编程习惯选用其他类型的定时器。

程序段1：标题：

```
  I0.0                                          T0
 "SD"    T17    MOVE                           (SD)
 ──┤├──  ──┤/├── EN ENO                        S5T#1S
              B#16#1 ─IN  OUT─QB0
```

程序段2：标题：

```
  T0      MOVE                                  T1
 ──┤├──   EN ENO                               (SD)
              B#16#2 ─IN  OUT─QB0               S5T#1S
```

程序段3：标题：

```
  T1      MOVE                                  T2
 ──┤├──   EN ENO                               (SD)
              B#16#4 ─IN  OUT─QB0               S5T#1S
```

程序段4：标题：

```
  T2      MOVE                                  T3
 ──┤├──   EN ENO                               (SD)
              B#16#8 ─IN  OUT─QB0               S5T#1S
```

程序段5：标题：

```
  T3      MOVE                                  T4
 ──┤├──   EN ENO                               (SD)
              B#16#10 ─IN  OUT─QB0              S5T#1S
```

程序段6：标题：

```
  T4      MOVE                                  T5
 ──┤├──   EN ENO                               (SD)
              B#16#20 ─IN  OUT─QB0              S5T#1S
```

程序段7：标题：

```
  T5      MOVE                                  T6
 ──┤├──   EN ENO                               (SD)
              B#16#40 ─IN  OUT─QB0              S5T#1S
```

程序段8：标题：

```
  T6      MOVE                                  T7
 ──┤├──   EN ENO                               (SD)
              B#16#80 ─IN  OUT─QB0              S5T#1S
```

程序段9：标题：

```
  T7      MOVE                                  T8
 ──┤├──   EN ENO                               (SD)
              B#16#3 ─IN  OUT─QB0               S5T#1S
```

程序段10：标题：

```
  T8      MOVE                                  T9
 ──┤├──   EN ENO                               (SD)
              B#16#C ─IN  OUT─QB0               S5T#1S
```

程序段11：标题：

```
  T9      MOVE                                  T10
 ──┤├──   EN ENO                               (SD)
              B#16#30 ─IN  OUT─QB0              S5T#1S
```

程序段12：标题：

```
  T10     MOVE                                  T11
 ──┤├──   EN ENO                               (SD)
              B#16#C0 ─IN  OUT─QB0              S5T#1S
```

程序段13：标题：

```
  T11     MOVE                                  T12
 ──┤├──   EN ENO                               (SD)
              B#16#7 ─IN  OUT─QB0               S5T#1S
```

程序段14：标题：

```
  T12     MOVE                                  T13
 ──┤├──   EN ENO                               (SD)
              B#16#38 ─IN  OUT─QB0              S5T#1S
```

程序段15：标题：

```
  T13     MOVE                                  T14
 ──┤├──   EN ENO                               (SD)
              B#16#C0 ─IN  OUT─QB0              S5T#1S
```

程序段16：标题：

```
  T14     MOVE                                  T15
 ──┤├──   EN ENO                               (SD)
              B#16#F ─IN  OUT─QB0               S5T#1S
```

程序段17：标题：

```
  T15     MOVE                                  T16
 ──┤├──   EN ENO                               (SD)
              B#16#F0 ─IN  OUT─QB0              S5T#1S
```

程序段18：标题：

```
  T16     MOVE                                  T17
 ──┤├──   EN ENO                               (SD)
              B#16#FF ─IN  OUT─QB0              S5T#1S
```

程序段19：标题：

图5-12 音乐喷泉控制梯形图程序

（4）指示灯点亮问题 采用 MOVE 指令，对 QB0 进行赋值，相应指示灯点亮，具体分析方法同图 5-8，这里不再赘述。

 思考与练习

1. 现有 16 盏彩灯，要求：

（1）启动开关 SD 为 ON 时，彩灯按以下顺序依次循环点亮：1、2、3→4、5、6、7→8、9→10→11、12、13、14、15→16→1、2、3、4、5→6、7、8、9、10→1、2、3、4→15、16→1、2、3→⋯

（2）启动开关 SD 为 OFF 时，LED 指示灯停止显示，系统停止工作。

设计符合要求的梯形图程序。

2. 设计鼓风机系统控制程序。鼓风机系统一般由引风机和鼓风机两级构成。要求：

（1）按下起动按钮后首先起动引风机，引风机指示灯亮，10s 后鼓风机自动起动，鼓风机指示灯亮；按下停止按钮后首先关断鼓风机，鼓风机指示灯灭，经 20s 后自动关断引风机和引风机指示灯。

（2）起动按钮接 I0.0，停止按钮接 I0.1。鼓风机及其指示灯由 Q4.1 和 Q4.2 驱动，引风机及其指示灯由 Q4.3 和 Q4.4 驱动。

项目 6

天塔之光设计与调试

传统的艺术灯饰控制系统常采用继电器逻辑控制或电子逻辑控制装置。这种控制方式存在着硬件布线复杂、安装和维护不方便、灵活性差、可靠性不高的缺点，尤其是在实现多层次的大中型艺术灯饰的控制上工作量很大。若采用 PLC 实现艺术灯的自动控制，则具有工作量少，接线简单，工作可靠，易于修改闪动次数和亮、灭持续时间的优点。这种设计可以满足各种造型要求，收到良好的视觉效果。本项目就如何实现天塔之光控制进行阐述。

项目目标

1. 熟练使用 STEP 7 编程软件。
2. 掌握计数器指令、比较指令并熟练应用。
3. 熟练设计并运行调试指示灯控制等相关实例。
4. 能独立完成天塔之光的设计与调试。

任务 6.1　学习计数器指令及应用

【提出任务】

现有 A、B、C、D 4 盏指示灯，要求按下启动按钮 SD 后，4 盏灯按以下顺序动作：A、B 亮 3s→B、C 亮 3s→C、D 亮 3s→D、A 亮 3s→A、B 亮 3s…循环，C、D 灯亮 3 次后，4 盏指示灯以 1Hz 的频率闪烁，闪烁 5 次后 4 盏指示灯全灭。如何设计该控制程序？

【分析任务】

各灯亮的时间可由项目 4 中介绍的定时器来控制，但 C、D 灯亮 3 次后闪烁以及闪烁 5 次后全灭，涉及次数，即计数的问题，这就需要用到计数器指令。下面就给大家介绍计数器指令及其应用。

【解答任务】

6.1.1　计数器指令

1. 计数器的分类及存储器区

（1）分类　计数器分为加计数器、减计数器以及加/减计数器（又称可逆计数器）三种，其形式有梯形图块图指令形式与线圈形式两种。

（2）说明　同定时器类似，在 S7-300 PLC 的 CPU 存储器内为计数器预留有一定容量的存储区。S7-300 PLC 的计数器都是 16 位的，因此每个计数器占用该区域 2 个字节空间，用来存储计数值，称为计数器字，计数器字的 0~11 位是计数值的 BCD 码，如图 6-1 所示。不同的 CPU 模块，用于计数器的存储区域也不同，最多允许使用 64~512 个计数器。因此，在使用计数器时，计数器的地址编号（C0~C511）必须在有效范围之内。

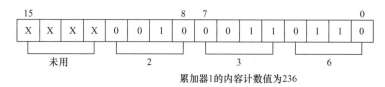

图 6-1　计数器字

2. 计数器的指令格式

（1）加/减计数器 S_CUD　其块图指令如图 6-2 所示。

说明：

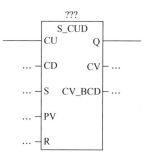

图 6-2　加/减计数器块图指令

1）"???" 处为计数器的编号，其编号范围与 CPU 的具体型号有关。

2）CU 为加计数器输入端，该端每出现一个上升沿，计数器自动加 "1"，当计数器的当前值为 999 时，计数值保持为 999，加 "1" 操作无效。

3）CD 为减计数器输入端，该端每出现一个上升沿，计数器自动减 "1"，当计数器的当前值为 0 时，此时的减 1 操作无效。

4）S 为预置信号输入端，该端出现上升沿的瞬间，将计数初值作为当前值。

5）PV 为计数初值输入端，初值的范围为 0~999。可以通过字存储器（如 MW0、IW1 等）为计数器提供初值，也可以直接输入 BCD 码形式的立即数，此时的立即数格式为：C#xxx，如 C#5、C#99。

6）R 为计数器复位信号输入端，任何情况下，只要该端出现上升沿，计数器就会立即复位。复位后计数器的当前值变为 0，输出状态为 "0"。

7）CV 为以整数形式显示或输出的计数器当前值，如 16#0036、16#00bc。该端可以接各种字存储器，如 MW8、QW0、IW4，也可以悬空。

8）CV_BCD 为以 BCD 码形式显示或输出的计数器当前值，如 C#369、C#023。该端可以接各种字存储器，如 MW8、QW0、IW4，也可以悬空。

9）Q 为计数器状态输出端，只要计数器的当前值不为 0，计数器的状态就为 "1"。该端可以连接位存储器，如 Q1.0、M0.5，也可以悬空。

举例：加/减计数器指令的应用示例如图 6-3 所示。

当 I0.2 出现上升沿时，计数初值被置为 6，Q0.0 输出为 "1"，CV 端显示当前计数值为 16#0006，CV_BCD 端以 BCD 码形式显示当前计数值。此时，I0.0 每出现一个上升沿，CV 端显示数值加 1；若 I0.1 出现上升沿，则 CV 端显示数值减 1，直至计数值减为 0，Q0.0 输出为 "0"；I0.3 出现上升沿时，计数器 C0 被复位。I0.2 接通时，计数器 C0 各端子的状态如图 6-3b 所示。

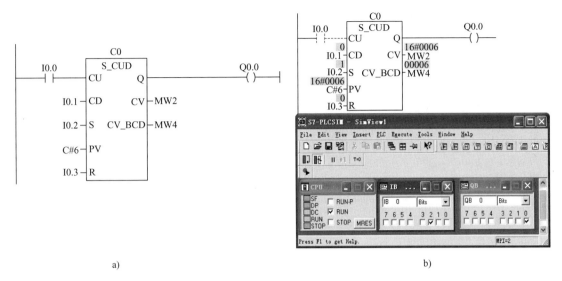

图6-3　加/减计数器指令应用示例

（2）加计数器 S_CU　S_CU（加计数器）的块图指令如图6-4所示。各符号的含义同 S_CUD计数器。

（3）减计数器 S_CD　S_CD（减计数器）的块图指令如图6-5所示。各符号的含义同 S_CUD计数器。

图6-4　加计数器指令的块图形式　　　　图6-5　减计数器指令的块图形式

（4）线圈形式的计数器　除了前面介绍的块图形式的计数器指令以外，S7-300 系统还为用户准备了 LAD 环境下的线圈形式的计数器。这些指令有计数器初值预置指令 SC（见图6-6a）、加计数器指令 CU（见图6-6b）和减计数器指令 CD（见图6-6c）。

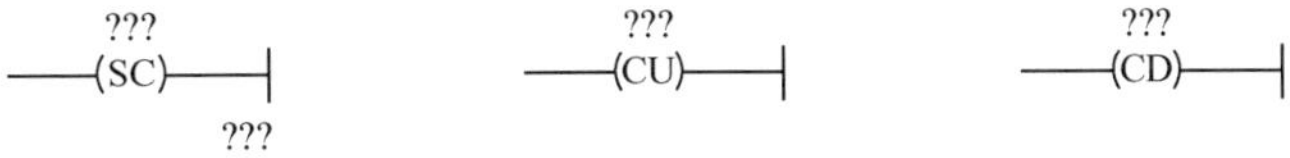

```
       ???                ???                ???
    ──(SC)──┤          ──(CU)──┤          ──(CD)──┤
       ???
      a)                 b)                 c)
```

图6-6　计数器的线圈指令

举例：初值预置 SC 指令若与 CU 指令配合可实现 S_CU 指令的功能，如图6-7a 所示；SC 指令若与 CD 指令配合可实现 S_CD 指令的功能，如图6-7b 所示；SC 指令若与 CU 和 CD 指令配合可实现 S_CUD 指令的功能，如图6-7c 所示。

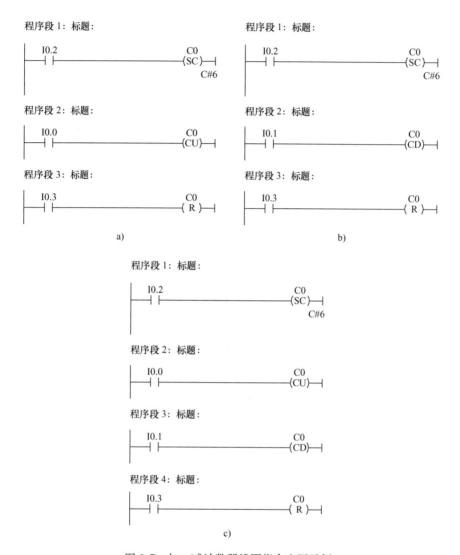

图 6-7　加、减计数器线圈指令应用示例

6.1.2　计数器指令应用实例

举例： 计数器扩展为定时器，时钟存储器与计数器结合应用。

当定时器不够用时，可以用计数器扩展为定时器，其梯形图程序如图 6-8 所示。

程序中使用了 CPU 的时钟存储器，具体设置方法在本书 4.1.2 节中已介绍。设置 MB10 为时钟存储器，则 M10.0 的变化周期为 0.1s。在图 6-8 所示的程序中，当 I0.1 出现上升沿时，为减计数器 C0 置初值 100。若 I0.0 为 "1"，则 C0 每 0.1s 减 1。当 C0 减到 0 后，输出 Q0.0 为 "1"。I0.1 的又一个正跳沿使 C0 置数并使输出 Q0.0 为 "0"。这样，在 I0.0 为 "1" 后 10s（100×0.1s＝10s），Q0.0 为 "1"，I0.1 的正跳沿使 Q0.0 复位。

举例： 长时间延时程序。

用定时器和计数器可以组成长时间延时程序，如图 6-9 所示。

T0 和 T1 为典型的闪烁电路，即 T0 的常开触点以 1Hz 的频率接通和断开。当 I0.0 出现

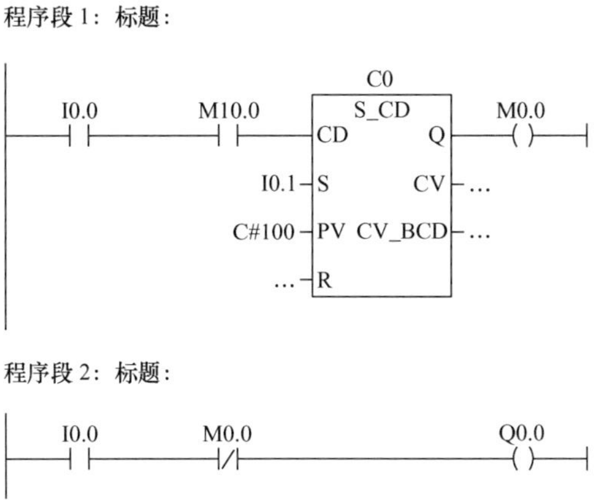

程序段 1：标题：

程序段 2：标题：

图 6-8 计数器扩展为定时器梯形图程序

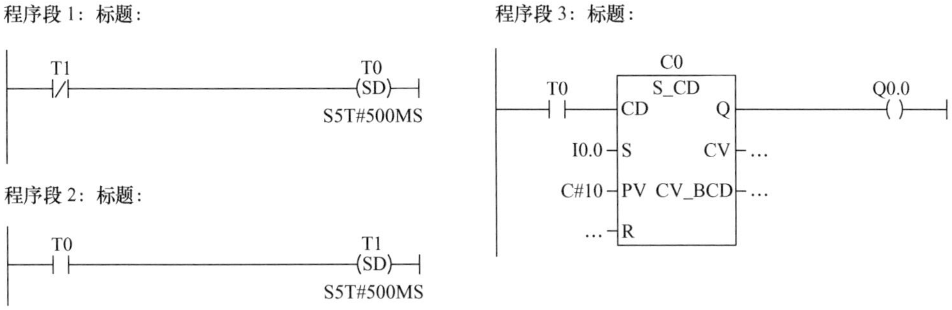

程序段 1：标题：　　　　　　　　　　程序段 3：标题：

程序段 2：标题：

图 6-9 长时间延时梯形图程序

上升沿时，减计数器 C0 被置入计数初值 10。T0 每出现一个上升沿，即每隔 1s，计数器 C0 计数值就减 1，Q0.0 输出为 "1"，直至计数值为 0 时，Q0.0 输出为 "0"。因此，Q0.0 为 "1" 的时间为 10s（$10 \times 1s = 10s$），10s 后 Q0.0 复位。

举例：两个计数器组合计数。

两个计数器组合计数的梯形图程序如图 6-10 所示。

系统上电后，计数器 C1 被置入计数初值 3，当 I1.0 出现上升沿时，计数器 C2 被置入计数初值 3。I1.1 每出现一个上升沿，C1 便减 1，直至减为 0 时，定时器 T2 线圈得电，其常开触点闭合，计数器 C2 的 CD 端此时出现一个上升沿，开始减 1 操作。即 C1 计数 3 次，C2 计数 1 次，因此计数 9（$3 \times 3 = 9$）次后 Q1.0 输出为 "1"。

另外，由于 C1 不能实现计数完成后自动重置初值，所以使用一个定时器，实现计数 3 次，延时 1s 后对 C1 重置初值。而且 I1.1 在第三次计数脉冲输入时，需要在 1s 内断开。否则重置初值时会因为 C1 的 S 端和 CD 端同时为 1，而使得计数器 C1 的设定值为 2，因此 T2 定时器的延时时间设定要随着工程实际去设置。如果工程中的计数脉冲（CD）端变化比较慢，T2 定时可以长些；反之如果变化很快，T2 定时可以短些。

由于 S7-300 PLC 计数器计数最大值为 999，因此，当计数值超过 999 时，可采用此方法将多个计数器扩展使用，以获得更大的计数值。

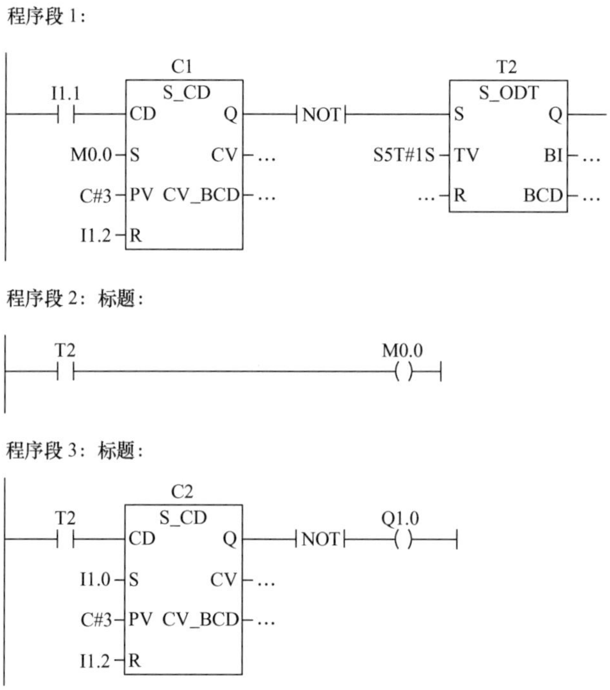

程序段 1:

程序段 2: 标题:

程序段 3: 标题:

图 6-10　两个计数器组合计数梯形图程序

举例： 采用计数器指令完成本任务刚开始时提出的 4 盏指示灯控制程序。

（1）建立项目及编写符号表　建立名为"4 盏指示灯控制"的 PLC 程序，并编辑符号表，如图 6-11 所示。

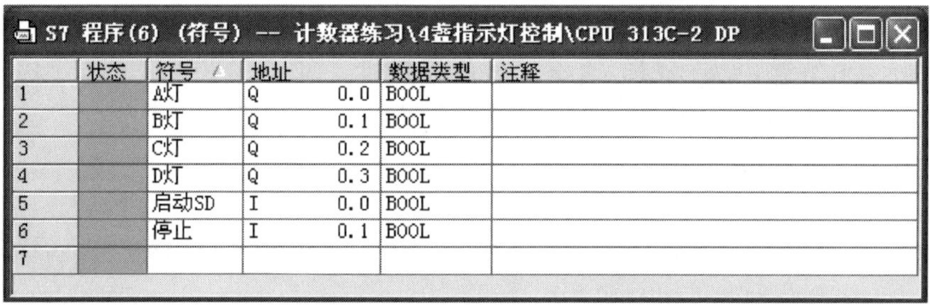

图 6-11　4 盏指示灯控制符号表

（2）梯形图程序　根据 4 盏指示灯的控制要求，编制梯形图程序，如图 6-12 所示。

图 6-12 中，利用辅助继电器 M10.0，将短信号变成长信号。另外，还用到了 M0.0 ~ M0.3 四个辅助继电器，其中，M0.0 为第一状态，控制 A、B 灯亮，M0.1 为第二状态，控制 B、C 灯亮，M0.2 为第三状态，控制 C、D 灯亮，M0.3 为第四状态，控制 D、A 灯亮。程序段 10 实现循环 3 次计数功能，程序段 11 实现循环 3 次后闪烁功能，程序段 12 为闪烁 5 次计数。

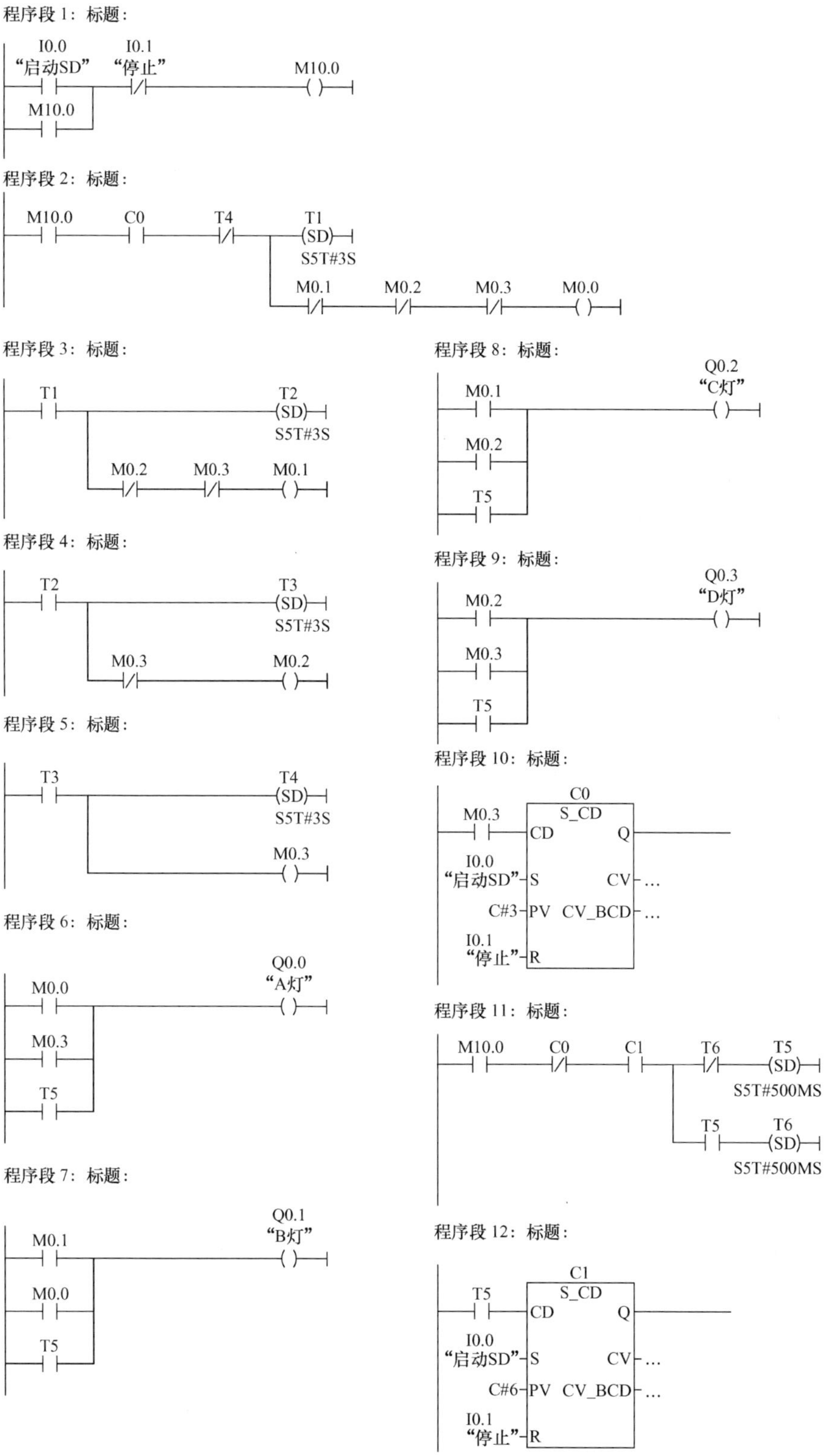

程序段1：标题：

程序段2：标题：

程序段3：标题：

程序段4：标题：

程序段5：标题：

程序段6：标题：

程序段7：标题：

程序段8：标题：

程序段9：标题：

程序段10：标题：

程序段11：标题：

程序段12：标题：

图6-12　4盏指示灯控制梯形图程序

任务 6.2 学习比较指令及应用

【提出任务】

任务 6.1 的计数器应用实例都是使用减计数器，那如何利用加计数器设计程序？如果需要配合别的指令，这些指令怎样使用？

【分析任务】

在程序设计中，加计数器可以和比较指令配合使用。工程中，模拟量处理时比较指令应用也较频繁。本任务将介绍 STEP 7 中的比较指令的功能和应用，再对比较指令和加计数器指令的配合使用举例说明。

【解答任务】

STEP 7 中的比较指令用于比较累加器 1 与累加器 2 中的数据大小，被比较的两个数的数据类型应该相同。数据类型可以是整数、双整数和浮点数（实数）。如果比较的条件满足，则比较指令的逻辑输出结果为“1”，否则为“0”。

比较指令按数据类型分为三类：整数比较指令（CMP_I）、双整数比较指令（CMP_D）和浮点数（实数）比较指令（CMP_R）；按比较类型分为六种：等于（ == ）、不等于（ <> ）、大于（ > ）、小于（ < ）、大于或等于（ >= ）、小于或等于（ <= ）。

如果比较指令为“真”，则函数的 RLO 为“1”。如果以串联方式使用比较单元，则使用“与”运算将其连接至梯级程序段的 RLO；如果以并联方式比较单元，则使用“或”运算将其连接至梯级程序段的 RLO。

1. 整数比较指令（CMP_I）

（1）指令格式　整数比较指令的梯形图符号如图 6-13 所示。

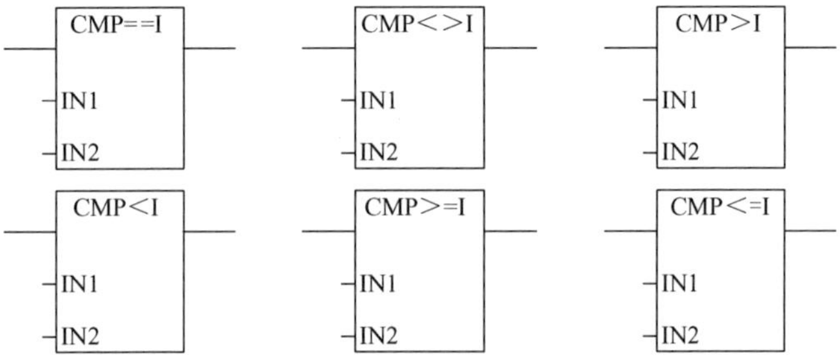

图 6-13　整数比较指令的梯形图符号

所谓比较，是指对比较器 IN1 和 IN2 端的数值进行比较。图 6-13 中，从上到下，从左到右，依次为整数相等、不等、大于、小于、大于或等于、小于或等于指令。

（2）说明

1）输入端输入的是上一逻辑运算的结果，其数据类型为 BOOL 型，内存区域为 I、Q、M、L、D。输出端输出的是比较的结果，仅在输入端的 RLO = 1 时才进一步处理，其数据类型为 BOOL 型，内存区域为 I、Q、M、L、D。IN1 端和 IN2 端分别为要比较的第一个值和第二个值，其数据类型均为 INT 型，内存区域为 I、Q、M、L、D 或常数。

2）整数比较指令（CMP_I）的使用方法与标准触点类似。它可位于任何可放置标准触点的位置，可根据用户选择的比较类型比较 IN1 和 IN2。

3）整数比较指令常和计数器指令配合使用，完善计数功能。

举例： 整数比较指令应用示例。

整数比较指令的应用示例梯形图程序如图 6-14 所示。

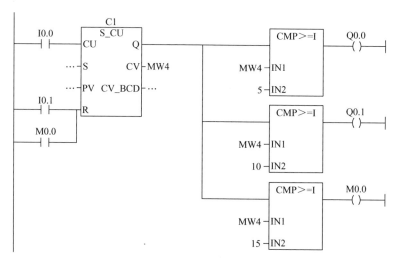

图 6-14　整数比较指令应用示例

当 I0.0 与 I0.1 接通时，整数比较指令将比较存储在 MW0 中的 IN1 与存储在 MW2 中的 IN2 的大小，若 IN1 大于或等于 IN2，则输出为 "1"，置位 Q0.0。

举例： 试用计数器、比较指令设计如下程序。

控制要求： 按钮 I0.0 闭合 5 次之后，输出 Q0.0；按钮 I0.0 闭合 10 次之后，输出 Q0.1；按钮 I0.0 闭合 15 次之后，计数器及所有输出自动复位。手动复位按钮（常开触点）为 I0.1。

设计参考： 用计数器、比较指令设计的程序如图 6-15 所示。按钮 I0.0 接至加计数器 C1 的 CU 端，即 I0.0 每按下一次，出现一个上升沿，则计数器 C1 就计数一次，并将计数值存储在 MW4 中。随后采用整数比较指令比较 MW4 中的整数值和规定值的大小，若符合条件，则输出为 "1"。按钮按下 15 次后，将输出 M0.0 接至 C1 的 R 端进行复位，手动复位按钮和其并联。

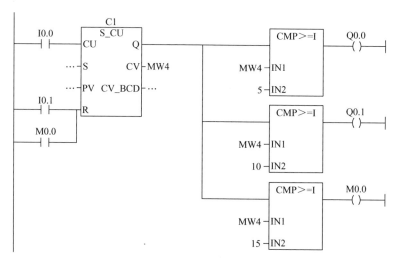

图 6-15　用计数器、比较指令设计的程序

举例： 基于比较指令的方波发生器。

基于比较指令的方波发生器梯形图如图 6-16a 所示。

T0 是接通延时定时器，I0.0 的常开触点接通时，T0 开始定时，其剩余时间值从预置时

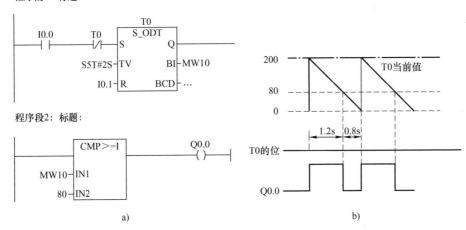

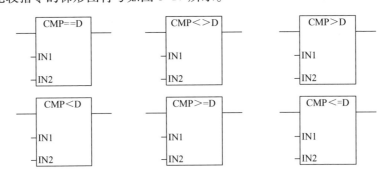

图 6-16　基于比较指令的方波发生器

间值 2s 开始递减。减至 0 时，T0 的定时器位变为"1"状态，其常闭触点断开，使其定时器位变为"0"，T0 的常闭触点闭合，又从预置时间值开始定时。

T0 的十六进制剩余时间（单位为 10ms）被写入 MW10 后，与常数 80 比较。剩余时间大于等于 80（800ms）时，比较指令等效的触点闭合，Q0.0 的线圈通电，通电时间为 1.2s；剩余时间小于 80 时，比较指令等效的触点断开，Q0.0 的线圈断电，断电时间为 0.8s。基于比较指令的方波发生器波形图如图 6-16b 所示。

2. 双整数比较指令（CMP_D）

双整数比较指令的梯形图符号如图 6-17 所示。

图 6-17　双整数比较指令的梯形图符号

IN1 端和 IN2 端分别为要比较的第一个值和第二个值，其数据类型均为 DINT 型，内存区域为 I、Q、M、L、D 或常数，其他各端的含义及数据类型同整数比较指令。

3. 实数比较指令（CMP_R）

实数比较指令的梯形图符号如图 6-18 所示。

IN1 端和 IN2 端分别为要比较的第一个值和第二个值，其数据类型均为实数，内存区域为 I、Q、M、L、D 或常数，其他各端的含义及数据类型同整数比较指令。

4. 整数比较指令应用实例

举例： 水箱水位检测与控制。

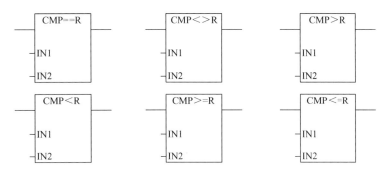

图 6-18　实数比较指令的梯形图符号

现有一个水箱，高 4m，水箱里有一个液位检测计，其探头也为 4m 长，并以 4 ~ 20mA 的电流信号传送至 PLC 的 AI 模块。水箱的顶部有两个进水电磁阀 F1、F2，一用一备。水箱的底部有一个出水管，供给用户，用户的用水量随时都有可能变化。另外，水箱的底部还有一个紧急出水电磁阀 F3。

控制要求：

1）当水箱的水位低于 1m 时，进水阀 F1 打开，开始注水，直至水位上升至 3m 时关闭进水阀 F1，停止进水。

2）当水箱的水位低于 0. 5m 时，说明进水量跟不上用户的使用量，进水阀 F2 也打开注水，直至水位上升至 3m 时关闭。

3）当水箱的水位高于 3. 5m 时，说明进水阀出现故障不能正常关闭，此时应发出报警信号，提醒值班人员关闭电磁阀 F1、F2 上游的手动球阀，以便于检修。同时，紧急出水电磁阀 F3 打开，使水位降至 3m 时关闭。

（1）建立项目及编写符号表　建立名为“水箱水位检测与控制”的 PLC 项目，编写符号表，如图 6-19 所示。其中，PIW 为模拟量输入地址，可以直接访问输入模块，用于存放由液位检测计检测的实时水位信息。

S7 程序(1) (符号) -- 水箱水位检测与控制\SIMATIC 300 站点\CPU313C-2 DP(1)

	状态	符号	地址	数据类型	注释
1		F1	Q 4.0	BOOL	
2		F2	Q 4.1	BOOL	
3		F3	Q 4.2	BOOL	
4		进水阀故障报警	Q 4.3	BOOL	
5		液位检测计	PIW 256	WORD	
6					

图 6-19　水箱水位检测与控制符号表

（2）梯形图程序　参考梯形图如图 6-20 所示。

说明： 本例题中，水箱的水位 0 ~ 4m 对应的液位检测计的变送电流信号为 4 ~ 20mA，经 PLC 的 AI 模块进行 A-D 转换后，对应的数字量额定值范围为 0 ~ 27648。因此，水位 1m 对应的数字量为 $\frac{1}{4} \times 27648 = 6912$，其他水位点对应的数字量算法可依此类推。

举例： 模拟时钟的控制。

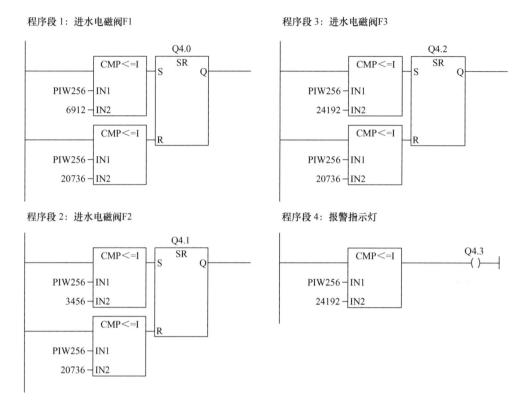

图 6-20　水箱水位检测与控制梯形图程序

控制要求：分别用 Q0.0、Q0.1 和 Q0.2 模拟时钟的秒针、分针和时针。按下按钮 I0.0（保持型）后，Q0.0 以 1Hz 的频率接通和断开；计数 60 次后，分针 Q0.1 接通，保持 0.5s 后断开；Q0.1 计数 60 次后，时针 Q0.2 接通，保持 0.5s 后断开。

（1）符号表　建立名为"模拟时钟控制"的 PLC 项目，并编写符号表，如图 6-21 所示。

	状态	符号 △	地址		数据类型	注释
1		分针	Q	0.1	BOOL	
2		开始	I	0.0	BOOL	
3		秒针	Q	0.0	BOOL	
4		时针	Q	0.2	BOOL	
5						

> ⧉ S7 程序(1)（符号）-- 模拟时钟控制\SIMATIC 300 站点\CPU313C-2 DP(1)

图 6-21　模拟时钟控制符号表

（2）梯形图程序　模拟时钟控制的梯形图程序如图 6-22 所示。首先设置 M10 为 CPU 的时钟/周期存储器，则 M10.5 的周期为 1s。按下开始按钮 I0.0 后，秒针 Q0.0 也以 1s 的周期接通和断开。将 Q0.0 的输出接至加计数器 C0 的 CU 端，这样，Q0.0 每出现一个上升沿信号，加计数器 C0 计数一次，并将当前计数值存储在 MW20 中，利用整数比较指令比较当前计数值和 60 的大小。若计数值为 60，则分针 Q0.1 输出为"1"。为满足控制要求，在输出线圈 Q0.1 的下方并联了一个延时时间为 0.5s 的接通延时定时器 T0，并将 T0 的常闭触点串联在 Q0.1 的回路里。这样，秒针 Q0.0 输出 60 次后，分针接通 0.5s。0.5s 后，T0 的常开触点闭合，闭合瞬间，将计数器 C0 复位；T0 常闭触点断开，将 Q0.1 复位，符合控制要求。时钟的设计方法同分针，读者可自行分析。

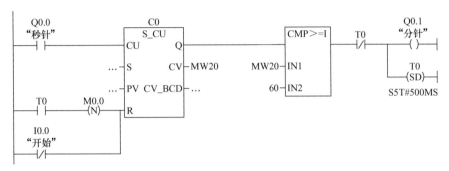

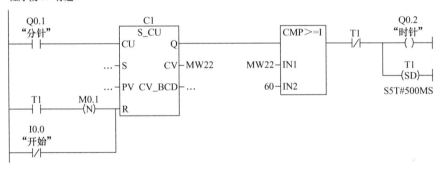

图 6-22　模拟时钟控制梯形图程序

（3）说明　为减少程序调试时间，可以将计数值设置得小一些，比如 6 次。

任务6.3　设计与调试天塔之光控制程序

【提出任务】

天塔之光结构示意图如图 6-23 所示。

控制要求如下：

1）闭合"启动"开关，指示灯按以下规律循环显示：L1→L2→L3→L4→L5→L6→L7→L8→L1→L2、L3、L4→L5、L6、L7、L8→L1→L1、L2→L1、L3→L1、L4→L1、L8→L1、L7→L1、L6→L1、L5→L1、L2、L3、L4→L1、L5、L6、L7、L8、→L1。循环 10 次以后自动熄灭。

2）在程序执行过程中，只要断开"启动"开关，则程序停止执行，指示灯熄灭。

【分析任务】

天塔之光中的 8 盏指示灯按规律闪亮的功能可以参照项目 5 中音乐喷泉的设计思路，也可以采用比较指令和加计数器指令相结合。主要解决的问题有以下几个：

1）自动循环问题。

2）控制要求中要求循环 10 次后自动熄灭，可以采用计数器指令来计数。

3）断开启动按钮后程序停止执行的问题。

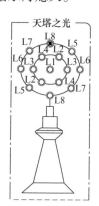

图 6-23 天塔之光结构示意图

【解答任务】

1. 硬件设计

（1）硬件 I/O 接线 根据天塔之光的控制要求，该控制系统共有 1 个输入信号，8 个输出信号。启动按钮 SD 为钮子开关。其 I/O 接线图如图 6-24 所示。

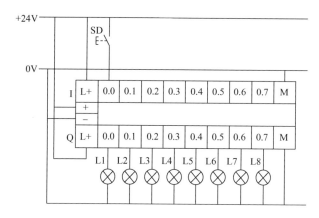

图 6-24 天塔之光 I/O 接线图

（2）建立项目及编写符号表 建立名为"天塔之光"的 PLC 项目，并编写符号表，如图 6-25 所示。

	状态	符号	地址		数据类型	注释
1		L1	Q	0.0	BOOL	
2		L2	Q	0.1	BOOL	
3		L3	Q	0.2	BOOL	
4		L4	Q	0.3	BOOL	
5		L5	Q	0.4	BOOL	
6		L6	Q	0.5	BOOL	
7		L7	Q	0.6	BOOL	
8		L8	Q	0.7	BOOL	
9		SD	I	0.0	BOOL	
10						

S7 程序(1) (符号) — 天塔之光\SIMATIC 300 站点\CPU313C-2 DP(1)

图 6-25 天塔之光控制系统符号表

2. 软件程序设计

根据天塔之光控制系统的控制要求，编制其梯形图程序，如图 6-26 所示。

程序段 1: 标题:

程序段 10: 标题:

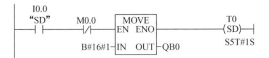

程序段 2: 标题:

程序段 3: 标题:

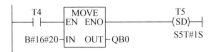

程序段 4: 标题:

程序段 5: 标题:

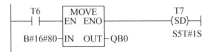

程序段 6: 标题:

程序段 7: 标题:

程序段 8: 标题:

程序段 9: 标题:

程序段 10: 标题:

程序段 11: 标题:

程序段 12: 标题:

程序段 13: 标题:

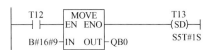

程序段 14: 标题:

程序段 15: 标题:

程序段 16: 标题:

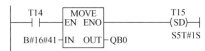

程序段 17: 标题:

程序段 18: 标题:

程序段 19: 标题:

图 6-26 天塔之光控制系统梯形图程序

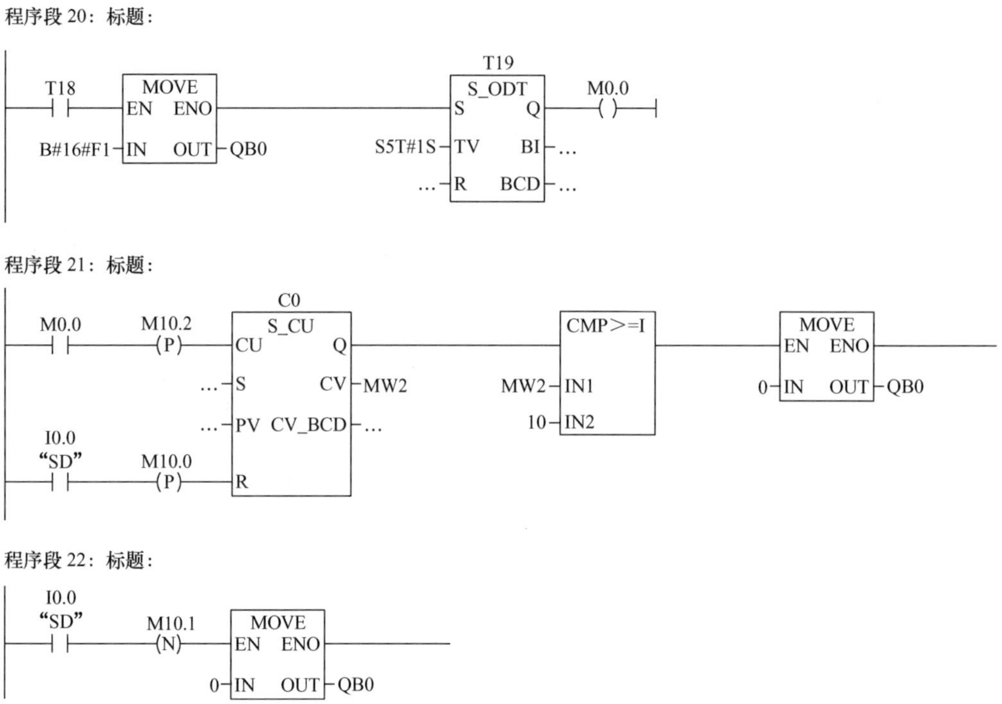

程序段 20：标题：

程序段 21：标题：

程序段 22：标题：

图 6-26 天塔之光控制系统梯形图程序（续）

（1）循环点亮控制 仿照项目 5 任务 5.2 的方法，程序段 1 ～程序段 20 都是采用传送指令结合定时器，实现每一秒传送一个数据给 QB0，满足天塔之光点亮的规律。当程序顺序执行到程序段 20 时，指示灯按顺序点亮一遍，定时器 T19 线圈接通，串联在程序段 1 中的 M0.0 的常闭触点断开，T0 到 T19 都失电，M0.0 的线圈也失电，其常闭触点恢复闭合，执行新一轮的程序，实现循环。

（2）计数控制 程序段 21 中，将 M0.0 的常开触点作为加计数器 C0 的加计数脉冲端，则程序每执行完一遍，M0.0 的常开触点闭合一次，闭合瞬间，加计数器 C0 的 CU 端有一个脉冲信号，计数值加 1。当前计数值存放在 MW2 中，利用比较指令，当 MW2 中的计数值为 10，即程序循环执行 10 次以后，接通传送指令。利用传送指令给 QB0 赋值为 "0"，8 盏指示灯均熄灭，满足控制要求。

（3）停止控制 程序段 22 中，启动开关断开瞬间，利用下降沿指令，将此信号传送给 MOVE 指令，赋数据 "0" 给 QB0，则 8 盏指示灯全熄灭。

思考与练习

1. 当 X0 接通时，灯 Y0 亮；经 5s 后，灯 Y0 灭，灯 Y1 亮；再经 5s 后，灯 Y1 灭，灯 Y2 亮；再过 5s 后，灯 Y2 灭，灯 Y0 亮。如此顺序循环 10 次后自动停止。

2. 包装机计数控制。控制要求：包装机对一个五面的产品进行包装，计数五个零件后开始包装，包装指示灯 Q0.0 亮。包装 2s 停止包装，下次循环。I0.0 为启动信号，I0.1 接零件检测开关。

3. 梯形图程序如图 6-27 所示，试分析其功能。

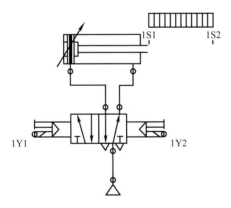

图 6-27   梯形图

4. 设计如下程序：如果 DW10 的内容大于 10，程序输出 Q4.0。

5. 气缸运动计数控制。气缸往复运动示意图如图 6-28 所示，要求气缸连续往复运动 20 次便停止。其中，1S1 和 1S2 分别为检测气缸缩回与伸出到位的传感器，1Y1 和 1Y2 分别为控制气缸伸出与缩回运动的换向阀电磁线圈。

6. 用一个按钮控制组合吊灯三档亮度，完成如下功能：控制按钮按一下，一组灯亮；按两下，两组灯亮；按三下，三组灯都亮；按四下，全灭。给出 I/O 分配，编制梯形图程序。

7. 霓虹灯广告屏控制器的设计。霓虹灯广告屏示意图如图 6-29 所示，用 PLC 对霓虹灯广告屏实现控制。其具体要求如下：该广告屏中间 8 个灯管亮灭的时序为第 1 根亮→第 2 根亮→第 3 根 亮 →…→第 8 根亮，时间间隔为 1s，全亮后，显示 10s，再反过来从 8→7→…→1 顺序熄灭。全灭后，停亮 2s，再从第 8 根灯管开始亮起，顺序点亮 7→6→…→1，时间间隔为 1s，显示 20s，再从 1→2→…→8 顺序熄灭。全熄灭后，停亮 2s，再从头开始运行。循环三次后，8 个灯管全部以 1Hz 的频率闪烁，闪烁 3 次后，从头开始执行，周而复始。

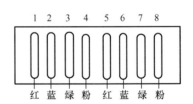

图 6-28   气缸往复运动示意图   图 6-29   霓虹灯广告屏示意图

项目 7

自动售货机控制系统程序设计与调试

自动售货机被广泛地放置于车站、油站、码头、机场、宾馆、写字楼、娱乐场所及大街小巷和公路旁。人们通过自动售货机可以买到食品、香烟、饮料、报纸等物品。自动售货机实现了商品需求化、性能多样化的发展，给人们的生活带来了极大的方便。

本项目就简易自动售货机的控制系统进行设计和调试。

项目目标

1. 能灵活应用算术运算及比较指令。
2. 能独立完成自动售货机控制系统的设计与调试。

任务7.1 学习算术运算指令及应用

【提出任务】

自动售货机如何实现计币以及找零？需要用到什么指令？这些指令有什么功能？如何应用呢？

【分析任务】

自动售货机控制系统的设计关键是计币及找零控制的设计，这就需要用到算数运算指令和比较指令。比较指令常和计数器指令一起使用，完善计数功能。下面就给大家介绍这两种指令及其应用。

【解答任务】

STEP 7 指令中的数学运算指令包括整数算术运算指令、双整数算术运算指令和浮点数算术运算指令三类，可以对整数、双整数和实数进行加、减、乘、除算术运算。算术运算指令在累加器 1 和累加器 2 中进行，在累加器 2 中的值作为被减数或被除数。算术运算的结果保存在累加器 1 中，累加器 1 原有的值被运算结果覆盖，累加器 2 中的值保持不变。

CPU 在进行算术运算时，不必考虑 RLO，对 RLO 也不产生影响。学习算术运算指令必须注意算术运算的结果将对状态字的某些位产生影响，这些位是 CC1、CC0、OV、OS。在位操作指令和条件跳转指令中，经常要对这些标志位进行判断来决定进行什么操作。

1. 整数算术运算指令

（1）指令格式　整数算术运算指令格式如表7-1所示。

表 7-1　整数算术运算指令

STL 指令	LAD 符号	说　明
+I	ADD_I EN　ENO IN1　OUT IN2	16 位整数相加（ADD_I）指令，将累加器 2 的低字（IN1）和累加器 1 的低字（IN2）中的 16 位整数相加，16 位结果保存在累加器 1 的低字（OUT）中
−I	SUB_I EN　ENO IN1　OUT IN2	16 位整数相减（SUB_I）指令，用累加器 2 低字（IN1）中的 16 位整数减去累加器 1 低字（IN2）中的 16 位整数，结果保存在累加器 1 低字（OUT）中
*I	MUL_I EN　ENO IN1　OUT IN2	16 位整数相乘（MUL_I）指令，将累加器 2 低字（IN1）和累加器 1 低字（IN2）中的 16 位整数相乘，32 位乘积结果保存在累加器 1（OUT）中
/I	DIV_I EN　ENO IN1　OUT IN2	16 位整数除法（DIV_I）指令，用累加器 2 低字（IN1）中的 16 位整数除以累加器 1 低字（IN2）中的 16 位整数，16 位商保存在累加器 1 低字（OUT）中

（2）说明（以整数加为例）

1）EN 和 ENO 分别为启用输入端和启用输出端，其数据类型均为 BOOL（布尔）型，内存区域均为 I、Q、M、L 及 D；IN1 和 IN2 分别为被加数和加数，其数据类型均为 INT，内存区域均为 I、Q、M、L、D 或常数；OUT 为加法结果，数据类型为 INT，内存区域为 I、Q、M、L 及 D。

2）在启用输入端（EN）通过一个逻辑"1"来激活 ADD_I（整数加）。IN1 和 IN2 相加，结果通过 OUT 查看。如果该结果超出了整数（16 位）允许的范围（−32768 ～ +32767），OV 位和 OS 位将为"1"，并且 ENO 为逻辑"0"，这样便不执行此数学框后由 ENO 连接的其他函数（层叠排列）。

举例： 试用整数"加、减、乘、除"指令设计"$[(739 − 85) ÷ 13 + 30] × 5 = ?$"的 PLC 程序。控制要求：启动信号为 I0.0，运算结果存储在 MW30 中。

用整数"加、减、乘、除"指令设计的程序如图 7-1 所示。整数 739 和 85 相减后的结果存储在 MW24 中，MW24 中的内容除以 13 后的结果存储在 MW26 中，MW26 中的内容与整数 30 相加后的结果存储在 MW28 中，MW28 中的内容乘以整数 5，最终的运算结果存储在 MW30 中。

2. 双整数算术运算指令

（1）指令格式　双整数算术运算指令格式如表 7-2 所示。

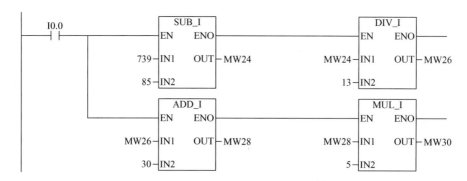

图 7-1 整数"加、减、乘、除"指令设计的程序

表 7-2 双整数算术运算指令

STL 指令	LAD 符号	说 明
+ D	ADD_DI EN ENO IN1 OUT IN2	32 位整数相加（ADD_DI）指令，将累加器 1（IN2）、2（IN1）中的 32 位整数相加，32 位结果保存在累加器 1（OUT）中
– D	SUB_DI EN ENO IN1 OUT IN2	32 位整数相减（SUB_DI）指令，用累加器 2（IN1）中的 32 位整数减去累加器 1（IN2）中的 32 位整数，结果保存在累加器 1（OUT）中
* D	MUL_DI EN ENO IN1 OUT IN2	32 位整数相乘（MUL_DI）指令，将累加器 1（IN2）、2（IN1）中的 32 位整数相乘，乘积保存在累加器 1（OUT）中
/D	DIV_DI EN ENO IN1 OUT IN2	32 位整数除法（DIV_I）指令，用累加器 2（IN1）中的 32 位整数除以累加器 1（IN2）中的 32 位整数，32 位商保存在累加器 1（OUT）中
MOD	MOD_DI EN ENO IN1 OUT IN2	32 位整数除法取余数指令，用累加器 2（IN1）中的 32 位整数除以累加器 1（IN2）中的 32 位整数，余数保存到累加器 1（OUT）中

（2）说明（以双整数加为例）

1）EN、ENO、OUT、IN1、IN2 端的意义及内存区域同整数算术运算指令。

2）在启用输入端（EN）通过一个逻辑"1"来激活 ADD_DI（双整数加）。IN1 和 IN2 相加，结果通过 OUT 查看。如果该结果超出了双整数（32 位）允许的范围（−2147483648 ~ +2147483647），OV 位和 OS 位将为"1"，并且 ENO 为逻辑"0"，这样便不执行此数学框后由 ENO 连接的其他函数（层叠排列）。

举例：试用双整数"加、减、乘、除"指令设计"（12345 + 2345688 − 248）÷ 269 × 321566 = ?"的 PLC 程序。控制要求：启动信号为 I0.0；运算结果存储在 MD20 中；复位信号 I0.1 将运算结果存储（包括中间运算结果存储）全部清零。

双整数"加、减、乘、除"指令设计的程序如图7-2所示。

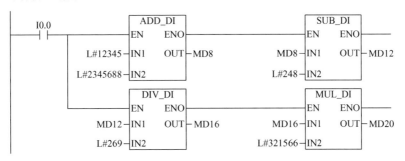

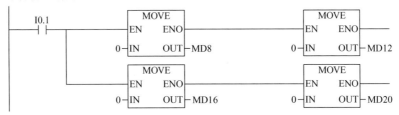

图7-2　双整数"加、减、乘、除"指令设计的程序

3. 浮点数（实数）算术运算指令

S7-300/400 PLC 系列 CPU 可以处理符合 IEEE 标准的 32 位浮点数，以完成 32 位浮点数的加、减、乘、除运算，以及取绝对值、二次方、开二次方、指数、对数、三角函数和反三角函数等运算。

基本的浮点数算术运算指令如表7-3所示。

表7-3　基本的浮点数算术运算指令

STL 指令	LAD 符号	说　明
+ R	ADD_R EN　ENO IN1　OUT IN2	实数加，将累加器1（IN2）、2（IN1）中的32位浮点数相加，32位结果保存在累加器1（OUT）中
− R	SUB_R EN　ENO IN1　OUT IN2	实数减，用累加器2（IN1）中的32位浮点数减去累加器1（IN2）中的浮点数，结果保存在累加器1（OUT）中

（续）

STL 指令	LAD 符号	说　明
*R	MUL_R EN　ENO IN1　OUT IN2	实数乘，将累加器 1（IN2）、2（IN1）中的 32 位浮点数相乘，乘积保存在累加器 1（OUT）中
/R	DIV_R EN　ENO IN1　OUT IN2	实数除，用累加器 2（IN1）中的 32 位浮点数除以累加器 1（IN2）中的浮点数，32 位商保存在累加器 1（OUT）中
ABS	ABS EN　ENO IN1　OUT	求浮点数的绝对值，对累加器 1（IN1）中的 32 位浮点数取绝对值，结果保存到累加器 1（OUT）中

　　扩展算术运算指令可完成 32 位浮点数的二次方（SQR）、二次方根（SQRT）、自然对数（LN）、基于 e 的指数运算（EXP）及三角函数等运算，在此不再详细叙述，读者可参考编程手册。

任务7.2　设计与调试自动售货机控制系统程序

【提出任务】

　　为方便游客即时购买饮料，某公园准备放置几台自动售货机。自动售货机面板示意图如图 7-3 所示。其工作要求如下：

　　1）此售货机可投入 1 元、5 元或 10 元硬币。

　　2）当投入的硬币总值超过 12 元时，汽水按钮指示灯亮；当投入的硬币总值超过 15 元时，汽水及咖啡按钮指示灯都亮。

　　3）当汽水按钮灯亮时，按汽水按钮，则汽水排出 7s 后自动停止，这段时间内，汽水指示灯闪动。

　　4）当咖啡按钮灯亮时，按咖啡按钮，则咖啡排出 7s 后自动停止，这段时间内，咖啡指示灯闪动。

　　5）若投入硬币总值超过按钮所需的钱数（汽水 12 元，咖啡 15 元）时，找钱指示灯亮，表示找钱动作，并退出多余的钱。

　　请设计该自动售货机控制系统程序。

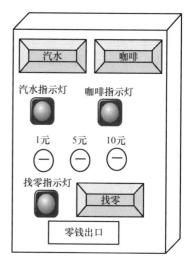

图 7-3　自动售货机面板示意图

【分析任务】

该程序可分为初始状态、投币状态、购买状态和退币状态四种状态，为明确思路，给出自动售货机控制系统程序流程图，如图 7-4 所示。

【解答任务】

1. 硬件设计

（1）硬件 I/O 接线　根据自动售货机控制系统的控制要求，该自动售货机共有输入信号 6 点，输出信号 6 点。输入元件中，全部为常开触点，分别接至 PLC 的 I0.0 ~ I0.5。自动售货机的 I/O 接线图如图 7-5 所示。

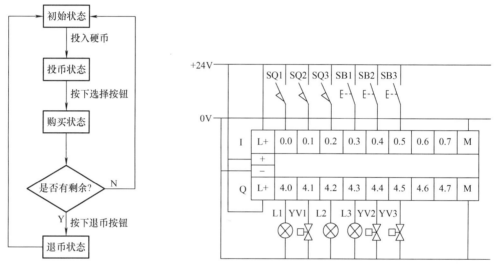

图 7-4　自动售货机控制系统程序流程图　　　　图 7-5　自动售货机的 I/O 接线图

（2）建立项目及编写符号表　建立名为"自动售货机"的 PLC 项目，并编写符号表，如图 7-6 所示。

	状态	符号	地址		数据类型	注释
1		10元投币口SQ3	I	0.2	BOOL	
2		1元投币口SQ1	I	0.0	BOOL	
3		5元投币口SQ2	I	0.1	BOOL	
4		咖啡按钮SB2	I	0.4	BOOL	
5		咖啡按钮指示灯L3	Q	4.3	BOOL	
6		咖啡出口YV3	Q	4.5	BOOL	
7		零钱出口YV1	Q	4.1	BOOL	
8		汽水按钮SB1	I	0.3	BOOL	
9		汽水按钮指示灯L2	Q	4.2	BOOL	
10		汽水出口YV2	Q	4.4	BOOL	
11		找零按钮SB3	I	0.5	BOOL	
12		找零指示灯L1	Q	4.0	BOOL	
13						

图 7-6　自动售货机符号表

2. 软件程序设计

根据自动售货机的控制要求，编写其 PLC 控制梯形图，如图 7-7 所示。

（1）投币 投币信息存储在 MW1 中，若有 1 元硬币投入，则常开限位开关 SQ1 闭合，I0.0 接通，MW1 的数值加 1，见程序段 1；同理，若有 5 元和 10 元纸币投入，其对应的常开限位开关 SQ2 和 SQ3 闭合，I0.1 和 I0.2 接通，MW1 的数值加 5 或加 10，见程序段 2 和程序段 3。

（2）购买 若 MW1 中的数值大于或等于 12，则汽水按钮指示灯 L2 亮，见程序段 11。此时若按下汽水按钮 SB2，则汽水出口电磁阀 YV2 得电，见程序段 6、12、13，汽水自动排出。采用扩展脉冲定时器定时，7s 后自动停止。由于这段时间内，要求汽水指示灯闪动，所以，程序中用到了 CPU 的时钟/周期存储器，设置 M100 为其时钟/周期存储器，则 M100.3 的周期为 0.5s，即在 7s 时间内，汽水指示灯 L2 以 2Hz 的频率闪烁，如程序段 11 所示。

同理，若 MW1 中的数值大于或等于 15，则汽水按钮指示灯 L2 和咖啡按钮指示灯 L3 均亮，见程序段 11、14。此时可按汽水或咖啡按钮，后面的分析过程同上，不再赘述。

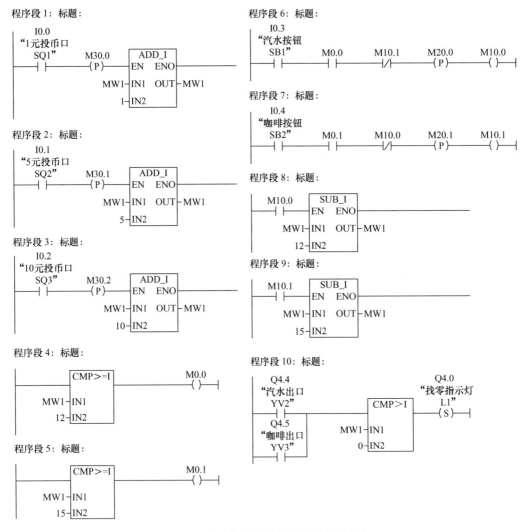

图 7-7 自动售货机控制系统梯形图程序

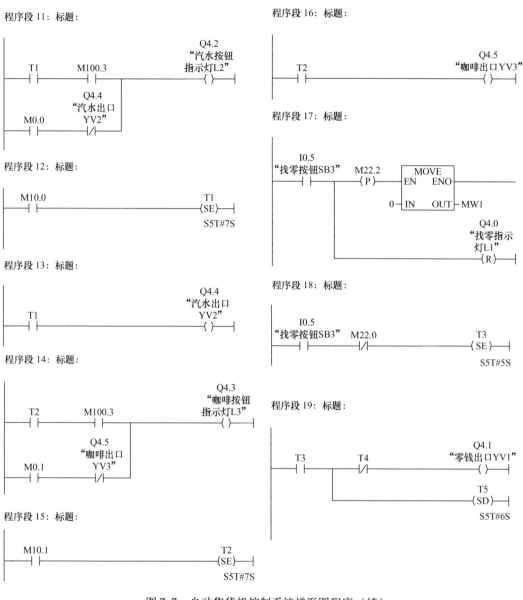

图 7-7　自动售货机控制系统梯形图程序（续）

（3）退币　程序段 6～10 为判断是否需要找零的程序。采用整数相减指令，若按下了汽水按钮，则比较 MW1 中的数值和 12 的大小，若大于 12，则说明有剩余；同理，若是按下了咖啡按钮，则比较 MW1 中的数值和 15 的大小，若大于 15，则说明有剩余，找零指示灯 L1 亮。程序段 17～19 是进行退币的程序。此时若按下找零按钮 SB3，则 I0.5 接通，找零指示灯 L1 熄灭，MW1 中的内容被清零，5s 后，零钱出口电磁阀 YV1 得电，找零输出，再过 5s 后，自动复位。

思考与练习

1. 用算术运算指令解以下方程：

$$MW4 = \frac{(IW0 + DBW3) \times 15}{MW0}$$

2. 用 STEP 7 的算术运算指令完成算术运算：$[(35.5 + 13.0) \times 5.7 \div 7.8 = ?]$，要求：用 I0.0 启动运算，用 MD20 存储运算结果。

3. 某大型反应器结构示意图如图 7-8 所示，反应过程要求在恒温和恒压下进行。对于该系统分别安装有温度传感器 T 和压力传感器 P。而反应器的温度和压力调节是通过加热器 H、冷却水供给装置 K 和安全阀 S 来实现的。

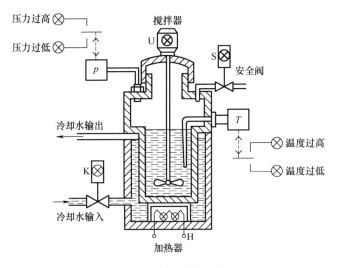

图 7-8　反应器结构示意图

工艺要求如下：

（1）安全阀 S 在下述条件下启动：压力 p 过高，同时温度 T 过高或温度 T 正常。

（2）冷却液供给装置 K 在下述条件下启动：温度 T 过高，同时压力 p 过高或正常。

（3）加热器 H 在下述条件下启动：温度 T 过低，同时压力 p 不太大；或者温度 T 正常，同时压力太小。

（4）如果反应器的冷却水供给装置 K 或加热器 H 启动工作，则搅拌器 U 将自动伴随其工作，保障反应器中的化学反应均匀。

试设计该反应器的控制程序，并分配 I/O 资源。

项目 8

装配流水线控制程序设计与调试

流水线生产是目前生产线采取的主要方式之一，在流水线生产作业过程中，产品按照设计好的工艺过程依次顺序地通过每个工作站，并按照一定的作业速度完成每道工序的作业任务。生产过程是一个连续的不断重复的过程，具有高度的连续性。

本项目就流水线的工作过程进行模拟，用 STEP 7 中的相关指令完成装配流水线控制系统的设计和调试。

 项目目标

1. 熟练使用 STEP 7 编程软件。
2. 掌握移位等指令并熟练应用。
3. 熟练设计并运行调试彩灯控制等相关实例。
4. 能独立完成装配流水线控制系统程序设计与调试。

任务 8.1　学习装配流水线控制相关指令及应用

【提出任务】

项目 5 中音乐喷泉控制系统的设计采用 MOVE 指令来实现，缺点是使用的 MOVE 指令以及定时器指令比较多，程序段长。那么有没有更为简便的方法呢？需要用到什么指令呢？若要完成装配流水线的控制，又该使用哪些指令？

【分析任务】

音乐喷泉、天塔之光控制系统的设计除了可以用传送指令实现外，还可使用移位指令实现。本项目中装配流水线的控制程序的设计，同样要用到移位等指令。下面介绍移位和循环移位指令及其用法。

【解答任务】

8.1.1　移位指令及应用

移位指令有两种类型：基本移位指令（简称移位指令）和循环移位指令。基本移位指令可对无符号整数、有符号长整数（双整数）、字或双字数据进行移位（左移或右移）操作；循环移位指令可对双字数据进行循环移位（左移或右移）和累加器 1 带 CC1 的循环移位（左移或右移）操作。

1. 移位指令

移位指令有如下六种：整数右移（SHR_I）、长整数右移（SHR_DI）、字左移（SHL_W）、字右移（SHR_W）、双字左移（SHL_DW）和双字右移（SHR_DW）。

（1）SHR_I（整数右移）

1）指令格式。SHR_I（整数右移）指令的梯形图符号如图 8-1 所示。其中，EN 为使能输入端，数据类型为 BOOL；ENO 为使能输出端，数据类型为 BOOL；IN 为要移位的值，数据类型为 INT；N 为要移位的位数，数据类型为 WORD；OUT 为移位指令的结果，数据类型为 INT。各端子的内存区域均为 I、Q、M、L、D。

2）说明。SHR_I（整数右移）指令通过使能输入（EN）位置上的逻辑"1"来激活。SHR_I 指令用于将输入 IN 的 0～15 位逐位向右移动，16～31 位不受影响。输入 N 用于指定移位的位数。如果 N 大于 16，命令将按照 N 等于 16 的情况执行。自左移入的、用于填补空出位的位置将被赋予位 15 的逻辑状态（整数的符号位）。这意味着，当该整数为正数时，这些位将被赋值为 0；而当该整数为负数时，则被赋值为 1。可在输出 OUT 位置扫描移位指令的结果。如果 N 不等于 0，则 SHR_I 会将状态字中 CC0 位和 OV 位设为 0。

图 8-1 SHR_I 指令的
梯形图符号

举例： 整数右移指令移位过程示例。

采用 SHR_I（整数右移）指令将 IN 中的数据向右移动 4 位的移位过程如图 8-2 所示。

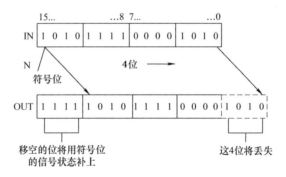

图 8-2 SHR_I（整数右移）指令移位示例

（2）SHR_DI（长整数右移）

1）指令格式。SHR_DI（长整数右移）指令的梯形图符号如图 8-3 所示。其中，EN 为使能输入端，数据类型为 BOOL；ENO 为使能输出端，数据类型为 BOOL；IN 为要移位的值，数据类型为 DINT；N 为要移位的位数，数据类型为 WORD；OUT 为移位指令的结果，数据类型为 DINT。各端子的内存区域均为 I、Q、M、L、D。

2）说明。SHR_DI（长整数右移）指令通过使能（EN）输入位置上的逻辑"1"来激活。SHR_DI 指令用于将输入 IN 的 0～31 位逐位向右移动。输入 N 用于指定移位的位数。如果 N 大于 32，命令将按照 N 等于 32 的情况执行。自左移入的、用于填补空出位的位置将被赋予位 31 的逻辑状态（整数的符号位）。这意味着，当该整数为正时，这些位将被赋值 0；而当该整数为负时，则被赋值为 1。可在输出 OUT 位置扫描移位指令的结果。如果 N 不等于 0；则 SHR_DI 会将 CC0 位和 OV 位设为 0。

举例： 长整数右移指令应用示例。

SHR_DI（长整数右移）指令的应用示例如图 8-4 所示。SHR_DI 框由 I0.0 位置上的逻辑"1"激活，装载 MD0 并将其右移由 MW4 指定的位数，结果将被写入 MD10，置位 Q4.0。

注意： 移位指令的使能端为高电平有效，每个周期执行一次。若想控制移位指令，常常取上升沿或下降沿作为使能端信号。

（3）SHL_W（字左移）

1）指令格式。SHL_W（字左移）指令的梯形图符号如图 8-5 所示。其中，EN 为使能输入端，数据类型为 BOOL；ENO 为使能输出端，数据类型为 BOOL；IN 为要移位的值，数据类型为 WORD；N 为要移位的位数，数据类型为 WORD；OUT 为移位指令的结果，数据类型为 WORD。各端子的内存区域均为 I、Q、M、L、D。

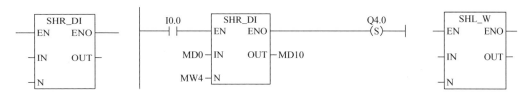

图8-3 SHR_DI 指令的梯 　图8-4 SHR_DI（长整数右移）指令应用示例 　图8-5 SHL_W 指令的
　　　形图符号　　　　　　　　　　　　　　　　　　　　　　　　　　　　　　　梯形图符号

2）说明。SHL_W（字左移）指令通过使能（EN）输入位置上的逻辑"1"来激活。SHL_W 指令用于将输入 IN 的 0 ~ 15 位逐位向左移动。16 ~ 31 位不受影响。输入 N 用于指定移位的位数。若 N 大于 16，此命令会在输出 OUT 位置上写入 0，并将状态字中的 CC0 位和 OV 位设置为 0。将自右移入 N 个零，用以补上空出位的位置。可在输出 OUT 位置扫描移位指令的结果。如果 N 不等于 0，则 SHL_W 会将 CC0 位和 OV 位设为 0。

举例： 字左移指令移位过程示例。

采用 SHL_W（字左移）指令将 IN 中的数据向左移动 6 位的移位过程如图 8-6 所示。

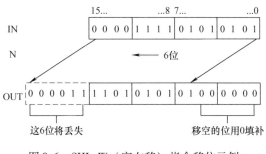

图8-6 SHL_W（字左移）指令移位示例

（4）SHR_W（字右移）

1）指令格式。SHR_W（字右移）指令的梯形图符号如图 8-7
所示。各端子的意义、数据类型及内存区域同 SHL_W（字左移）
指令。

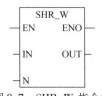

图8-7 SHR_W 指令的
梯形图符号

2）说明。SHR_W（字右移）指令通过使能（EN）输入位置上的逻辑"1"来激活。SHR_W 指令用于将输入 IN 的 0~15 位逐位向右移动，16~31 位不受影响。输入 N 用于指定移位的位数。若 N 大于 16，此命令会在输出 OUT 位置上写入 0，并将状态字中的 CC0 位和 OV 位设置为 0。将自左移入 N 个零，用以补上空出的位的位置。可在输出 OUT 位置扫描移位指令的结果。如果 N 不等于 0，则 SHR_W 会将 CC0 位和 OV 位设为 0。

举例： 字右移指令移位过程示例。

采用 SHR_W（字右移）指令将 IN 中的数据向右移动 6 位的移位过程如图 8-8 所示。

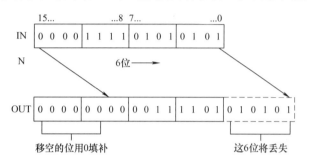

图 8-8 SHR_W（字右移）指令移位示例

（5）SHL_DW（双字左移）

1）指令格式。SHL_DW（双字左移）指令的梯形图符号如图 8-9 所示。其中，EN 为使能输入端，数据类型为 BOOL；ENO 为使能输出端，数据类型为 BOOL；IN 为要移位的值，数据类型为 DWORD；N 为要移动的位数，数据类型为 WORD；OUT 为移位指令的结果，数据类型为 DWORD。各端子的内存区域为 I、Q、M、L、D。

2）说明。SHL_DW（双字左移）指令通过使能（EN）输入位置上的逻辑"1"来激活。SHL_DW 指令用于将输入 IN 的 0~31 位逐位向左移动。输入 N 用于指定移位的位数。若 N 大于 32，此命令会在输出 OUT 位置上写入 0 并将状态字中的 CC0 位和 OV 位设置为 0。将自右移入 N 个零，用以补上空出位的位置。可在输出 OUT 位置扫描双字移位指令的结果。如果 N 不等于 0，则 SHL_DW 会将 CC0 位和 OV 位设为 0。

图 8-9 SHL_DW 指令的梯形图符号

举例： 双字左移指令移位过程示例。

采用 SHL_DW（双字左移）指令将 IN 中的数据向左移动 3 位的移位过程如图 8-10 所示。

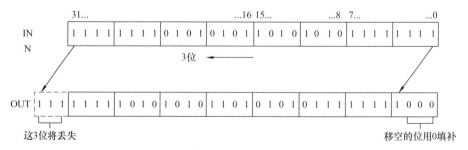

图 8-10 SHL_DW（双字左移）指令移位示例

（6）SHR_DW（双字右移）

1）指令格式。SHR_DW（双字右移）指令的梯形图符号如图 8-11 所示。各端子的意义、数据类型及内存区域同 SHL_DW（双字左移）指令。

2）说明。SHR_DW（双字右移）指令通过使能（EN）输入位置上的逻辑"1"来激活。SHR_DW 指令用于将输入 IN 的 0 ~ 31 位逐位向右移动。输入 N 用于指定移位的位数。若 N 大于 32，此命令会在输出 OUT 位置上写入 0，并将状态字中的 CC0 位和 OV 位设置为 0。将自左移入 N 个零，用以补上空出的位的位置。可在输出 OUT 位置扫描双字移位指令的结果。如果 N 不等于 0，则 SHR_DW 会将 CC0 位和 OV 位设为 0。

图 8-11 SHR_DW 指令的
梯形图符号

举例： 双字右移指令移位过程示例。

采用 SHR_DW（双字右移）指令将 IN 中的数据向右移动 3 位的移位过程如图 8-12 所示。

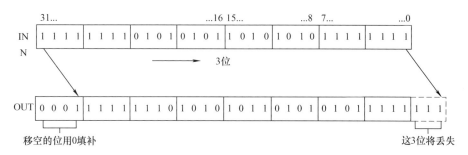

图 8-12 SHR_DW（双字右移）指令移位示例

2. 循环移位指令

使用循环移位指令可将输入 IN 的所有内容向左或向右逐位循环移位。移空的位将用被移出输入 IN 的位的信号状态补上。参数 N 提供的数值用以指定要循环移位的位数。依据具体的指令，循环移位将通过状态字的 CC1 位进行。状态字的 CC0 位被复位为 0。可使用的循环指令有 ROL_DW（双字左循环）和 ROR_DW（双字右循环）两条。

（1）ROL_DW（双字左循环）

1）指令格式。ROL_DW（双字左循环）指令的梯形图符号如图 8-13 所示。其中，EN 为使能输入端，数据类型为 BOOL；ENO 为使能输出端，数据类型为 BOOL；IN 为要循环移位的值，数据类型为 DWORD；N 为要循环移位的位数，数据类型为 WORD；OUT 为双字循环移位指令的结果，数据类型为 DWORD。各端子的内存区域均为 I、Q、M、L、D。

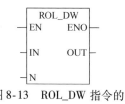

图 8-13 ROL_DW 指令的
梯形图符号

2）说明。ROL_DW（双字循环左移）指令通过使能（EN）输入位置上的逻辑"1"来激活。ROL_DW 指令用于将输入 IN 的全部内容逐位向左循环移位。输入 N 用于指定循环移位的位数。自右移入的位的位置将被赋予向左循环移出的各个位的逻辑状态。可在输出 OUT 位置扫描双字循环指令的结果。如果 N 不等于 0，则 ROL_DW 会将 CC0 位和 OV 位设为 0。

举例：双字循环左移指令移位过程示例。

采用 ROL_DW（双字循环左移）指令将 IN 中的数据向左移动 3 位的移位过程如图 8-14 所示。

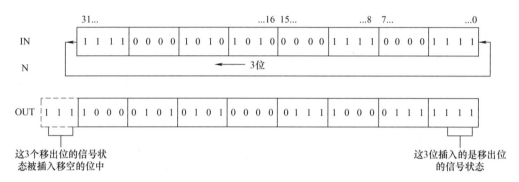

图 8-14 ROL_DW（双字循环左移）指令移位示例

（2）ROR_DW（双字右循环）

1）指令格式。ROR_DW（双字右循环）指令的梯形图符号如图 8-15 所示。各端子的意义、数据类型及内存区域同 ROL_DW（双字左循环）指令。

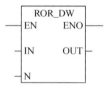

图 8-15 ROR_DW 指令的梯形图符号

2）说明。ROR_DW（双字右循环）指令通过使能（EN）输入位置上的逻辑"1"来激活。ROR_DW 指令用于将输入 IN 的全部内容逐位向右循环移位。输入 N 用于指定循环移位的位数。自左移入的位的位置将被赋予向右循环移出的各个位的逻辑状态。可在输出 OUT 位置扫描双字循环指令的结果。如果 N 不等于 0，则 ROR_DW 会将 CC0 位和 OV 位设为 0。

3. 移位指令应用实例

举例：用移位指令编写项目 5 中的音乐喷泉控制程序。

音乐喷泉的控制要求如任务 5.2 所描述，在此不再赘述。下面给出用移位指令实现的音乐喷泉的控制梯形图程序，如图 8-16 所示。

程序段 1 为典型的闪烁电路。程序段 2 中 I0.0 出现上升沿的瞬间，采用 MOVE 指令，将 MD0 的内容赋值为 1，即 M3.0 为 1。串联在程序段 2 中的 T0 的常开触点每隔 1s 出现一个上升沿，采用 SHL_DW 双字左移指令，MD0 的内容向左移动 1 位。则该"1"依次由 M3.0 这一位移位至 M3.1、M3.2、M3.3、…、M3.7、M2.0、M2.1、…、M2.7、M1.0、…。程序段 3 ~ 程序段 10 把相应的存储器位的常开触点串联在需要驱动的输出线圈上。音乐喷泉指示灯按要求闪亮一遍后，"1"所在的存储器位为 M1.1。若要循环，采用 M1.2 的常开触点，给 MD0 重新送 1，程序循环执行。

程序段 1：标题：

```
    I0.0          T1                    T0
    ┤├───┬────────┤/├────────────────(SD)─┤
         │                              S5T#500MS
         │         T0                    T1
         └────────┤├──────────────────(SD)─┤
                                        S5T#500MS
```

程序段 2：标题：

```
    I0.0       T0        M10.1    ┌─SHL_DW─┐
    ┤├─────────┤├────────(P)──────┤EN  ENO├───
                                  │        │
                            MD0 ──┤IN  OUT├─MD0
                                  │        │
                         W#16#1 ──┤N       │
                                  └────────┘
    M1.2      ┌─MOVE──┐
    ┤├────────┤EN  ENO├───
              │        │
          1 ──┤IN  OUT├─MD0
              └────────┘
    M10.0     ┌─MOVE──┐
    (P)───────┤EN  ENO├───
              │        │
          1 ──┤IN  OUT├─MD0
              └────────┘
```

程序段 3：标题：

```
    M3.0                            Q0.0
    ┤├──────────────────────────────( )─┤
    M2.0
    ┤├
    M2.4
    ┤├
    M2.7
    ┤├
    M1.1
    ┤├
```

程序段 4：标题：

```
    M3.1                            Q0.1
    ┤├──────────────────────────────( )─┤
    M2.0
    ┤├
    M2.4
    ┤├
    M2.7
    ┤├
    M1.1
    ┤├
```

程序段 5：标题：

```
    M3.2                            Q0.2
    ┤├──────────────────────────────( )─┤
    M2.1
    ┤├
    M2.4
    ┤├
    M2.7
    ┤├
    M1.1
    ┤├
```

程序段 6：标题：

```
    M3.3                            Q0.3
    ┤├──────────────────────────────( )─┤
    M2.1
    ┤├
    M2.5
    ┤├
    M2.7
    ┤├
    M1.1
    ┤├
```

程序段 7：标题：

```
    M3.4                            Q0.4
    ┤├──────────────────────────────( )─┤
    M2.2
    ┤├
    M2.5
    ┤├
    M1.0
    ┤├
    M1.1
    ┤├
```

程序段 8：标题：

```
    M3.5                            Q0.5
    ┤├──────────────────────────────( )─┤
    M2.2
    ┤├
    M2.5
    ┤├
    M1.0
    ┤├
    M1.1
    ┤├
```

程序段 9：标题：

```
    M3.6                            Q0.6
    ┤├──────────────────────────────( )─┤
    M2.3
    ┤├
    M2.6
    ┤├
    M1.0
    ┤├
    M1.1
    ┤├
```

程序段 10：标题：

```
    M3.7                            Q0.7
    ┤├──────────────────────────────( )─┤
    M2.3
    ┤├
    M2.6
    ┤├
    M1.0
    ┤├
    M1.1
    ┤├
```

程序段 11：标题：

```
    I0.0      ┌─MOVE──┐
    ┤/├───────┤EN  ENO├───────────────────
              │        │
          0 ──┤IN  OUT├─QB0
              └────────┘
```

图 8-16 采用移位指令编制的音乐喷泉控制梯形图程序

举例：彩灯控制。

当按下启动按钮时，彩灯 L1、L2 同时亮；再过 1s 后，L1 熄灭，L2 保持亮；再过 1s 后，L1、L2 同时灭；再过1s 后，L1 亮，L2 保持灭；再过1s 后，L1、L2 又同时亮，如此循环闪烁，直到按下停止按钮，彩灯工作终止。

（1）建立项目及编写符号表　建立名为“彩灯控制 2”的 PLC 项目，并编写符号表，如图 8-17 所示。

S7 程序(1) (符号) -- 彩灯控制2\SIMATIC 300 站点\CPU313C-2 DP(1)

	状态	符号	地址		数据类型	注释
1		L1	Q	0.0	BOOL	
2		L2	Q	0.1	BOOL	
3		启动	I	0.0	BOOL	
4		停止	I	0.1	BOOL	
5						

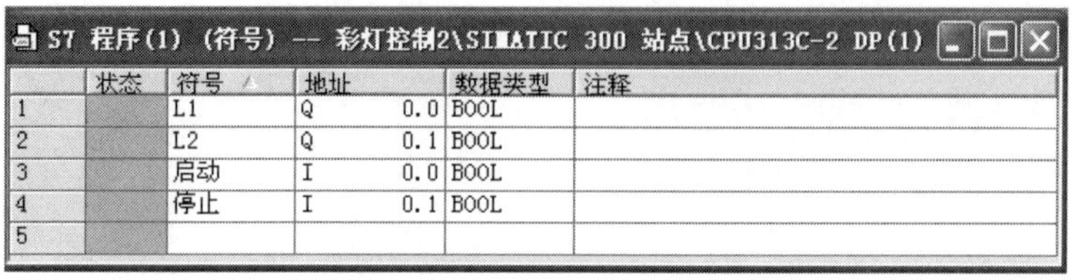

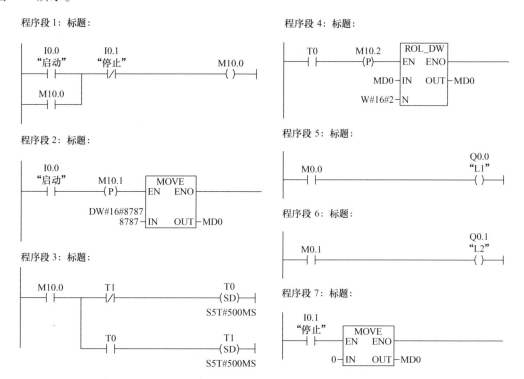

图 8-17　彩灯控制符号表

（2）软件程序设计　根据彩灯控制的要求，采用循环移位指令编写的梯形图程序如图 8-18所示。

图 8-18　采用循环移位指令编写的彩灯控制梯形图

该程序中，使用了 ROL_DW 双字左循环指令，每次左移 2 位。根据控制要求，启动按钮 I0.0 出现上升沿的瞬间，使用传送指令将 MD0 的初始值置为“87878787”，通过 M0.0 及 M0.1 的位状态控制 HL1、HL2 的亮灭；按下停止按钮 I0.1 时，MD0 的内容被清零。

8.1.2 其他数据处理指令及应用

1. 转换指令

转换指令将累加器 1 中的数据进行类型转换,转换的结果仍在累加器 1 中。能够实现的转换操作有:BCD 码和整数及长整数间的转换,实数和长整数间的转换,数的取反、取负等。

在 STEP 7 中,整数和长整数是以补码形式表示的。BCD 码数值有两种:一种是字(16位)格式的 BCD 码数,其数值范围为 $-999 \sim +999$;另一种是双字(32 位)格式的 BCD 码数,范围为 $-9999999 \sim +9999999$。

(1)BCD 码和整数间的转换

1)BTI 指令。BTI 指令将累加器 1 低字(节)中的 3 位 BCD 码转换为 16 位整数,装入累加器 1 的低字中 0~11 位。低字的最高位(15 位)为符号位。累加器 1 的高字及累加器 2 的内容不变。BTI 指令的梯形图符号如图 8-19 所示。

2)BTD 指令。BTD 指令将累加器 1 中的 7 位 BCD 码数转换为 32 位整数,装入累加器 1 中,最高位(31 位)为符号位。BTD 指令的梯形图符号如图 8-20 所示。

图 8-19 BTI 指令的梯形图符号   图 8-20 BTD 指令的梯形图符号

3)ITB 指令。ITB 指令将累加器 1 低字中的 16 位整数转换为 3 位 BCD 码数,16 位整数的范围是 $-999 \sim +999$。如果欲转换的数据超出范围,则有溢出发生,同时将 OV 和 OS 位置位。累加器 1 的低字中 0~11 位存放 3 位 BCD 码。12~15 位作为符号位,0000 表示正数,1111 表示负数。累加器 1 高字 16~31 位不变。ITB 指令的梯形图符号如图 8-21 所示。

4)ITD 指令。ITD 指令将累加器 1 低字中的 16 位整数转换为 32 位整数,16 位整数的范围是 $-999 \sim +999$。如果欲转换的数据超出范围,则有溢出发生,同时将 OV 和 OS 位置位。累加器 1 的低字中 0~11 位存放 3 位 BCD 码。12~15 位作为符号位,0000 表示正数,1111 表示负数。累加器 1 高字 16~31 位不变。ITD 指令的梯形图符号如图 8-22 所示。

图 8-21 ITB 指令的梯形图符号   图 8-22 ITD 指令的梯形图符号

5)DTB 指令。DTB 指令将累加器 1 中的 32 位整数转换为 7 位 BCD 码数,32 位整数的范围是 $-9999999 \sim +9999999$。如果欲转换的数据超出范围,则有溢出发生,同时将 OV 和 OS 位置位。累加器 1 中 0~27 位存放 BCD 码,28~31 位作为符号位。0000 表示正数,1111 表示负数。DTB 指令的梯形图符号如图 8-23 所示。

6)DTR 指令。DTR 指令将累加器 1 中的 32 位整数转换为 32 位浮点数(IEEE-FP)。DTR 指令的梯形图符号如图 8-24 所示。

（2）实数和长整数间的转换　实数和长整数间的转换如表 8-1 所示。

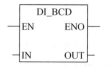

图 8-23　DTB 指令的梯形图符号

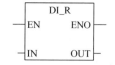

图 8-24　DTR 指令的梯形图符号

表 8-1　实数和长整数间的转换

指　令	说　明	指　令	说　明
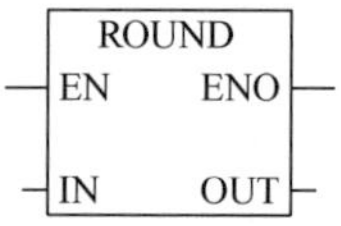 ROUND —EN　ENO— —IN　OUT—	将实数化整为最接近的整数	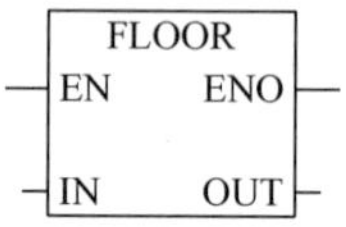 FLOOR —EN　ENO— —IN　OUT—	将实数化整为小于或等于该实数的最大整数
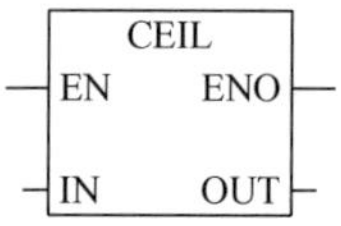 CEIL —EN　ENO— —IN　OUT—	将实数化整为大于或等于该实数的最小整数	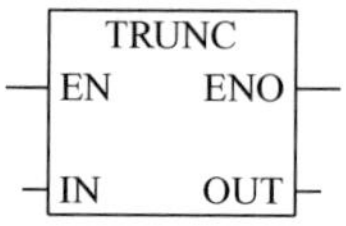 TRUNC —EN　ENO— —IN　OUT—	取实数的整数部分（截尾取整）

因为实数的数值范围远大于 32 位整数，所以有的实数不能成功地转换为 32 位整数。如果被转换的实数格式非法或超出了 32 位整数的表示范围，则在累加器 1 中将得不到有效结果，而且状态字中的 OV 和 OS 位被置 1。

上面的指令都是将累加器 1 中的实数化整为 32 位整数，因化整的规则不同，所以在累加器 1 中得到的结果也不一致。

（3）数的取反、取负　数的取反、取负指令如表 8-2 所示。

表 8-2　数的取反、取负

指　令	说　明	指　令	说　明
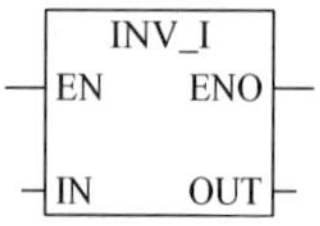 INV_I —EN　ENO— —IN　OUT—	对累加器 1 低字中的 16 位整数求反码	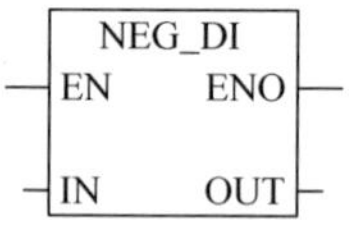 NEG_DI —EN　ENO— —IN　OUT—	对累加器 1 中的 32 位整数求补码，相当于乘 −1
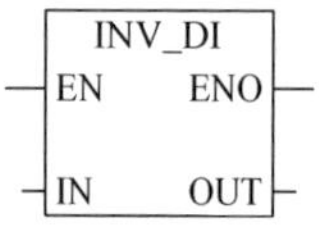 INV_DI —EN　ENO— —IN　OUT—	对累加器 1 中的 32 位整数求反码	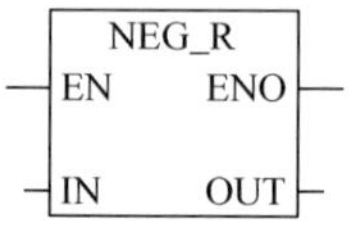 NEG_R —EN　ENO— —IN　OUT—	对累加器 1 中的 32 位实数的符号位求反码
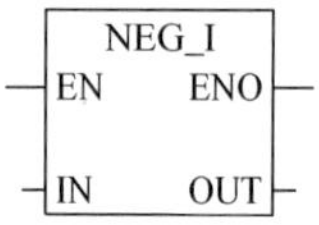 NEG_I —EN　ENO— —IN　OUT—	对累加器 1 低字中的 16 位整数求补码，相当于乘 −1		

对累加器中的数求反码，即逐位将 0 变为 1，1 变为 0。对累加器中的整数求补码，则逐位取反，再对累加器中的内容加 1。对一个整数求补码相当于对该数乘 −1。实数取反是将符号位取反。注意与计算机中反码、补码意义上的区别。

2. 字逻辑指令及应用

字逻辑指令按照布尔逻辑逐位比较字（16 位）和双字（32 位）。字逻辑指令的输出结果影响状态字。如果输出 OUT 的结果不等于 0，将把状态字的 CC1 位设置为 1。如果输出 OUT 的结果等于 0，将把状态字的 CC1 位设置为 0。

可以使用下列字逻辑指令：

WAND_W　（字）单字"与"运算　　　WOR_W　　（字）单字"或"运算
WXOR_W　（字）单字"异或"运算　　WAND_DW　（字）双字"与"运算
WOR_DW　（字）双字"或"运算　　　WXOR_DW　（字）双字"异或"运算

下面以 WAND_W 指令为例，讲解其梯形图符号、各端子意义及内存区域等。

（1）梯形图符号　WAND_W 指令的梯形图符号如图 8-25 所示。其中，EN 和 ENO 分别为使能输入和使能输出端，数据类型均为 BOOL；IN1 为逻辑运算的第一个值，数据类型为 WORD；IN2 为逻辑运算的第二个值，数据类型为 WORD；OUT 为逻辑运算的结果字，数据类型为 WORD。以上各端子的内存区域均为 I、Q、M、L、D。

（2）说明　使能（EN）输入的信号状态为"1"时将激活 WAND_W（字"与"运算），并逐位对 IN1 和 IN2 处的两个字的值进行"与"运算。按纯位模式来解释这些值，可以在输出 OUT 扫描结果。ENO 与 EN 的逻辑状态相同。

举例：WAND_W 运算指令应用示例。

WAND_W 运算指令应用示例如图 8-26 所示。如果 I0.0 为 1，则执行指令。在 MW0 的位中，只有位 0 ~ 3 是相关的，其余位被 IN2 字位屏蔽。如果执行了指令，则 Q4.0 为 1。

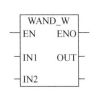

图 8-25　WAND_W 指令的梯形图符号

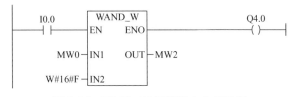

图 8-26　WAND_W 运算指令应用示例

比如：MW0 = 0101 0101 0101 0101
　　　IN2 = 0000 0000 0000 1111

结果：MW2 = 0000 0000 0000 0101

举例：加热烘箱的 PLC 控制。

加热烘箱操作示意图如图 8-27 所示。烘箱操作员通过按下启动按钮来启动烘箱加热。操作员可以使用图中所示的指轮开关设置加热时间。操作员设置的值以二进制编码十进制格式（BCD）显示秒数。

（1）I/O 分配　启动按钮为 I0.7（常开触点），个位指轮开关为 I1.0 ~ I1.3，十位指轮开关为 I1.4 ~ I1.7，百位指轮开关为 I0.0 ~ I0.3，加热启动为 Q4.0。

（2）梯形图程序　根据控制要求，所设计的梯形图程序如图 8-28 所示，仅供参考。

3. 主控指令及应用

（1）主控指令概述　主控指令用于控制继电器（Master Control Relay, MCR）区域内的指令是否被正常执行，相当于一个用来接通和断开"能流"的主令开关。主控继电器（MCR）包括：

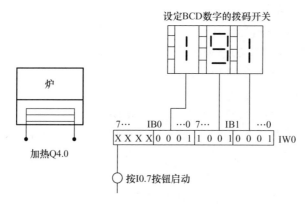

图 8-27　加热烘箱操作示意图

程序段 1：标题：

如果定时器正在运行，则打开加热器。

```
      T1                              Q4.0
   ──┤ ├─────────────────────────────( )──
```

程序段 2：标题：

如果定时器正在运行，则返回指令结束此处的处理。

```
      T1
   ──┤ ├─────────────────────────────(RET)──
```

程序段 3：标题：

屏蔽输入位I0.4～I0.7(将它们复位为0)。指轮开关输入的这些位未被使用。16位指轮开关输入根据(字)"与"运算指令与W#16#0FFF组合，结果载入存储器字MW1中。为了设置时间基准的秒数，预设值根据(字)"或"运算指令与W#16#2000组合，将位13设置为1，并将位12复位为0。

程序段 4：标题：

如果按下启动按钮，则将定时器T1作为扩展脉冲定时器启动，并作为预设值存储器字MW2装载(来自于上述逻辑)。

图 8-28　加热烘箱控制梯形图

MCRA　　　　　激活 MCR 区域

MCR <　　　　　在 MCR 堆栈中保存 RLO，开始 MCR

　>MCR　　　　结束 MCR

MCRD　　　　取消激活 MCR 区域

MCRA 为激活 MCR 区域，MCRD 为取消激活 MCR 区域。MCRA 和 MCRD 必须成对使用。程序中位于 MCRA 和 MCRD 之间的指令取决于 MCR 位的状态。在 MCRA-MCRD 序列外编程的指令不取决于 MCR 的位状态。

MCR < 为 MCR 区域开始，>MCR 为 MCR 区域结束。由 1 位宽、8 位深的堆栈控制 MCR。MCR < 和 >MCR 指令必须始终成对使用。

（2）受主控指令影响的相关指令　由下列位逻辑触发的指令和传送指令取决于 MCR：

= <位>；S <位>；R <位>；T <字节>、T <字>、T <双字>。

当 MCR 为 0 时，使用 T 指令将 0 写入存储器字节、字和双字中。S 和 R 指令保持现有数值不变。指令 =（赋值指令）在已寻址的位中写入 0。

举例：主控指令的应用示例。

主控指令的应用示例如图 8-29 所示。

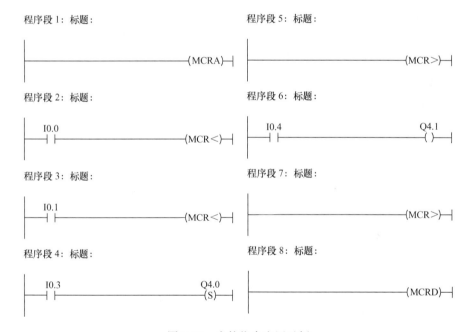

图 8-29　主控指令应用示例

MCRA 梯级激活 MCR 功能，然后可以创建至多 8 个嵌套 MCR 区域。在此实例中，有两个 MCR 区域。程序段 2 ~ 程序段 7 为 MCR 区 1，程序段 3 ~ 程序段 5 为 MCR 区 2。按如下描述执行该功能：

I0.0 = 1（区域 1 的 MCR 打开）——将 I0.4 的逻辑状态分配给 Q4.1；

I0.0 = 0（区域 1 的 MCR 关闭）——无论输入 I0.4 的逻辑状态如何，Q4.1 都为 0；

I0.1 = 1（区域 2 的 MCR 打开）——在 I0.3 为 1 时，Q4.0 为 1；

I0.1 = 0（区域 2 的 MCR 关闭）——无论 I0.3 的逻辑状态如何，Q4.0 都保持不变。

4. 跳转指令及应用

跳转指令是逻辑控制指令的一种。逻辑控制指令是指逻辑块内的跳转和循环指令。这些指令将中止程序原有的线性逻辑流，跳到另一处执行程序。跳转或循环指令的操作数是地址标号，该地址标号指出程序要跳往何处，标号最多为 4 个字符，第一个字符必须是字母，其余字符可为字母或数字。与它相同的标号还必须写在程序跳转的目的地前，称为目标地址标号。在一个逻辑块内，目标地址标号不能重名。在语句表中，目标标号与目标指令用冒号分隔。在梯形图中目标标号必须在一个网络的开始。由于 STEP 7 的跳转指令只能在逻辑块内跳转，所以，在不同逻辑块中的目标标号可以重名。

（1）无条件跳转指令　无条件跳转指令（JU）可以无条件中断正常的程序逻辑流，使程序跳转到目标处继续执行。

跳转表格指令（JL）实质上是多路分支跳转语句，它必须与无条件跳转指令一起使用。多路分支的路径参数存放于累加器 1 中。

无条件跳转指令的梯形图符号如图 8-30 所示，它直接连到最左边母线，否则将变成条件跳转指令。"???"处为地址标号。

（2）条件跳转指令　条件跳转指令是根据运算结果 RLO 的值，或根据状态字各标志位的状态改变线性程序扫描。常用的条件跳转指令有 JC 和 JCN 两种。JC 指令是当 RLO 为"1"时跳转，JCN 指令是当 RLO 为"0"时跳转。其梯形图指令的左边必须有信号，否则就变为无条件跳转指令。

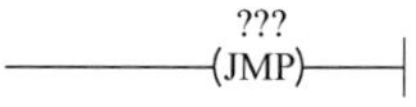

```
              ???
         ————(JMP)——|
```
图 8-30　无条件跳转指令的梯形图符号

判断运算结果是"正"还是"负"的依据是状态字中的条件码（CC1 和 CC0）。

举例：试用跳转指令设计电动机正反转的"自动/手动"程序。要求电动机在自动正反转时，正反转时间都为 50s。

说明：在工程实际中，手动程序（手动档）一般用于现场设备检修，自动程序（自动档）则用于正常的自动生产。另外，设计时要考虑过载故障报警的显示。

（1）建立项目及编写符号表　建立名为"电动机正反转自动/手动"的 PLC 项目，并编辑符号表，如图 8-31 所示。其中，I0.0 闭合为手动档，FR 为热继电器的常闭触点，I0.2 为停车-手动按钮常闭触点，I0.3 为正起-手动按钮常开触点，I0.4 为反起-手动按钮常开触点，I0.5 为停车-自动按钮常闭触点，I0.6 为起动-自动按钮常开触点。

	状态	符号	地址		数据类型	注释
1		FR	I	0.1	BOOL	
2		KM1线圈	Q	4.0	BOOL	
3		KM2线圈	Q	4.1	BOOL	
4		反起-手动	I	0.4	BOOL	
5		过载故障报警指示	Q	4.2	BOOL	
6		起动-自动	I	0.6	BOOL	
7		停车-手动	I	0.2	BOOL	
8		停车-自动	I	0.5	BOOL	
9		正启-手动	I	0.3	BOOL	
10		自动、手动-I0.0	I	0.0	BOOL	
11						

S7 程序(1) (符号) -- 电动机正反转自动、手动\SIMATIC 300(1)\CPU 313-2 DP

图 8-31　"电动机正反转的自动/手动"控制符号表

（2）梯形图程序　电动机正反转的"自动/手动"控制梯形图程序如图8-32所示。若I0.0断开，则程序自动跳转到程序段4，实现电动机的正反转自动控制，手动控制无效。若I0.0闭合，则执行手动控制程序。

程序段1：I0.0闭合为手动档

```
    I0.0
  "自动、手
   动—I0.0"                              AUTO
    —|/|—                               —(JMP)—
```

程序段2：手动程序——正转

```
    I0.3        I0.4                   I0.2
   "正起-      "反起-       I0.1      "停车-      Q4.1       Q4.0
    手动"       手动"       "FR"      手动"     "KM2线圈"   "KM1线圈"
    —| |——————|/|————————| |————————| |————————|/|————————( )—
    Q4.0
  "KM1线圈"
    —| |—
```

程序段3：手动程序——反转

```
    I0.4        I0.3                   I0.2
   "反起-      "正起-       I0.1      "停车-      Q4.0       Q4.1
    手动"       手动"       "FR"      手动"     "KM1线圈"   "KM2线圈"
    —| |——————|/|————————| |————————| |————————|/|————————( )—
    Q4.1
  "KM2线圈"
    —| |—
```

程序段4：I0.0断开为自动档

```
  ┌──────────┐
  │  AUTO    │
  └──────────┘

    I0.0
  "自动、手
   动—I0.0"                              ALAR
    —| |—                               —(JMP)—
```

程序段5：自动程序——正转

```
    I0.6                    I0.5
   "起动-       I0.1       "停车-       Q4.1                      Q4.0
    自动"       "FR"        自动"      "KM2线圈"        T1       "KM1线圈"
    —| |————————| |————————| |————————|/|——————————|/|————————( )—
    T2                                            T1
    —| |—                                        —(SD)—
    Q4.0                                          S5T#50S
  "KM1线圈"
    —| |—
```

图8-32　电动机正反转的"自动/手动"控制梯形图程序

程序段 6: 自动程序——反转

程序段 7: 过载报警

图 8-32　电动机正反转的"自动/手动"控制梯形图程序（续）

任务 8.2　设计与调试装配流水线控制程序

【提出任务】

装配流水线的模拟工作示意图如图 8-33 所示。系统中的操作工位 A、B、C，运料工位 D、E、F、G 及仓库操作工位 H 能对工件进行循环处理。总体控制要求如下：

1）闭合"起动"开关，工件经过传送工位 D 送至操作工位 A，在此工位完成加工后再由传送工位 E 送至操作工位 B……，依次传送及加工，直至工件被送至仓库操作工位 H，由该工位完成对工件的入库操作，循环处理。循环规律如下：D-A-E-F-G-D-E-B-F-G-D-E-F-C-G-H。

2）断开"起动"开关，系统加工完最后一个工件入库后，自动停止工作。

3）按"复位"键，无论此时工件位于任何工位，系统均能复位至起始状态，即工件又重新开始从传送工位 D 处运送并加工。

4）按"移位"键，无论此时工件位于任何工位，系统均能进入单步移位状态，即每按一次"移位"键，工件前进一个工位。

请设计该装配流水线控制系统程序。

【分析任务】

为明确思路，给出系统程序流程图，如图 8-34 所示。该程序流程图有选择性分支，若按下"移位"键（单步），则执行单步控制程序。若没有按下"移位"键（单步）且没有按下"复位"键，则执行自动控制程序。若按下"复位"键，则在完成本周期后，自动停止工作。

设计时应重点考虑解决以下四方面的问题：

自动移位、单步移位、复位处理和起动按钮松开后的处理过程。

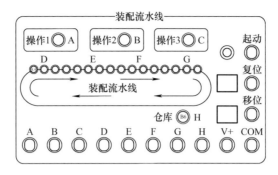

图 8-33 装配流水线的工作示意图

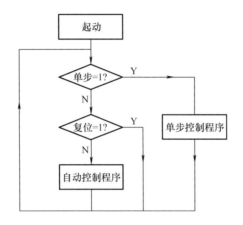

图 8-34 装配流水线控制系统程序流程图

【解答任务】

1. 硬件设计

（1）硬件 I/O 接线 根据装配流水线的控制要求，该控制系统共有输入信号 3 点，输出信号 8 点。输入元件接入的均是常开触点。其硬件 I/O 接线图如图 8-35 所示。

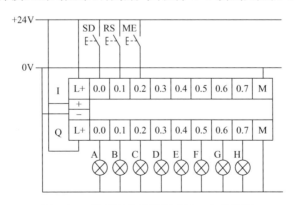

图 8-35 装配流水线控制系统 I/O 接线图

（2）建立项目及编写符号表 建立名为"装配流水线"的 PLC 项目，并编制符号表，如图 8-36 所示。

S7 程序(1) (符号) -- 装配流水线\SIMATIC 300 站点\CPU313C-2 DP(1)

	状态	符号	地址		数据类型	注释
1		单步移位按钮ME	I	0.2	BOOL	
2		复位按钮RS	I	0.1	BOOL	
3		工位A	Q	0.0	BOOL	
4		工位B	Q	0.1	BOOL	
5		工位C	Q	0.2	BOOL	
6		工位D	Q	0.3	BOOL	
7		工位E	Q	0.4	BOOL	
8		工位F	Q	0.5	BOOL	
9		工位G	Q	0.6	BOOL	
10		工位H	Q	0.7	BOOL	
11		起动按钮SD	I	0.0	BOOL	
12						

图 8-36　装配流水线控制系统符号表

2. 软件程序设计

根据装配流水线的控制要求，编制其梯形图程序，如图 8-37 所示。

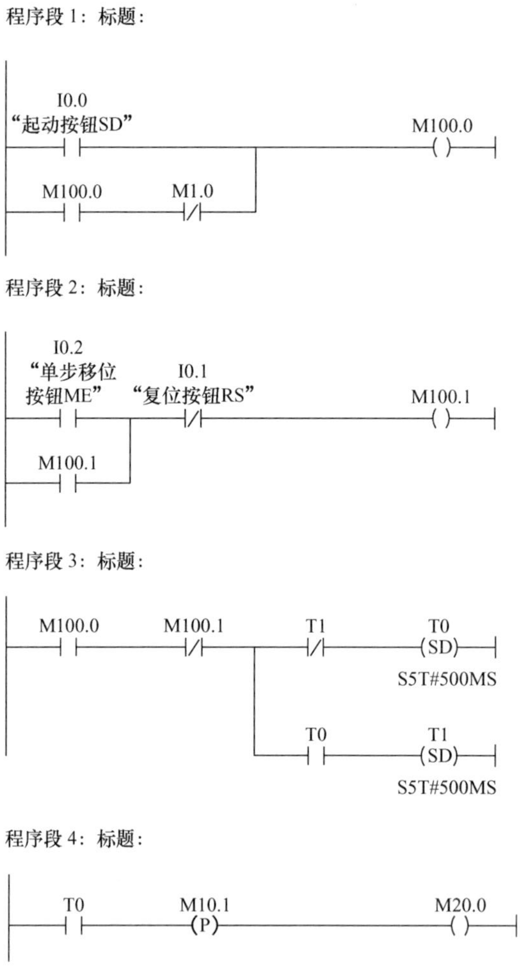

图 8-37　装配流水线控制系统梯形图程序

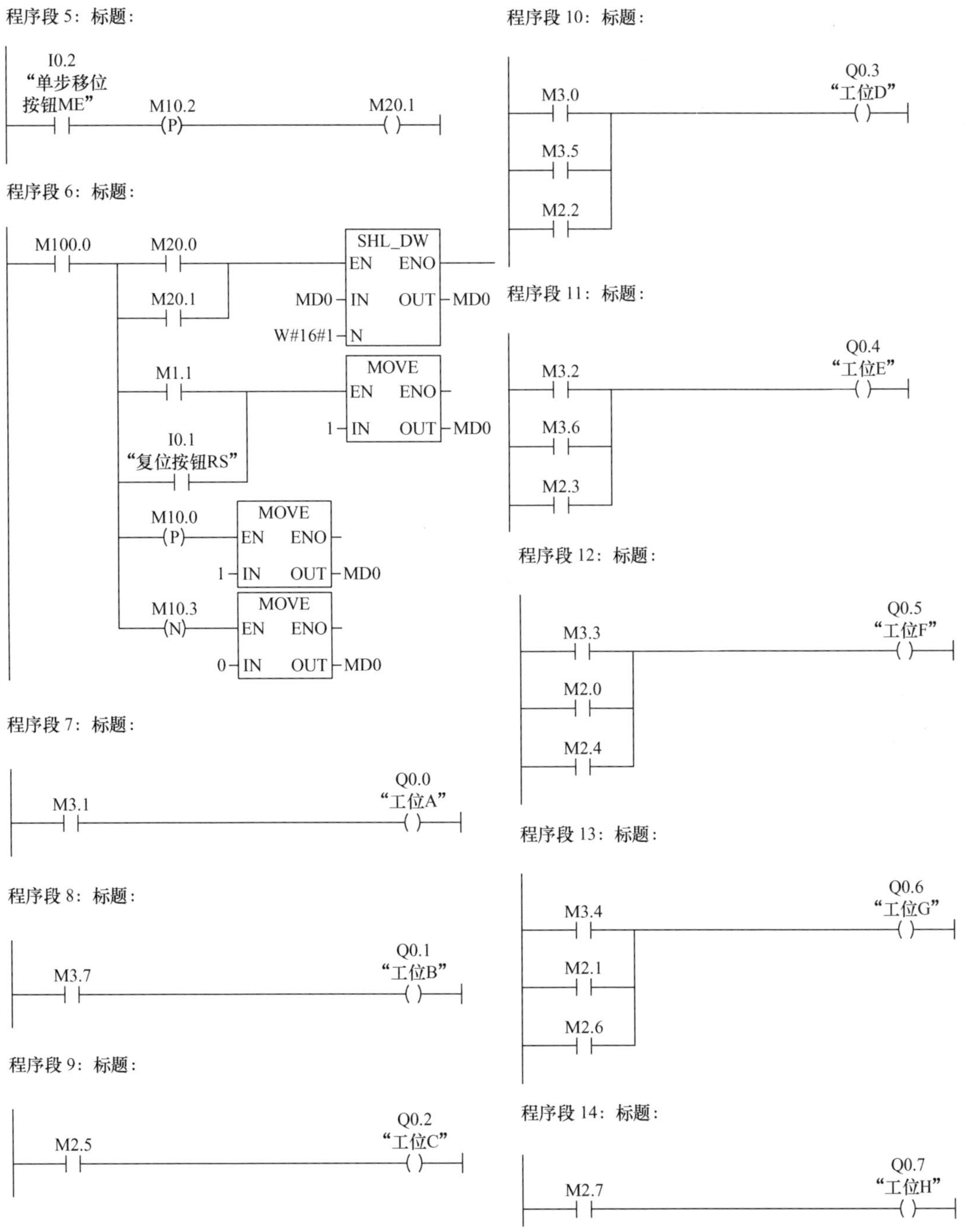

程序段 5：标题：

I0.2
"单步移位
按钮ME"　　　　M10.2　　　　　　　　　　M20.1
├─┤├─────────(P)──────────────────( )─┤

程序段 6：标题：

M100.0　　M20.0　　　　　　　SHL_DW
├─┤├───┬─┤├──────────────┤EN　　ENO├──
　　　　│　　M20.1　　　　MD0─┤IN　　OUT├─MD0
　　　　└─┤├────────
　　　　　　　　　　　　W#16#1─┤N

　　　　　M1.1　　　　　　　MOVE
　　　　├─┤├────────┤EN　　ENO├
　　　　│　　　　　　　1─┤IN　　OUT├─MD0
　　　　I0.1
　　　　"复位按钮RS"

　　　　M10.0　　MOVE
　　　├─(P)──┤EN　　ENO├
　　　│　　　1─┤IN　　OUT├─MD0
　　　　M10.3　　MOVE
　　　└─(N)──┤EN　　ENO├
　　　　　　　0─┤IN　　OUT├─MD0

程序段 7：标题：

　　　　　　　　　　　　　Q0.0
M3.1　　　　　　　　　　"工位A"
├─┤├─────────────────( )─┤

程序段 8：标题：

　　　　　　　　　　　　　Q0.1
M3.7　　　　　　　　　　"工位B"
├─┤├─────────────────( )─┤

程序段 9：标题：

　　　　　　　　　　　　　Q0.2
M2.5　　　　　　　　　　"工位C"
├─┤├─────────────────( )─┤

程序段 10：标题：

　　　　　　　　　　　　　Q0.3
M3.0　　　　　　　　　　"工位D"
├─┤├─────────────────( )─┤
M3.5
├─┤├
M2.2
├─┤├

程序段 11：标题：

　　　　　　　　　　　　　Q0.4
M3.2　　　　　　　　　　"工位E"
├─┤├─────────────────( )─┤
M3.6
├─┤├
M2.3
├─┤├

程序段 12：标题：

　　　　　　　　　　　　　Q0.5
M3.3　　　　　　　　　　"工位F"
├─┤├─────────────────( )─┤
M2.0
├─┤├
M2.4
├─┤├

程序段 13：标题：

　　　　　　　　　　　　　Q0.6
M3.4　　　　　　　　　　"工位G"
├─┤├─────────────────( )─┤
M2.1
├─┤├
M2.6
├─┤├

程序段 14：标题：

　　　　　　　　　　　　　Q0.7
M2.7　　　　　　　　　　"工位H"
├─┤├─────────────────( )─┤

图 8-37　装配流水线控制系统梯形图程序（续）

（1）自动移位　按下起动按钮 SD，I0.0 接通，采用 M100.0 进行自锁。起动瞬间，给
MD0 送 "1"。若此时未按下单步移位按钮 ME（I0.2），则执行自动移位程序。程序段 3 为
常用的闪烁电路形式，T0 的常开触点以接通 0.5s、断开 0.5s 的频率不断接通和断开，并把
此信号存储在中间继电器 M20.0 中，则 T0 的常开触点每次出现上升沿时，M20.0 就获得一
个信号，并将此信号送给双字左移指令，实现自动左移 1 位的功能。M2.7 为最后工作步，

利用 M1.1 的常开触点重新给 MD0 送"1",以实现循环,也即工件入库后,过 1s,自动从工位 D 重新开始执行。

(2) 单步移位 若按下了单步移位按钮 ME,则 I0.2 接通,当 I0.2 出现上升沿时,将此信号存储在中间继电器 M20.1 中,那么每按一下 ME 按钮,I0.2 就会出现一个上升沿,双字左移指令就会执行一次,实现了手动移位功能。

(3) 复位处理 若正在执行自动移位程序,此时按下了复位按钮 RS,则重新给 MD0 送"1",即程序又从头开始执行,无论工件此时处于任何工位,系统均能复位至起始状态,即工件又重新开始从传送工位 D 处开始运送并加工,符合控制要求。

(4) 起动按钮松开后的处理过程 起动按钮松开后,系统并不立即停止工作,而是在加工完最后一个工件入库后,才自动停止工作。解决这个问题的方法是:M2.7 为最后工作步,则下一步将移位至 M1.0,所以将 M1.0 的常闭触点串联在起动的自锁控制回路里,如程序段 1 所示,则 I0.0 在断开后,在加工完最后一个工件入库后,M1.0 得电,其常闭触点断开,系统自动停止工作。

 思考与练习

1. 试编写用 PLC 控制 3 个霓虹灯闪烁的程序。工作要求如下:

首先 A 灯亮;1s 后 A 灯灭,B 灯亮;再过 1s 后 B 灯灭,C 灯亮;再过 1s 后 C 灯灭;再过 1s 后,A、B、C 三灯全亮;再过 1s 后,A、B、C 三灯全灭;再过 1s 后,A、B、C 三灯全亮;再过 1s 后,A、B、C 三灯全灭。然后重复循环以上 8 步。

要求用一个开关控制,当它闭合时霓虹灯工作,断开时停止工作。

2. 依次按 8 次按钮 I0.1 时,8 盏指示灯依次亮,再依次按 8 次按钮 I0.1 时,8 盏指示灯依次灭,按 I0.0 开始新的循环操作,任何时候按 I0.2 时所有的灯灭。

3. 某自动生产线上,使用有轨小车来运转工序之间的物件,小车的驱动采用电动机拖动,其行驶示意图如图 8-38 所示。

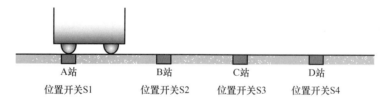

图 8-38 有轨小车行驶示意图

控制过程如下:

(1) 小车从 A 站出发驶向 B 站,抵达后,立即返回 A 站。

(2) 接着直向 C 站驶去,到达后立即返回 A 站。

(3) 第三次出发一直驶向 D 站,到达后返回 A 站。

(4) 必要时,小车按上述要求出发三次为一个周期,运行一个周期后能停下来。

(5) 根据需要,小车能重复上述过程,不停地运行下去,直到按下停止按钮为止。

要求:按 PLC 控制系统设计的步骤进行完整的设计。

▶ 项目 9

液体混合装置控制设计与调试

本项目主要介绍 S7 用户程序结构及各种块的生成与调用，结合具体应用实例，详细介绍了功能（FC）、功能块（FB）、组织块（OB）和数据块（DB）的编辑与使用方法。最后应用块结构的编程方法完成液体混合装置控制设计与调试。

 项目目标

1. 理解 S7 用户程序结构及各种块的功能。
2. 理解块的生成和调用的基本方法。
3. 能独立完成液体混合装置控制系统设计与调试。

任务 9.1   认识用户程序的基本结构

【提出任务】

STEP 7 中有哪些逻辑块？各个逻辑块有什么作用？使用逻辑块的编程方法实现的程序设计有什么特点和优势？

【分析任务】

要理解 STEP 7 中的逻辑块，首先要了解 S7 CPU 中的程序。S7 CPU 原则上运行两种不同的程序：操作系统和用户程序。

（1）操作系统   每个 S7 系列 PLC 的 CPU 都固化有集成的操作系统，它提供了一套系统运行和调度的机制，用于组织与特定控制任务无关的所有 CPU 功能。通过修改操作系统参数（操作系统默认设置），可以在某些区域影响 CPU 响应。操作系统主要完成的任务包括处理重启（暖启动和热启动）；更新输入的过程映像表，并刷新输出的过程映像表；调用用户程序；采集中断信息，调用中断 OB；识别错误并进行错误处理；管理存储区域；与编程设备和其他通信伙伴进行通信。

（2）用户程序   用户程序是用户为处理特定自动化任务而创建的程序，并将其下载到 CPU 中。用户程序需要完成的任务包括：确定 CPU 的重启（热启动）和热重启条件（例如用特定值初始化信号）；处理过程数据（例如产生二进制信号的逻辑连接、获取并评估模拟量信号、指定用于输出的二进制信号、输出模拟值）；响应中断；处理正常程序周期中的干扰。

STEP 7 编程软件允许使用者构造用户程序，即将程序分成单个、独立的程序段。这具有以下优点：

1）大程序更易于理解。

2）可以标准化单个程序段。

3）简化程序组织。

4）更易于修改程序。

5）可测试单个程序段，从而简化调试。

6）系统调试变得更简单。

合理使用用户程序中的块可以构造不同的程序结构，达到程序优化的目的。

【解答任务】

9.1.1 用户程序中的块

用户程序和所需的数据放置在块中，OB、FB、FC、SFB 和 SFC 都是程序的块，它们称为逻辑块。程序运行时所需的数据和变量存储在数据块中。用户程序中的块如表 9-1 所示。逻辑块类似于子程序，使程序部件标准化，用户程序结构化，可以简化程序组织，使程序易于修改、查错和调试。块结构显著地增加了 PLC 程序的组织透明性、可理解性和易维护性。

表 9-1　用户程序中的块

块的类型		简要描述
逻辑块	组织块（OB）	操作系统与用户程序的接口，决定用户程序的结构
	系统功能块（SFB）	集成在 CPU 模块中，通过 SFB 调用一些重要的系统功能，有存储区
	系统功能（SFC）	集成在 CPU 模块中，通过 SFC 调用一些重要的系统功能，无存储区
	功能块（FB）	用户编写的可经常被调用的子程序，有存储区
	功能（FC）	用户编写的可经常被调用的子程序，无存储区
数据块	背景数据块（DI）	调用 FB 和 SFB 时用于传递参数的数据块，在编译过程中自动生成数据
	共享数据块（DB）	存储用户数据的数据区域，供所有的块共享

1. 组织块（OB）

组织块（OB）是操作系统与用户程序的接口，由操作系统调用，用于控制扫描循环和中断程序的执行、PLC 的启动和错误处理等，有的 CPU 只能使用部分组织块。

（1）OB1　OB1 用于循环处理，是用户程序中的主程序。操作系统在每一次循环中调用一次 OB1。

（2）事件中断处理　如果出现一个中断事件，例如时间中断、硬件中断和错误处理中断等，当前正在执行的块在当前语句执行完后被停止执行（被中断），操作系统将会调用一个分配给该事件的组织块。该组织块执行完后，被中断的块将从断点处继续执行。

部分用户程序可以不必在每次循环中处理，而是在需要时才被及时地处理。处理中断事件的程序放在该事件驱动的 OB 中。

（3）中断的优先级　OB 按触发事件分为几个级别，这些级别有不同的优先级，高优先级的 OB 可以中断低优先级的 OB。当 OB 启动时，用它的临时局部变量提供触发它的初始化启动事件的详细信息，这些信息可以在用户程序中使用。各组织块在本项目任务 9.5 中有详细介绍。

2. 临时局域数据

生成逻辑块（OB、FC、FB）时可以声明临时局域数据，这些数据是临时的。局域（Local）数据只能在生成它们的逻辑块内使用。所有的逻辑块都可以使用共享数据块中的共享数据。

3. 功能（FC）

功能是用户编写的没有固定存储区的块，其临时变量存储在局域数据堆栈中，功能执行结束后，这些数据就丢失了。用共享数据区来存储那些在功能执行结束后需要保存的数据。

4. 功能块（FB）

功能块是用户编写的有自己的存储区（背景数据块）的块，每次调用功能块时需要提供各种类型的数据给功能块，功能块也要返回变量给调用它的块。这些数据以静态变量（STAT）的形式存放在指定的背景数据块（DI）中，临时变量 TEMP 存储在局域数据堆栈中。

5. 数据块（DB）

数据块是用于存放执行用户程序时所需的变量数据的数据区。数据块中没有 STEP 7 的指令，STEP 7 按数据生成的顺序自动为数据块中的变量分配地址。数据块分为共享数据块（Share Data Block）和背景数据块（Instance Data Block）。

6. 系统功能块 SFB 和系统功能 SFC

系统功能块和系统功能是为用户提供的已经编好程序的块，可以调用不能修改。它们作为操作系统的一部分，不占用户程序空间。SFB 有存储功能，其变量保存在指定给它的背景数据块中。SFC 没有存储功能。

9.1.2　用户程序使用的堆栈

堆栈是 CPU 中的一块特殊的存储区，它采用"先入后出"的规则存入和取出数据。堆栈的操作如图 9-1 所示。堆栈的最上面的存储单元称为栈顶，要保存的数据从栈顶"压入"堆栈时，堆栈中原有的数据依次向下移动一个位置，最下面的存储单元的数据丢失。在取出栈顶的数据后，堆栈中所有的数据依次向上移动一个位置。堆栈的这种"先入后出"的存取顺序，刚好满足块调用时存储和取出数据的要求，因此堆栈在计算机的程序设计中得到了广泛的应用。STEP 7 中有下面三种不同的堆栈。

1. 局域数据堆栈（L）

局域数据堆栈用来存储块的局域数据区的临时变量、组织块的启动信息、块传递参数的信息和梯形图程序的中间结果。可以按位、字节、字和双字来存取，例如 L0.0、LB9、LW4 和 LD52。各逻辑块均有自己的局部变量表，局部变量仅在它被创建的逻辑块中有效，如图 9-2 所示。

2. 块堆栈（B 堆栈）

如果一个块的处理因为调用另外一个块，或者被更高优先级的 OB 块中止，CPU 将在块堆栈中存储信息，包括存储被中断的块的类型、编号和返回地址，从 DB 和 DI 寄存器中获得的块被中断时打开的共享数据块和背景数据块的编号，局域数据堆栈的指针，如图 9-2 所示。

利用这些数据，可以在中断它的任务处理完后恢复被中断的块的处理。在多重调用时，堆栈可以保持参与嵌套调用的几个块的信息。

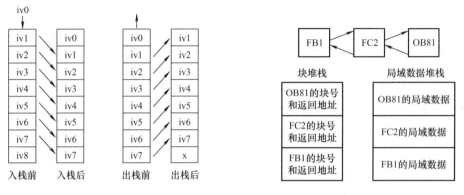

图 9-1　堆栈的操作　　　　　　图 9-2　块堆栈和局域数据堆栈

3. 中断堆栈（I 堆栈）

如果程序的执行被优先级更高的 OB 中断，操作系统将保存下述寄存器的内容：当前的累加器和地址寄存器的内容、数据块寄存器 DB 和 DI 的内容、局域数据的指针、状态字、MCR（主控继电器）寄存器和 B 堆栈的指针。

新的 OB 执行完后，操作系统读取中断堆栈中的信息，从被中断的块被中断的地方开始继续执行程序。

9.1.3　用户程序结构

1. 线性程序

线性程序也称为线性编程。所谓线性程序结构，就是将整个用户程序连续放置在一个循环组织块（OB1）中，块中的程序按顺序执行，CPU 通过反复执行 OB1 来实现自动化控制任务。这种结构和 PLC 所代替的硬接线继电器控制类似，CPU 逐条地处理指令。事实上所有的程序都可以用线性结构实现，不过，线性结构一般适用于相对简单的程序编写。

2. 分部式程序

分部式程序也称为分部编程或分块编程。所谓分部式程序，就是将整个程序按任务分成若干个部分，并分别放置在不同的功能（FC）、功能块（FB）及组织块中，在一个块中可以进一步分解成段。在组织块 OB1 中包含按顺序调用其他块的指令，并控制程序执行。

在分部式程序中，既无数据交换，也不存在重复利用的程序代码。功能（FC）和功能块（FB）不传递也不接收参数。分部式程序结构的编程效率比线性程序有所提高，程序测试也较方便，对程序员的要求也不太高。对不太复杂的控制程序可考虑采用这种程序结构。

3. 结构化程序

结构化程序又称为结构化编程或模块化编程。所谓结构化程序，就是处理复杂自动化控制任务的过程中，为了使任务更易于控制，常把过程要求类似或相关的功能进行分类，分割为可用于几个任务的通用解决方案的小任务，这些小任务以相应的程序段表示，称为块（FC 或 FB）。OB1 通过调用这些程序块来完成整个自动化控制任务。

结构化程序的特点是每个块（FC 或 FB）在 OB1 中可能会被多次调用，以完成具有相同过程工艺要求的不同控制对象。这种结构可简化程序设计过程、减小代码长度、提高编程效率，比较适合于较复杂自动化控制任务的设计。

根据处理的需要，用户程序可以由不同的块构成，各种块的调用关系如图9-3所示。

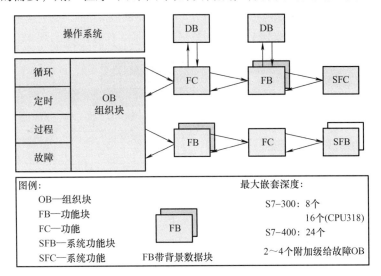

图9-3　各种块的调用关系

块的创建顺序为：FC→FB及其背景数据块DB→OB，被调用的块必须是已经存在的，只有这样，它才可以被调用。

任务9.2　学习功能的生成与调用

【提出任务】

使用调用功能的方法实现电动机直接起动单向旋转（自锁）的控制。

【分析任务】

如果程序块不需要保存它自己的数据，可以用功能FC来编程。与功能块FB相比较，FC不需要配套的背景数据块。

功能FC有无参功能（FC）和有参功能（FC）两种。所谓无参功能（FC），是指在编辑功能（FC）时，在局部变量声明表不进行形式参数的定义，在功能（FC）中直接使用绝对地址完成控制程序的编程。这种方式一般应用于分部式结构的程序编写，每个功能（FC）实现整个控制任务的一部分，不重复调用。

所谓有参功能（FC），是指编辑功能（FC）时，在局部变量声明表内定义了形式参数，在功能（FC）中使用了虚拟的符号地址完成控制程序的编程，以便在其他块中能重复调用有参功能（FC）。这种方式一般应用于结构化程序编写。

下面将按照调用有参功能（FC）的方法完成本任务，同时介绍局部变量的定义、"形参"和"实参"的使用。

【解答任务】

9.2.1　编辑功能FC1

1. 生成功能

新建"电动机起停FC"的项目，CPU为313C-2DP。

执行 SIMATIC 管理器的菜单命令"插入"→"S7 块"→"功能",在弹出的"属性-功能"对话框中,默认的"名称"为"FC1",设置"创建语言"为"LAD"(梯形图),如图 9-4 所示。单击"确定"按钮后,在 SIMATIC 管理器右边窗口出现 FC1。

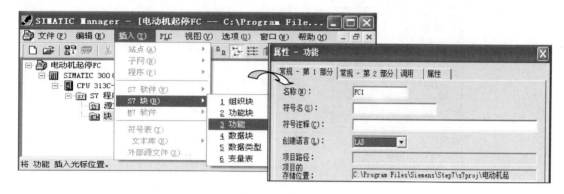

图 9-4 生成功能

2. 在变量声明表中定义局部变量

双击 FC1 将其打开,将光标放在程序区最上面的分隔条上,按住左键,往下拉动分隔条,可以看到分隔条上面是功能 FC 的变量声明表,下面是程序区,左边是指令列表和库,如图 9-5 所示。不管怎么拉动分隔条,变量声明表都是一直存在的。

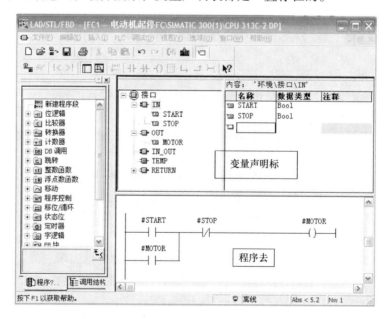

图 9-5 FC1 变量声明表及程序编辑器

(1)局部变量声明表 在变量表中声明(即定义)局部变量,局部变量只能在它所在的块中使用。块的局部变量名必须以英文字母开始,只能由字母、数字和下划线组成,不能使用汉字。由图 9-5 可知,功能 FC 有 IN、OUT、IN_OUT、TEMP 和 RETURN 五种局部变量,而功能块 FB 则有 IN、OUT、IN_OUT、TEMP 和 STAT 五种局部变量,具体如下:

1)IN(输入变量):由调用它的块提供的输入参数。

2）OUT（输出变量）：返回给调用它的块的输出参数。

3）IN_OUT（输入_输出参数）：初值由调用它的块提供，被子程序修改后返回给调用它的块。

4）TEMP（临时变量）：暂时保存在局域数据堆栈中的变量。只在执行块时使用临时数据，执行完后，不再保存临时数据的数值，它可能被别的数据覆盖。

5）RETURN 中的 RET_VAL（返回值），属于输出参数。

6）START（静态变量）：在功能块的背景数据块中使用。关闭功能块后，其静态数据保持不变。功能（FC）没有静态变量。

（2）生成局部数据　选中变量声明表左边窗口中的"IN"，在变量声明表中定义参数名称"START"和"STOP"两个输入变量；选中变量声明表左边窗口中的"OUT"，在变量声明表中定义参数名称"MOTOR"的输出变量。生成的变量符号名称、数据类型、声明变量类型和注释如表9-2所示。

表9-2　FC1 的变量声明表

变量符号名称	数 据 类 型	声明变量类型	注　　释
START	BOOL	IN	起动按钮
STOP	BOOL	IN	停止按钮
MOTOR	BOOL	OUT	电动机

在变量声明表中赋值时，不需要指定存储器地址。根据各变量的数据类型，程序编辑器自动为所有局部变量指定存储器地址。

3. 编写功能 FC1 中的程序

在 FC1 中的程序区添加触点和线圈，构成"起保停"电路，在地址区，要输入变量声明表中的符号名称。在引用局部变量时，如果在块的变量声明表中有这个符号名，STEP 7 自动在局部变量名之前加一"#"号。在第一行常开触点地址位置直接输入"START"，按回车，则显示"#START"，也可以在常开触点位置单击鼠标右键，然后单击"插入符号"命令添加变量声明表中的符号，依次添加程序的地址为已经定义的变量名称。完成的 FC 中的程序如图9-6所示。

图9-6　FC1 程序

完成程序编写后，单击工具栏的 🖫 按钮保存 FC1 程序。

9.2.2　调用 FC1 和程序仿真

1. 在 OB1 中调用功能 FC1

双击 SIMATIC 管理器中的 OB1，打开程序编辑器左边"总览"窗口中的文件夹 FC 块，将其中的 FC1 拖放到右边程序区的电源线上。FC1 方框中左边的 "START" 等是变量声明表中已经定义的输入参数，右边的 "MOTOR" 是输出参数。它们被称为 FC 的形式参数，简称为形参，形参在 FC 内部的程序中使用。别的逻辑块调用 FC 时，需要为每个形参指定实际的参数（简称为实参），例如，I0.0 就是为形参 START 指定的实参。在 OB1 中调用 FC1 的程序如图 9-7 所示。

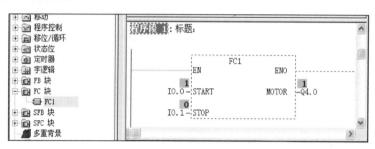

图 9-7　在 OB1 中调用功能 FC1

2. 程序仿真

打开 PLCSIM，将所有的逻辑块下载到仿真 PLC，将仿真切换到 "RUN" 模式，程序仿真结果如图 9-8 所示。打开 OB1，单击工具栏上的 ⚙ 按钮，启动程序状态监视功能，如图 9-7 所示。

图 9-8　程序仿真结果

单击 PLCSIM 中的 I0.0 对应的小方框，模拟按下起动按钮，图 9-7 中 I0.0 的值变为 1。I0.0 的状态变化传递给 FC1 的形参 START，打开 FC1，单击工具栏上的 ⚙ 按钮，FC1 程序监视状态如图 9-7 所示。可以看到，因为 START 常开触点闭合，使 MOTOR 的线圈通电。它的值返回给它对应的实参 Q4.0，图 9-7 中 Q4.0 的值变为 1。再单击一次，令 I0.0 为 0 状态，模拟放开起动按钮。

单击两次 PLCSIM 中 I0.1 对应的小方框，模拟按下和放开停止按钮。由于 FC1 中程序的作用，FC1 的输出参数 MOTOR 和它的实参 Q4.0 的值变为 0 状态。

3. 功能的返回值

FC1 的局部变量表中的返回值 RET_VAL 是自动生成的，可以看到它没有初始的数据类型。在调用 FC1 时，方框内没有 RET_VAL。在变量声明表中将它设置为任意的数据类型，在其他逻辑块中调用 FC1 时，可以看到 FC1 方框内右边出现了形参 RET_VAL。由此可知 RET_VAL 属于 FC 的输出参数。

任务9.3   学习功能块的生成与调用

【提出任务】

使用调用功能块的方法完成水箱水位控制系统程序设计。

水箱水位控制系统示意图如图9-9所示。系统有 3 个储水箱，每个水箱有 2 个液位传感器，UH1、UH2、UH3 为高液位传感器，"1"有效；UL1、UL2、UL3 为低液位传感器，"0"有效。Y1、Y3、Y5 分别为 3 个储水箱进水电磁阀；Y2、Y4、Y6 分别为 3 个储水箱放水电磁阀。SB1、SB3、SB5 分别为 3 个储水箱放水电磁阀手动开启按钮；SB2、SB4、SB6 分别为 3 个储水箱放水电磁阀手动关闭按钮。

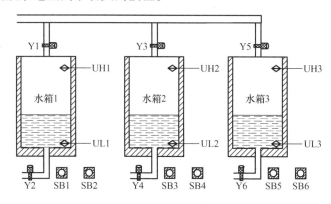

图 9-9   水箱水位控制系统示意图

控制要求：SB1、SB3、SB5 在 PLC 外部操作设定，通过人工的方式，按随机的顺序将水箱放空。只要检测到水箱"空"的信号，系统就自动地向水箱注水，直到检测到水箱"满"信号为止。每次只能对一个水箱进行注水操作。

【分析任务】

如果希望在下次调用前保存中间结果、运行设定或运行模式等程序信息，就应该使用功能块（FB）。

功能块（FB）在程序的体系结构中位于组织块之下。它包含程序的一部分，这部分程序在 OB1 中可以多次调用。功能块的所有形参和静态数据都存储在一个单独的、被指定给该功能块的数据块（DB）中，该数据块被称为背景数据块（Instance Data Block）。当调用 FB 时（必须指定 DB 的编号），该背景数据块会自动打开，实际参数的值被存储在背景数据块中。当块退出时，背景数据块中的数据仍然保持。如果在块调用时，没有实际参数分配给形式参数，在程序执行中将采用上一次存储在 DB 中的参数值。因此，调用 FB 时可以指定不同的实际参数。

使用 FB 具有以下优点：

1）当编写 FC 的程序时，必须寻找空的标志区或数据区来存储需要保持的数据，并且必须保存它们。而 FB 的静态变量可以由 STEP 7 的软件来保存。

2）使用静态变量可以避免两次分配同一标志地址区或数据区的问题。

下面将编辑和调用无静态参数的功能块来完成水箱水位控制系统设计。

【解答任务】

9.3.1 编辑功能块

1. 创建项目、硬件组态及编写符号表

创建水箱水位控制系统的 S7 项目，并命名为“水箱水位控制”。完成硬件组态，CPU 选取 CPU313C-2DP，修改输入、输出起始地址为“0”，保存并编译。完成符号表编辑，如图 9-10 所示。

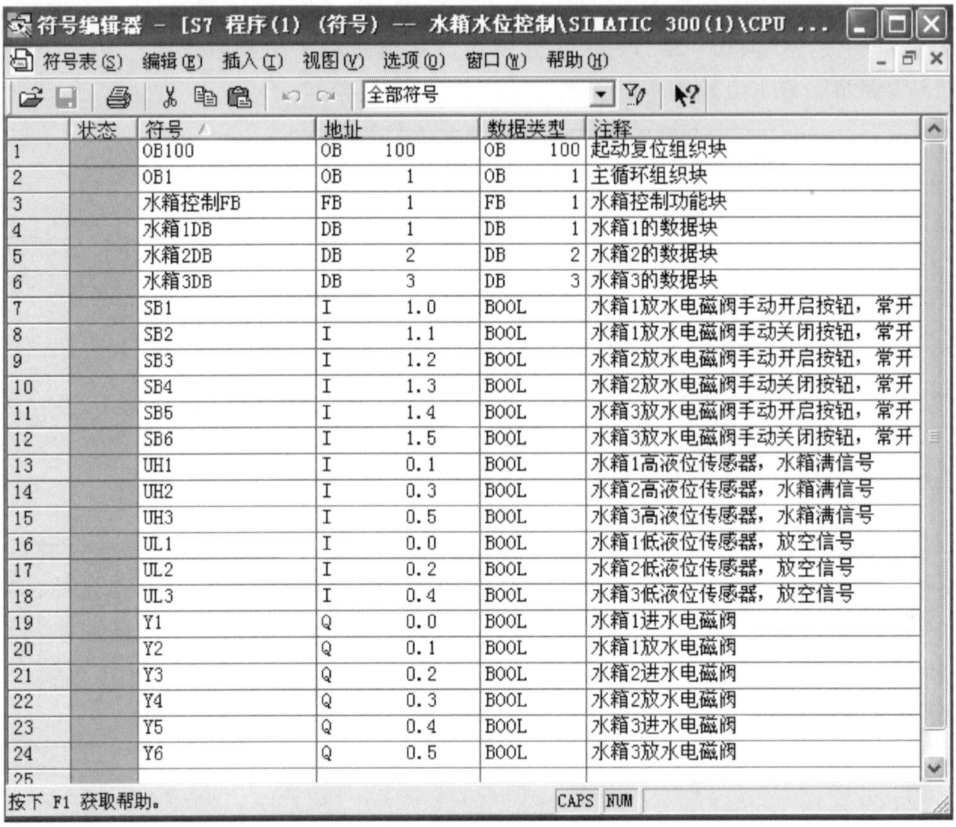

	状态	符号	地址		数据类型		注释
1		OB100	OB	100	OB	100	起动复位组织块
2		OB1	OB	1	OB	1	主循环组织块
3		水箱控制FB	FB	1	FB	1	水箱控制功能块
4		水箱1DB	DB	1	DB	1	水箱1的数据块
5		水箱2DB	DB	2	DB	2	水箱2的数据块
6		水箱3DB	DB	3	DB	3	水箱3的数据块
7		SB1	I	1.0	BOOL		水箱1放水电磁阀手动开启按钮，常开
8		SB2	I	1.1	BOOL		水箱1放水电磁阀手动关闭按钮，常开
9		SB3	I	1.2	BOOL		水箱2放水电磁阀手动开启按钮，常开
10		SB4	I	1.3	BOOL		水箱2放水电磁阀手动关闭按钮，常开
11		SB5	I	1.4	BOOL		水箱3放水电磁阀手动开启按钮，常开
12		SB6	I	1.5	BOOL		水箱3放水电磁阀手动关闭按钮，常开
13		UH1	I	0.1	BOOL		水箱1高液位传感器，水箱满信号
14		UH2	I	0.3	BOOL		水箱2高液位传感器，水箱满信号
15		UH3	I	0.5	BOOL		水箱3高液位传感器，水箱满信号
16		UL1	I	0.0	BOOL		水箱1低液位传感器，放空信号
17		UL2	I	0.2	BOOL		水箱2低液位传感器，放空信号
18		UL3	I	0.4	BOOL		水箱3低液位传感器，放空信号
19		Y1	Q	0.0	BOOL		水箱1进水电磁阀
20		Y2	Q	0.1	BOOL		水箱1放水电磁阀
21		Y3	Q	0.2	BOOL		水箱2进水电磁阀
22		Y4	Q	0.3	BOOL		水箱2放水电磁阀
23		Y5	Q	0.4	BOOL		水箱3进水电磁阀
24		Y6	Q	0.5	BOOL		水箱3放水电磁阀
25							

图 9-10 水箱水位控制符号表

2. 规划程序结构

水箱水位控制系统的三个水箱具有相同的操作要求，因此可以由一个功能块（FB）通过赋予不同的实参来实现，程序结构如图 9-11 所示。控制程序由三个逻辑块（OB100、OB1 和 FB1）和三个背景数据块（DB1、DB2 和 DB3）构成。其中，OB1 为主循环组织块，OB100 为初始化程序，FB1 为水箱控制程序，DB1 为水箱 1 数据块，DB2 为水箱 2 数据块，DB3 为水箱 3 数据块。

3. 编辑功能块

在“水箱水位”项目内选择“块”文件夹，单击鼠标右键，执行命令“插入新对象”→“功能块”，创建功能块 FB1。由于在符号表内已经为 FB1 定义了符号名，因此在 FB1 的属性对话框内系统会自动添加符号名“水箱控制 FB”。

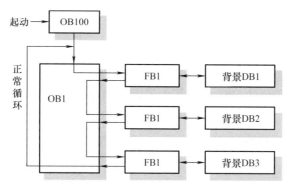

图 9-11　水箱水位控制系统程序结构框图

双击逻辑块图标 FB1，打开 FB1 编辑窗口，编辑 FB1 的局部变量声明表及程序代码。

（1）定义局部变量声明表　FB1 定义的局部变量声明表如图 9-12 所示，本例定义了 6 个输入参数和 2 个输出参数。与功能（FC）不同，在功能块（FB）参数表内还有排除地址和终端地址选项，通过激活该选项，可以选择 FB 参数和静态变量的特性，不过它们只与连接过程诊断有关，本例暂不激活。

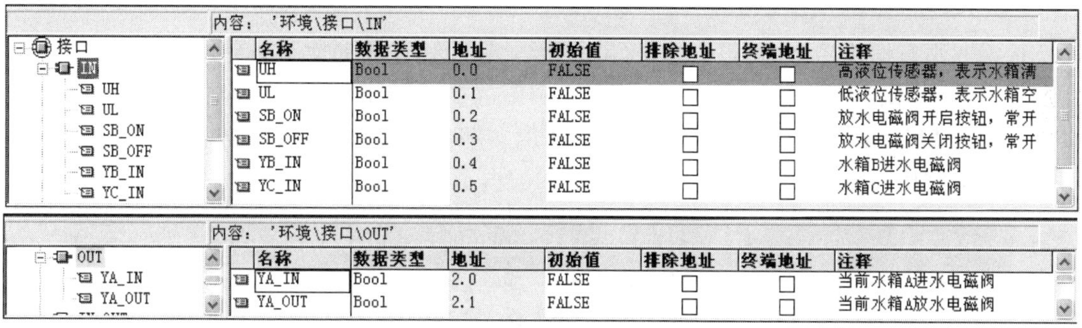

内容：'环境\接口\IN'							
	名称	数据类型	地址	初始值	排除地址	终端地址	注释
	UH	Bool	0.0	FALSE	☐	☐	高液位传感器，表示水箱满
	UL	Bool	0.1	FALSE	☐	☐	低液位传感器，表示水箱空
	SB_ON	Bool	0.2	FALSE	☐	☐	放水电磁阀开启按钮，常开
	SB_OFF	Bool	0.3	FALSE	☐	☐	放水电磁阀关闭按钮，常开
	YB_IN	Bool	0.4	FALSE	☐	☐	水箱B进水电磁阀
	YC_IN	Bool	0.5	FALSE	☐	☐	水箱C进水电磁阀

内容：'环境\接口\OUT'							
	名称	数据类型	地址	初始值	排除地址	终端地址	注释
	YA_IN	Bool	2.0	FALSE	☐	☐	当前水箱A进水电磁阀
	YA_OUT	Bool	2.1	FALSE	☐	☐	当前水箱A放水电磁阀

图 9-12　水箱水位控制系统 FB1 局部变量声明表

（2）编写程序代码　FB1 由两个程序段组成，控制程序如图 9-13 所示。

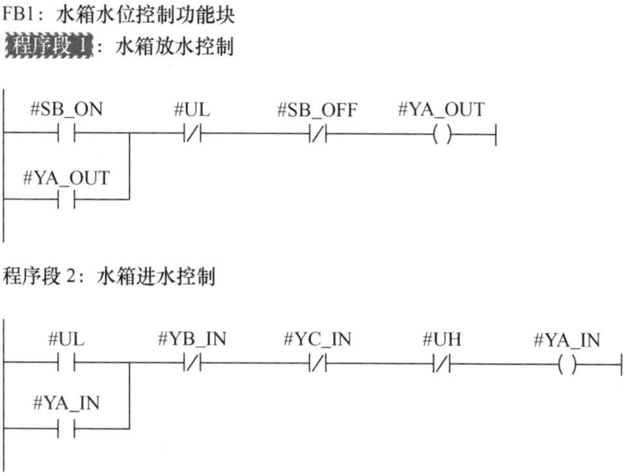

FB1：水箱水位控制功能块

程序段1：水箱放水控制

```
#SB_ON      #UL        #SB_OFF     #YA_OUT
 ┤├─────────┤├─────────┤/├─────────( )

#YA_OUT
 ┤├
```

程序段2：水箱进水控制

```
#UL        #YB_IN     #YC_IN      #UH        #YA_IN
 ┤├─────────┤/├────────┤/├────────┤/├────────( )

#YA_IN
 ┤├
```

图 9-13　FB1 的 LAD 程序

4. 建立背景数据块

在"水箱水位控制"项目内选择"块"文件夹,执行菜单命令"插入"→"S7 块"→"数据块",弹出"属性-数据块"对话框,如图 9-14 所示。系统自动创建名称为"DB1"的数据块,手动选择类型为"背景数据块"和"FB1",则创建与 FB1 相关联的背景数据块 DB1。由于在符号表内已经为 DB1 定义了符号名,因此在 DB1 的属性对话框内系统会自动添加符号名"水箱1DB"。用完全相同的方法建立 DB2 和 DB3。

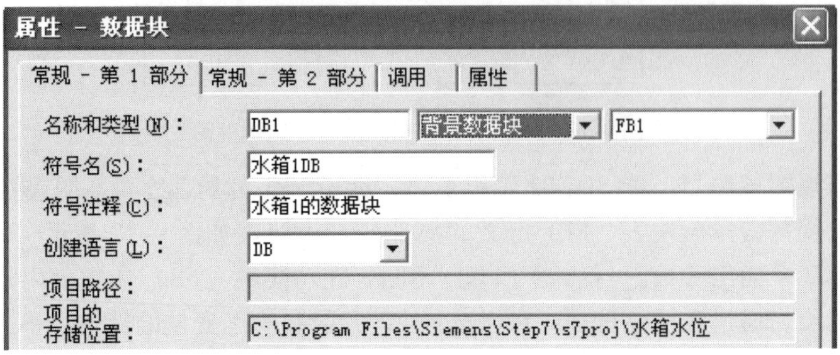

图 9-14 创建 DB1 数据块

依次双击数据块图标 DB1、 DB2 和 DB3,分别打开数据块 DB1、DB2 和 DB3。由于在创建 DB1、DB2 和 DB3 之前,已经完成了 FB1 的变量声明,建立了相应的数据结构,所以在创建与 FB1 相关联的 DB1、DB2 和 DB3 时,STEP 7 自动完成了数据块的数据结构。DB1 的数据结构如图 9-15 所示,DB2、DB3 的数据结构与 DB1 完全相同。

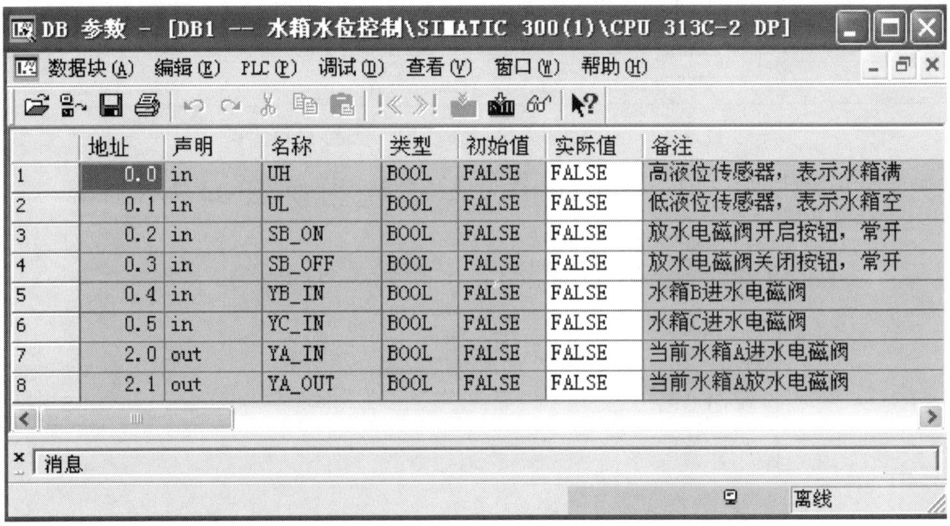

	地址	声明	名称	类型	初始值	实际值	备注
1	0.0	in	UH	BOOL	FALSE	FALSE	高液位传感器,表示水箱满
2	0.1	in	UL	BOOL	FALSE	FALSE	低液位传感器,表示水箱空
3	0.2	in	SB_ON	BOOL	FALSE	FALSE	放水电磁阀开启按钮,常开
4	0.3	in	SB_OFF	BOOL	FALSE	FALSE	放水电磁阀关闭按钮,常开
5	0.4	in	YB_IN	BOOL	FALSE	FALSE	水箱B进水电磁阀
6	0.5	in	YC_IN	BOOL	FALSE	FALSE	水箱C进水电磁阀
7	2.0	out	YA_IN	BOOL	FALSE	FALSE	当前水箱A进水电磁阀
8	2.1	out	YA_OUT	BOOL	FALSE	FALSE	当前水箱A放水电磁阀

图 9-15 DB1 的数据结构

5. 编辑启动组织块 OB100

在"水箱水位控制"项目内选择"块"文件夹,执行菜单命令"插入"→"S7 块"→"组织块",在弹出的"属性-组织块"对话框中,输入名称"OB100"。

在启动组织块 OB100 内,主要完成各输出信号的复位,控制程序如图 9-16 所示。

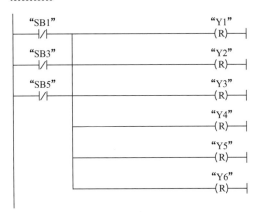

OB100: "Complete Restart"
程序段1: 对电磁阀复位

图 9-16 OB100 的 LAD 控制程序

9.3.2 在 OB1 中调用功能块及仿真

(1) 在 OB1 中调用功能块 FB1 编辑完成以后，在程序编辑器界面左边"总览"的 FB 块目录中就会出现可调用的 FB1。

在 OB1 的代码区可调用 FB1 并赋予实参，实现对 3 个水箱的控制。OB1 的控制程序如图 9-17 所示。

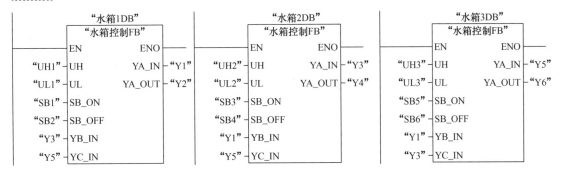

OB1: "主循环组织块"
程序段1: 水箱1控制   程序段 2: 水箱2控制   程序段 3: 水箱3控制

图 9-17 OB1 的 LAD 控制程序

在 OB1 中调用了三次 FB1，注意三次调用时 FB1 的背景数据块要正确，FB1 的实参的地址不能重叠。

(2) 仿真 打开 PLCSIM，将所有的块下载到仿真 PLC，将仿真 PLC 切换到"RUN"模式，打开 OB1 和 FB1，启动程序监控功能，观察程序状态变化是否符合控制要求。

9.3.3 功能与功能块的区别

FB 和 FC 均为用户编写的子程序，局部变量表中均有 IN、OUT、IN_OUT 和 TEMP 变量。FC 的返回值 Ret_Val 实际上属于输出参数。下面是 FC 和 FB 的区别：

1）功能块有背景数据块，功能没有背景数据块。

2）只能在功能内部访问它的局部变量，其他逻辑块可以访问功能块的背景数据块中的变量。

3）功能没有静态变量（STAT），功能块有保存在背景数据块中的静态变量。

功能如果有执行完后需要保存的数据，只能存放在全局变量（例如全局数据块和 M 区）中，但是这样会影响功能的可移植性。如果功能或功能块的内部不使用全局变量，只使用局部变量，不需要做任何修改，就可以将它们移植到其他项目。如果块的内部使用了全局变量，在移植时需要考虑每个块使用的全局变量是否会与别的块产生地址冲突。

4）功能块的局部变量（不包括 TEMP）有初始值，功能的局部变量没有初始值。在调用功能块时如果没有设置某些输入、输出参数的实参，进入"RUN"模式时将使用背景数据块中的初始值。调用功能时应给所有的形参指定实参。

任务9.4 应用多重背景

【提出任务】

使用多重背景实现图 9-9 给出的水箱水位控制系统设计（控制要求同任务 9.3）。

【分析任务】

在前面调用功能块的实例中，使用背景数据块时，当功能块 FB1 在组织块中被调用时，均使用了与 FB1 相关联的背景数据块 DB1、DB2 和 DB3。这样 FB1 有几个调用案例，就必须配置几个背景数据块。当 FB1 的调用案例较多时，就会占用更多的数据块。使用多重背景功能可以有效地减少数据块的数量。其编程思想是创建一个比 FB1 级别更高的功能块，如 FB10，将未做任何修改的 FB1 作为一个"局部背景"，在 FB10 中调用。对于 FB1 的每一个调用，都将数据存储在 FB10 的背景数据块 DB10 中。这样就不需要为 FB1 分配任何背景数据块，如 DB1、DB2 和 DB3 等。

下面仍以水箱水位控制系统为例，介绍如何编辑和使用多重背景数据块。

【解答任务】

1. 创建项目、硬件组态及编写符号表

创建名为"多重背景水箱水位控制"的 S7 项目，完成硬件组态，CPU 选取 CPU313C-2DP。完成符号表编辑，如图 9-18 所示。该符号表在图 9-10 所示的符号表基础上稍做改动。删除符号"水箱1DB、水箱2DB 和水箱3DB"，添加符号"FB10"和"DB10"，分别作为多重背景功能块和共享数据块。

2. 规划程序结构

多重背景实现的水箱水位控制程序结构框图如图 9-19 所示。控制程序由 4 个逻辑块和 1 个多重背景数据块组成，其中，OB100 为初始化程序，OB1 为主循环组织块，FB1 为水箱控制程序，FB10 为上层的多重背景功能块，DB10 为多重背景数据块。

FB10 为上层功能块，它把 FB1 作为其"局部实例"，通过三次调用本地实例，分别实现水箱 1、水箱 2 和水箱 3 的控制。这种调用不用占用数据块 DB1、DB2 和 DB3，它将每次调用（对于每个调用实例）的数据存储到体系的上层功能块 FB10 的背景数据块 DB10 中。

	状态	符号	地址		数据类型		注释
1		DB10	DB	10	FB	10	共享数据块
2		FB1	FB	1	FB	1	局部背景的功能块
3		FB10	FB	10	FB	10	多重背景功能块
4		OB1	OB	1	OB	1	主循环组织块
5		OB100	OB	100	OB	100	起动复位组织块
6		SB1	I	1.0	BOOL		水箱1放水电磁阀手动开启按钮，常开
7		SB2	I	1.1	BOOL		水箱1放水电磁阀手动关闭按钮，常开
8		SB3	I	1.2	BOOL		水箱2放水电磁阀手动开启按钮，常开
9		SB4	I	1.3	BOOL		水箱2放水电磁阀手动关闭按钮，常开
10		SB5	I	1.4	BOOL		水箱3放水电磁阀手动开启按钮，常开
11		SB6	I	1.5	BOOL		水箱3放水电磁阀手动关闭按钮，常开
12		UH1	I	0.1	BOOL		水箱1高液位传感器，水箱满信号
13		UH2	I	0.3	BOOL		水箱2高液位传感器，水箱满信号
14		UH3	I	0.5	BOOL		水箱3高液位传感器，水箱满信号
15		UL1	I	0.0	BOOL		水箱1低液位传感器，放空信号
16		UL2	I	0.2	BOOL		水箱2低液位传感器，放空信号
17		UL3	I	0.4	BOOL		水箱3低液位传感器，放空信号
18		Y1	Q	0.0	BOOL		水箱1进水电磁阀
19		Y2	Q	0.1	BOOL		水箱1放水电磁阀
20		Y3	Q	0.2	BOOL		水箱2进水电磁阀
21		Y4	Q	0.3	BOOL		水箱2放水电磁阀
22		Y5	Q	0.4	BOOL		水箱3进水电磁阀
23		Y6	Q	0.5	BOOL		水箱3放水电磁阀
24							

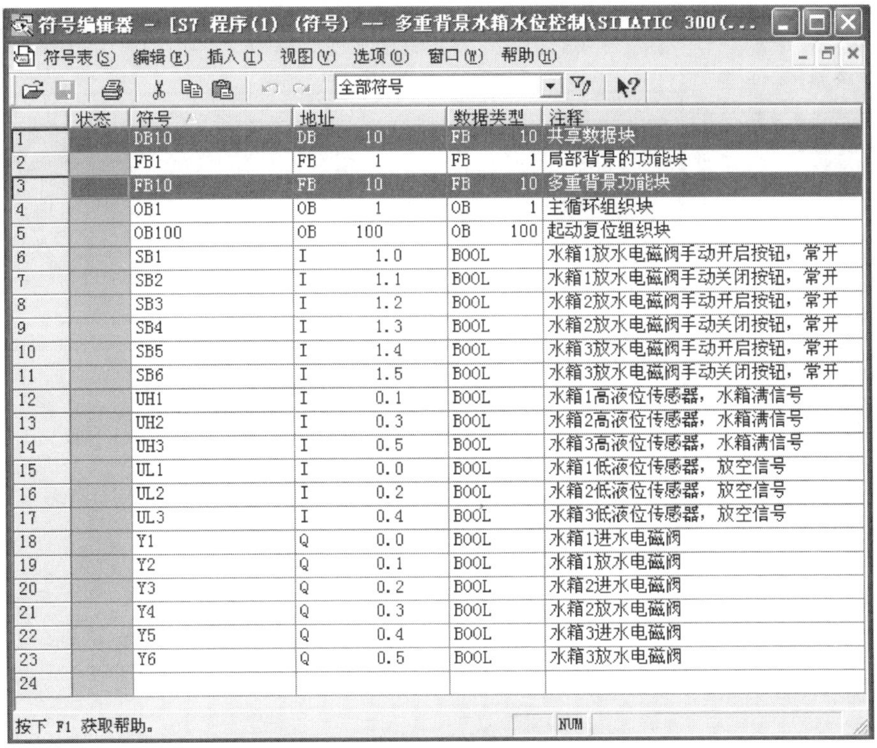

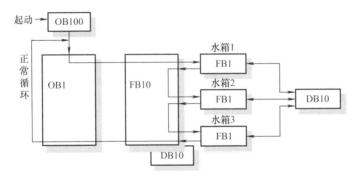

图9-18　多重背景水箱水位控制符号表

图9-19　多重背景水箱水位控制系统程序结构框图

3. 编辑功能块 FB1 和 FB10

在“多重背景水箱水位控制”项目内选择“块”文件夹，单击鼠标右键，执行命令“插入新对象”→“功能块”，创建功能块 FB1，生成与任务 9.3 完全相同的功能块 FB1。FB1 的变量声明表及梯形图程序如图 9-20 所示。

在“多重背景水箱水位控制”项目内选择“块”文件夹，单击鼠标右键，执行命令“插入新对象”→“功能块”，创建功能块 FB10，如图 9-21 所示。在弹出的“属性-功能块”对话框中，设置块名称为“FB10”，激活“多重背景功能”，选择创建语言为“LAD”。单击“确定”按钮后，在管理器右边窗口出现 FB10。

在 SIMATIC 管理器中选择项目内的“块”，双击 FB10 打开 FB10 编辑窗口，在 FB10

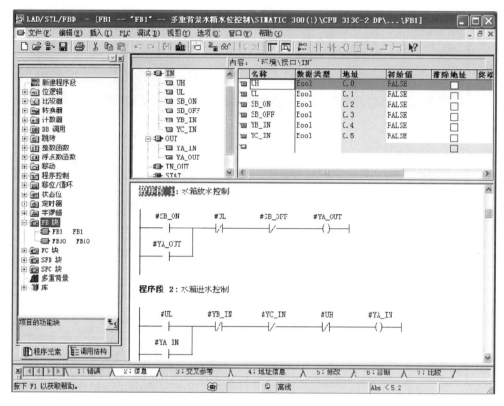

图 9-20 FB1 的变量声明表及梯形图程序

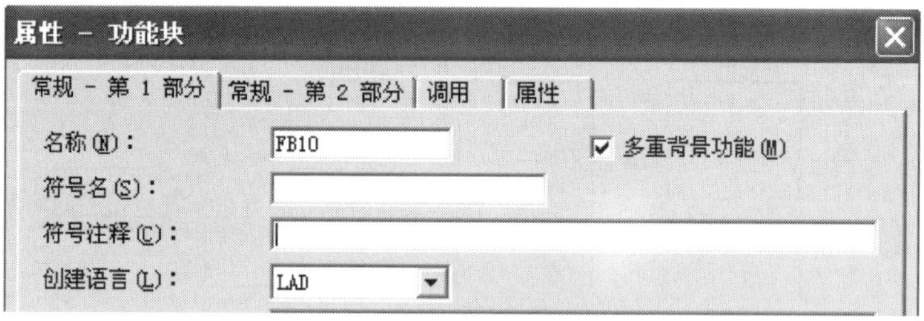

图 9-21 插入多重背景功能块

的变量声明表中（见图 9-22）声明名为"shuixiang1""shuixiang2"和"shuixiang3"的静态变量（STAT）其数据类型为 FB1。变量声明表的文件夹"shuixiang1"的 8 个变量与 FB1 的 8 个局部变量相同，它们是自动生成的，"shuixiang2"和"shuixiang3"的变量也类同。

完成上述操作后，"shuixiang1""shuixiang2"和"shuixiang3"将出现在程序编辑器左边目录窗口的"多重背景"文件夹内，如图 9-22 左下部所示。将它们"拖放"到 FB10 的程序区中，然后指定它们的输入参数和输出参数，完成 FB10 的编辑。注意三次调用时 FB10 的实参的地址不能重叠。

4. 在 OB1 中调用 FB10

在 OB1 中调用 FB10，其背景数据块为 DB10，如图 9-23 所示。在本例中，FB10 没有输入参数和输出参数。

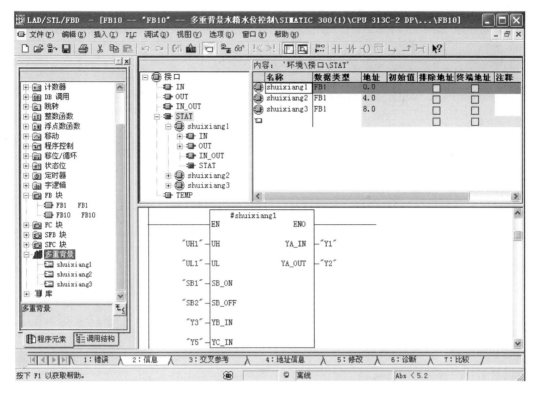

图 9-22 定义与调用多重背景

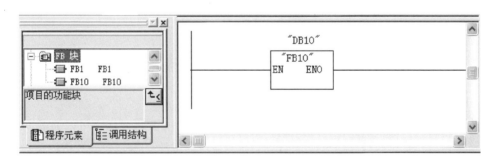

图 9-23 在 OB1 中调用 FB10

控制三个水箱的局部变量均存储在多重背景数据块 DB10 中，DB10 的数据参数如图 9-24所示。DB10 的变量是自动生成的，与 FB10 的变量声明表中的相同（不包括临时变量）。

5. 仿真

打开 PLCSIM，将所有的逻辑块下载到仿真 PLC，将仿真 PLC 切换到"RUN"模式。打开 FB10，单击工具栏上的66°按钮，启动程序状态监控功能。

调试程序的方法与任务 9.3 项目"水箱水位控制"相同，改变输入的状态，观察输出参数的变化是否符合程序的要求。

DB10 -- 多重背景水箱水位控制\SIMATIC 300(1)\CPU 313C-2 DP

	地址	声明	名称	类型	初始值	实际值	备注
1	0.0	stat:in	shuixiang1.UH	BOOL	FALSE	FALSE	高液位传感器，表示水箱满
2	0.1	stat:in	shuixiang1.UL	BOOL	FALSE	FALSE	低液位传感器，表示水箱空
3	0.2	stat:in	shuixiang1.SB_ON	BOOL	FALSE	FALSE	放水电磁阀开启按钮，常开
4	0.3	stat:in	shuixiang1.SB_OFF	BOOL	FALSE	FALSE	放水电磁阀关闭按钮，常开
5	0.4	stat:in	shuixiang1.YB_IN	BOOL	FALSE	FALSE	水箱B进水电磁阀
6	0.5	stat:in	shuixiang1.YC_IN	BOOL	FALSE	FALSE	水箱C进水电磁阀
7	2.0	stat:out	shuixiang1.YA_IN	BOOL	FALSE	FALSE	当前水箱A进水电磁阀
8	2.1	stat:out	shuixiang1.YA_OUT	BOOL	FALSE	FALSE	当前水箱A放水电磁阀
9	4.0	stat:in	shuixiang2.UH	BOOL	FALSE	FALSE	高液位传感器，表示水箱满
10	4.1	stat:in	shuixiang2.UL	BOOL	FALSE	FALSE	低液位传感器，表示水箱空
11	4.2	stat:in	shuixiang2.SB_ON	BOOL	FALSE	FALSE	放水电磁阀开启按钮，常开
12	4.3	stat:in	shuixiang2.SB_OFF	BOOL	FALSE	FALSE	放水电磁阀关闭按钮，常开
13	4.4	stat:in	shuixiang2.YB_IN	BOOL	FALSE	FALSE	水箱B进水电磁阀
14	4.5	stat:in	shuixiang2.YC_IN	BOOL	FALSE	FALSE	水箱C进水电磁阀
15	6.0	stat:out	shuixiang2.YA_IN	BOOL	FALSE	FALSE	当前水箱A进水电磁阀
16	6.1	stat:out	shuixiang2.YA_OUT	BOOL	FALSE	FALSE	当前水箱A放水电磁阀
17	8.0	stat:in	shuixiang3.UH	BOOL	FALSE	FALSE	高液位传感器，表示水箱满
18	8.1	stat:in	shuixiang3.UL	BOOL	FALSE	FALSE	低液位传感器，表示水箱空
19	8.2	stat:in	shuixiang3.SB_ON	BOOL	FALSE	FALSE	放水电磁阀开启按钮，常开
20	8.3	stat:in	shuixiang3.SB_OFF	BOOL	FALSE	FALSE	放水电磁阀关闭按钮，常开
21	8.4	stat:in	shuixiang3.YB_IN	BOOL	FALSE	FALSE	水箱B进水电磁阀
22	8.5	stat:in	shuixiang3.YC_IN	BOOL	FALSE	FALSE	水箱C进水电磁阀
23	10.0	stat:out	shuixiang3.YA_IN	BOOL	FALSE	FALSE	当前水箱A进水电磁阀
24	10.1	stat:out	shuixiang3.YA_OUT	BOOL	FALSE	FALSE	当前水箱A放水电磁阀

图 9-24　多重背景数据块 DB10

任务 9.5　应用组织块

【提出任务】

用循环中断实现 8 位彩灯循环点亮控制。要求彩灯每 1s 变化一次，可以通过开关控制左移一位或右移一位。通过开关可以控制循环移动暂停，也可以控制彩灯重新移动。

【分析任务】

本任务可以使用启动组织块 OB100，设置 8 位彩灯点亮的初始状态。在 OB35 中设置循环周期为 1s，OB35 中编写程序控制彩灯循环移位，实现彩灯每 1s 变化一次。通过 OB1 调用“库”中的系统功能 SFC40“EN_IRT”实现循环暂停，OB1 中调用系统功能 SFC39“DIS_IRT”实现解除暂停。

【解答任务】

9.5.1　组织块

组织块是操作系统与用户程序的接口，由操作系统调用，组织块中的程序是用户编写的。组织块一览表如表 9-3 所示。

表 9-3　OB 组织块一览表

OB 编 号	启 动 事 件	默认优先级	说　明
OB1	启动或上一次循环结束时执行 OB1	1	主程序循环
OB10 ~ OB17	日期时间中断 0 ~ 7	2	在设置的日期时间启动
OB20 ~ OB23	时间延时中断 0 ~ 3	3 ~ 6	延时后启动
OB30 ~ OB38	循环中断 0 ~ 8。时间间隔分别为 5s、2s、1s、500ms、200ms、100ms、50ms、20ms、10ms	7 ~ 15	以设定的时间为周期运行
OB40 ~ OB47	硬件中断 0 ~ 7	16 ~ 23	检测外部中断请求时启动
OB55	状态中断	2	DPV1 中断（PROFIBUS- DP）
OB56	刷新中断	2	
OB57	制造厂特殊中断	2	
OB60	多处理中断，调用 SFC35 时启动	25	多处理中断的同步操作
OB61 ~ 64	同步循环中断 1 ~ 4	25	同步循环中断
OB65	技术功能同步中断	25	
OB70	I/O 冗余错误	25	冗余故障中断，只用于 H 系列的 CPU
OB72	CPU 冗余错误，例如一个 CPU 发生故障	28	
OB73	通行冗余错误中断，例如冗余连接的冗余丢失	25	
OB80	时间错误	26，启动为 28	异步错误中断
OB81	电源故障	27，启动为 28	
OB82	诊断中断	28，启动为 28	
OB83	插入/拔出模块中断	29，启动为 28	
OB84	CPU 硬件故障	30，启动为 28	
OB85	优先级错误	31，启动为 28	
OB86	扩展机架、DP 主站系统或分布式 I/O 站故障	32，启动为 28	
OB87	通行故障	33，启动为 28	
OB88	过程中断	34，启动为 28	
OB90	冷、热启动，删除或背景循环	29	背景循环
OB100	暖启动	27	启动
OB101	热启动	27	
OB102	冷启动	27	
OB121	编程错误	与引起错误中断的 OB 的优先级相同	同步错误中断
OB122	I/O 访问错误		

组织块 OB1、事件中断处理、中断的优先级在任务 9.1 中已经介绍。本例中要使用循环中断组织块，必须了解以下背景知识。

1. 组织块的临时局部变量

每个组织块的局部数据区都有 20B 的临时变量（TEMP），它们提供触发该 OB 事件的详细信息，这些信息在 OB 启动时由操作系统提供，OB 的临时局部变量如表 9-4 所示。

表 9-4　OB 的临时局部变量

地址（字节）	内　　　容
0	事件级别与标识符，例如 OB40 的 LB0 为 B#16#11，表示硬件中断被激活
1	用代码表示与启动 OB 的事件有关的信息
2	优先级，例如 OB40 的优先级为 16
3	OB 块号，例如 OB40 的块号为 40
4～11	事件的附加信息，例如 OB40 的 LB5 为产生中断的模块的类型，LW6 为产生中断的模块的起始地址，LD8 为产生中断的通道号
12～19	OB 被启动的日期和时间（年、月、日、时、分、秒、毫秒与星期）

2. CPU 模块的启动方式与启动组织块

打开 CPU 模块的属性对话框的"启动"选项卡，S7-400 CPU 可以选择暖启动、热启动和冷启动这 3 种启动方式中的一种，绝大多数 S7-300 CPU 只能暖启动。

OB100～OB102 是启动组织块，用于系统初始化。CPU 上电或运行模式由"STOP"切换到"RUN"时，CPU 只是在第一个扫描循环周期执行一次启动组织块。

1）暖启动：过程映像数据以及非保持的存储器位、定时器和计数器被复位。具有保持功能的存储器位、定时器、计数器和所有的数据块将保留原数值。执行一次 OB100 后，循环执行 OB1。

2）热启动：如果 S7-400 在"RUN"模式时电源突然丢失，然后又很快重新上电，将执行 OB101，自动地完成热启动，从上次"RUN"模式结束时程序被中断之处继续执行，不对计数器等复位。

3）冷启动：上述的所有系统存储区均被清除，即被复位为零，包括有保持功能的存储区。用户程序从装载存储器载入工作存储器，调用 OB102 后，循环执行 OB1。

用户可以通过在启动组织块 OB100～OB102 中编写程序，来设置 CPU 的初始化操作，例如设置开始运行时某些变量的初始值和输出模块的初始值等。

3. 循环中断组织块

循环中断组织块用于按精确的时间间隔循环执行中断程序，例如周期性地执行闭环控制系统的 PID 控制程序，间隔时间从"STOP"切换到"RUN"模式时开始计算，时间间隔不能小于 5ms。如果时间间隔过短，还没有执行完循环中断程序又开始调用它，将会产生时间错误事件，调用 OB80。如果没有创建和下载 OB80，CPU 即将进入"STOP"模式。

大多数 S7-300 CPU 只能使用 OB35，其余的 CPU 可以使用的循环中断 OB 的个数与 CPU 的型号有关。

下面通过实例熟悉启动组织块与循环中断组织块的使用方法。

9.5.2　使用循环中断的彩灯控制程序

1. 建立项目与硬件组态

用新建项目生成名为"循环中断彩灯控制"的项目，CPU 为 CPU313C-2DP。双击硬件组态工具 HW Config 中的 CPU，打开 CPU 属性对话框，如图 9-25 所示，由"循环中断"选项卡可知只能使用 OB35，其循环周期的默认值为 100ms，将它修改为 1000ms，将组态数据下载到 CPU 后生效。如果没有下载，循环周期为默认值100ms。

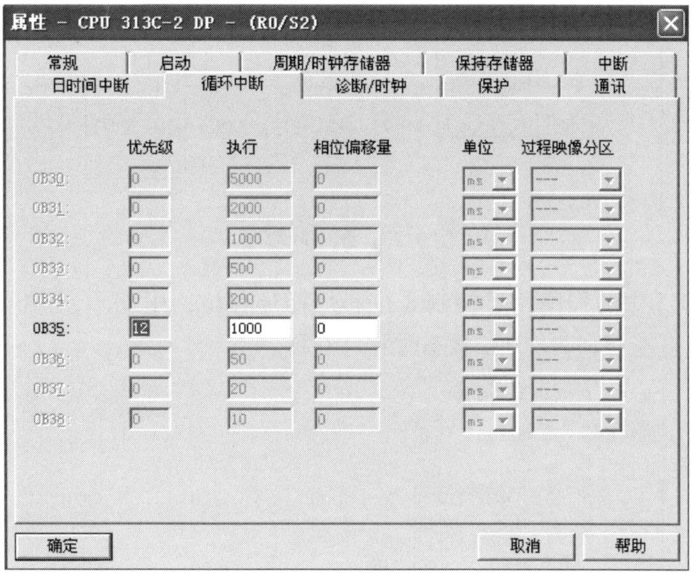

图9-25 组态循环中断

相位偏移量（默认值为0）用于错开 S7-300 不同时间间隔的几个循环中断 OB，使它们不会被同时执行，以减少连续执行循环中断 OB 的时间。

单击"确定"按钮完成循环周期设置。双击 CPU 的"DI16/DO16"设置输入、输出起始地址为"0"。设置完成，单击工具栏上的按钮，编译并保存组态信息。

2. OB100 程序

用鼠标右键单击 SIMATIC 管理器左边窗口中的"块"，在弹出的快捷菜单中执行"插入新对象"→"组织块"命令，在弹出的"属性－组织块"对话框中，将组织块的名称改为"OB100"，设置创建语言为"LAD"（梯形图），如图9-26所示。单击"确定"按钮后，在SIMATIC 管理器右边窗口出现 OB100。

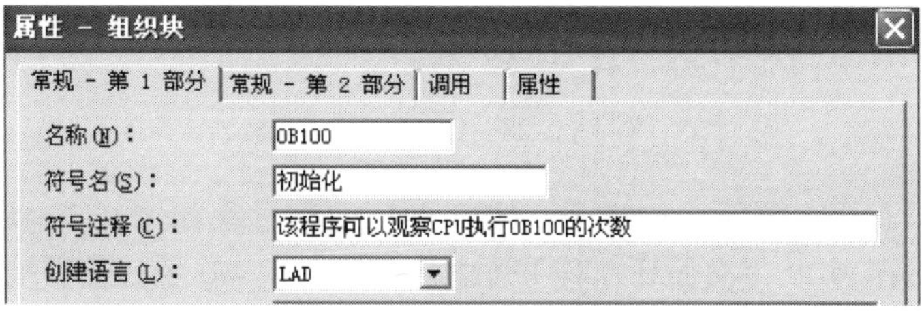

图9-26 OB100 属性对话框

双击打开 OB100，编写 OB100 的程序如图9-27所示。用 MOVE 指令将 MB0 的初值置为7，即低3位置1，其余各位为0，控制每次相邻3盏灯亮。此外用 ADD_I 指令将 MW6 加1，可以观察 CPU 执行 OB100 的次数。

3. OB35 程序

与插入组织块 OB100 的方法相同，插入组织块 OB35。双击 OB35，编辑 OB35 的程序如

OB100: "Complete Restart"
程序段1: 标题:

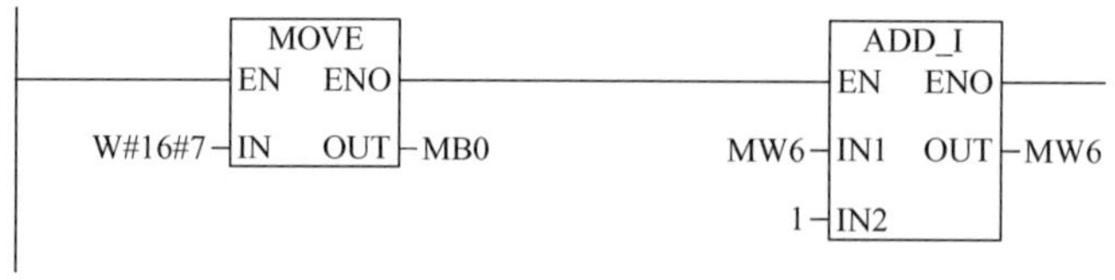

图 9-27 OB100 程序

图 9-28 所示。OB35 中的程序用于控制 8 位彩灯循环移位，用 I0.0 控制移位的方向。I0.0 为 "1" 状态时彩灯左移，为 "0" 状态时彩灯右移。

OB35: "Cyclic Interrupt"
程序段1: 标题:

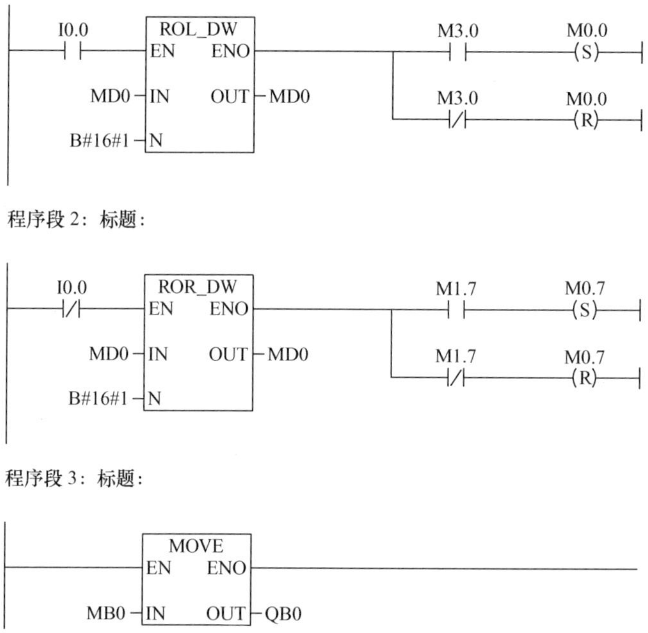

程序段 2: 标题:

程序段 3: 标题:

图 9-28 OB35 程序

S7-300/400 只有双字循环移位指令，MB0 循环左移过程如图 9-29 所示。MB0 是双字 MD0 的最高字节，在 MD0 每次循环左移 1 位之后，最高位 M0.7 的数据被移到 MD0 最低位 的 M3.0。为了实现 MB0 的循环移位，移位后如果 M3.0 为 "1" 状态，将 MB0 的最低位 M0.0 置位为 "1"（见图 9-28 的程序段 1），反之将 M0.0 复位为 0，相当于 MB0 的最高位 M0.7 移到了 MB0 的最低位 M0.0。

MB0 循环右移过程如图 9-30 所示。在 MB0 每次循环右移 1 位之后，MB0 的最低位 M0.0 的数据被移到 MB1 最高位的 M1.7。移位后根据 M1.7 的状态，将 MB0 的最高位 M0.7 置位或复位（见图 9-28 的程序段 2），相当于 MB0 的最低位 M0.0 移到了 MB0 的最高 位 M0.7。

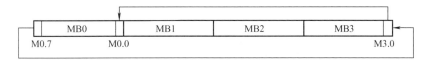

图 9-29 MB0 循环左移

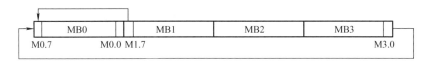

图 9-30 MB0 循环右移

在图 9-28 的程序段 3 中，用 MOVE 指令将 MB0 的值传送到 QB0，用 QB0 来控制 8 位彩灯。此程序中每次相邻 3 盏灯亮。

4. OB1 中禁止和激活硬件中断

SFC40 "EN_IRT" 和 SFC39 "DIS_IRT" 分别用于激活和禁止中断异步错误的系统功能。它们的参数 MODE 为 2 时激活指定的 OB 编号对应的中断，MODE 必须用十六进制数来设置。OB_NR 是中断的编号。

在 OB1 中编写激活和禁止循环中断的程序如图 9-31 所示。打开 OB1，在左边窗口的指令列表中，打开最下面的 "\库\ Standard Library \ System Block" 文件夹，可以看到系统功能块 SFB 和系统功能 SFC（见图 9-31 左侧指令列表）。将上述库文件夹中的 SFC40 "EN_IRT" 和 SFC39 "DIS_IRT" 拖放到程序区。本程序在 I0.2 的上升沿调用 SFC40 "EN_IRT" 激活 OB35 对应的循环中断，在 I0.3 的上升沿时调用 SFC39 "DIS_IRT" 禁止 OB35 对应的循环中断。

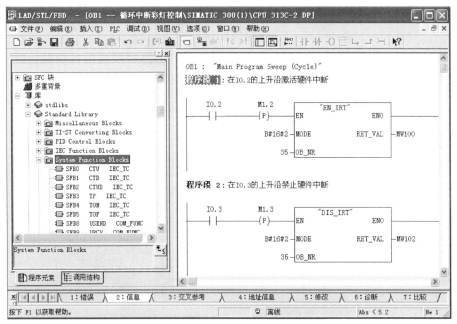

图 9-31 OB1 激活和禁止循环中断的程序

5. 仿真

打开仿真软件 PLCSIM，如图 9-32 所示，下载系统数据和所有的块后，切换到"RUN"模式，CPU 调用一次 OB100，MW6 被加 1，说明只调用了一次 OB35。MB0 被设置为初始值 7，其低 3 位为 1。OB35 被自动激活，CPU 每 1s 调用一次 OB35。因为 I0.0 的初始值为 0，QB0 的值每 1s 循环右移 1 位。

图 9-32　PLCSIM 仿真

将 I0.0 置为"1"状态，QB0 由循环右移变为循环左移。

单击两次 I0.3 对应的小方框，在 I0.3 的上升沿，循环中断被禁止，CPU 不再调用 OB35，QB0 的值固定不变。单击两次 I0.2 对应的小方框，在 I0.2 的上升沿，循环中断被激活，QB0 的值又开始循环移位。

改变 OB100 中 MB0 的初始值后，下载到仿真 PLC，观察运行的效果。

任务9.6　设计与调试液体混合装置控制程序

【提出任务】

任务一：液体混合装置控制程序设计——使用开关量。

开关量液位采集的液体混合搅拌控制系统如图 9-33 所示，系统由 3 个开关量液位传感器分别检测液位的高、中和低。现要求对 A、B 两种液体原料按等比例混合，请编写控制程序。

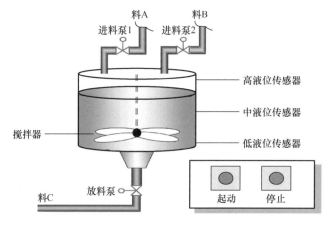

图 9-33　液体混合装置控制系统——开关量

控制要求：按起动按钮后系统自动运行，首先打开进料泵1，开始加入液料A，中液位传感器动作后，则关闭进料泵1，打开进料泵2，开始加入液料B，高液位传感器动作后，关闭进料泵2，起动搅拌器，搅拌10s后，关闭搅拌器，开启放料泵，当低液位传感器动作后，延时5s后关闭放料泵。按停止按钮，系统应立即停止运行。

任务二：液体混合装置控制程序设计——使用模拟量。

模拟量液位采集的液体混合搅拌控制系统如图9-34所示，系统由1个模拟量液位传感器-变送器来检测液位的高低，并进行液位显示。现要求对A、B两种液体原料按等比例混合，请编写控制程序。

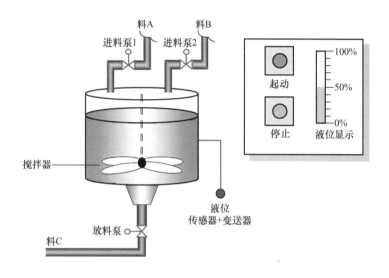

图9-34　液体混合装置控制系统——模拟量

控制要求如下：按起动按钮后系统自动运行，首先打开进料泵1，开始加入液料A，当液位达到50%后，则关闭进料泵1，打开进料泵2，开始加入液料B，当液位达到100%后，则关闭进料泵2，起动搅拌器，搅拌10s后，关闭搅拌器，开启放料泵，当液料放空后，延时5s后关闭放料泵。按停止按钮，系统应立即停止运行。

【分析任务】

任务一可以采用编辑无参数的功能，在OB1中调用FC实现开关量液体混合装置控制设计。任务二的模拟量液体混合装置可以在同一个控制系统中生成功能和功能块，在OB1中调用实现。

【解答任务】

9.6.1　液体混合装置控制程序设计——使用开关量

1. 建立项目与硬件组态

用新建项目生成名为"开关量液体混合"的项目，CPU为CPU313C-2DP。

在硬件组态窗口，双击CPU的"DI16/DO16"设置输出起始地址为"0"。设置完成，单击工具栏上的 按钮，编译并保存组态信息。

2. 编辑符号表

选择“开关量液体混合”项目的“S7 程序”文件夹，双击窗口右边的“符号”，打开符号表编辑器，编辑符号表如图 9-35 所示。

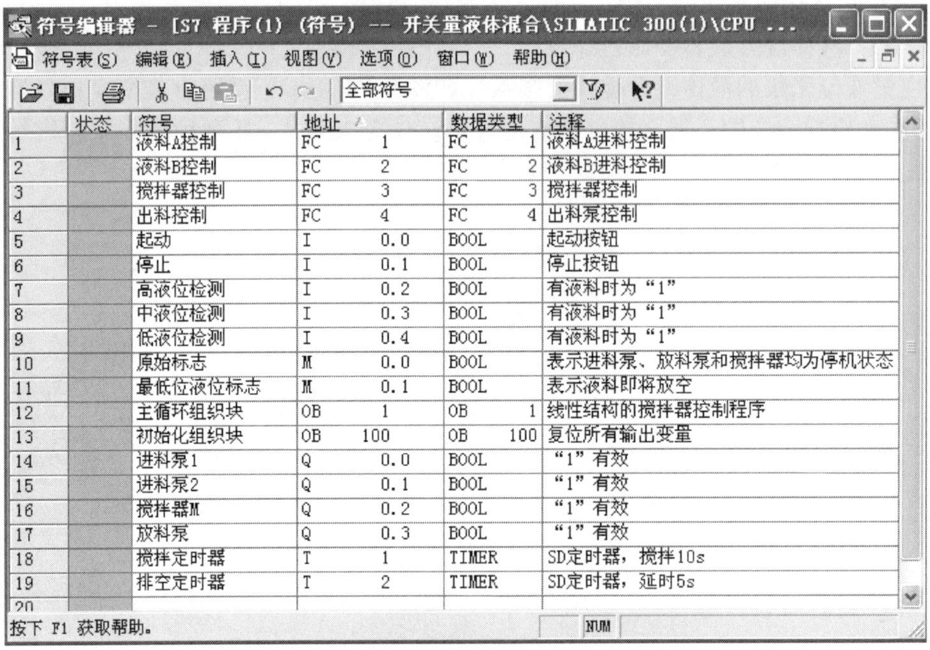

	状态	符号	地址		数据类型		注释
1		液料A控制	FC	1	FC	1	液料A进料控制
2		液料B控制	FC	2	FC	2	液料B进料控制
3		搅拌器控制	FC	3	FC	3	搅拌器控制
4		出料控制	FC	4	FC	4	出料泵控制
5		起动	I	0.0	BOOL		起动按钮
6		停止	I	0.1	BOOL		停止按钮
7		高液位检测	I	0.2	BOOL		有液料时为“1”
8		中液位检测	I	0.3	BOOL		有液料时为“1”
9		低液位检测	I	0.4	BOOL		有液料时为“1”
10		原始标志	M	0.0	BOOL		表示进料泵、放料泵和搅拌器均为停机状态
11		最低位液位标志	M	0.1	BOOL		表示液料即将放空
12		主循环组织块	OB	1	OB	1	线性结构的搅拌器控制程序
13		初始化组织块	OB	100	OB	100	复位所有输出变量
14		进料泵1	Q	0.0	BOOL		“1”有效
15		进料泵2	Q	0.1	BOOL		“1”有效
16		搅拌器M	Q	0.2	BOOL		“1”有效
17		放料泵	Q	0.3	BOOL		“1”有效
18		搅拌定时器	T	1	TIMER		SD定时器，搅拌10s
19		排空定时器	T	2	TIMER		SD定时器，延时5s
20							

图 9-35　开关量液体混合控制系统符号表

3. 规划程序结构

按分部结构设计控制程序，如图 9-36 所示。分部结构的控制程序由 6 个逻辑块构成。其中：OB1 为主循环组织块，OB100 为初始化程序，FC1 为液料 A 控制程序，FC2 为液料 B 控制程序，FC3 为搅拌控制程序，FC4 为出料控制程序。

4. 编辑功能 FC 和组织块 OB100

在“开关量液体混合”项目内选择“块”文件夹，单击鼠标右键并执行命令“插入新对象”→“功能”，分别创建 4 个功能：FC1、FC2、FC3 和 FC4。由于在符号表内已经为 FC1～FC4 定义了符号名，因此在创建 FC 的属性对话框内系统会自动添加符号名。采用相同的方法再添加组织块 OB100。

分别打开各块的 S7 程序编辑器，完成下列各块的编辑。

(1) 编辑 OB100　OB100 为启动组织块，由一个程序段组成，程序如图 9-37 所示。

(2) 编辑 FC1　FC1 实现液料 A 的进料控制，由一个程序段组成，程序如图 9-38 所示。

(3) 编辑 FC2　FC2 实现液料 B 的进料控制，由一个程序段组成，程序如图 9-39 所示。

(4) 编辑 FC3　FC3 实现搅拌器的控制，由两个程序段组成，程序如图 9-40 所示。

(5) 编辑 FC4　FC4 实现出料控制，由三个程序段组成，程序如图 9-41 所示。

5. 在 OB1 中调用功能

当 FC1、FC2、FC3 和 FC4 编辑完成后，在程序指令目录的“FC 块”目录中就会出现可调用的 FC1、FC2、FC3 和 FC4，在 OB1 中可以直接被调用，调用功能的窗口如图 9-42 所示。

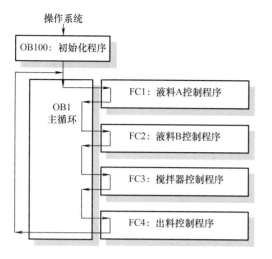

图9-36 开关量液体混合系统程序结构

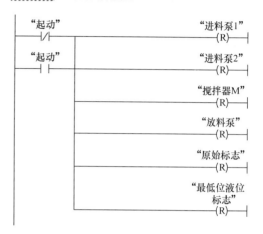

OB100： "Complete Restart"
程序段1：初始化所有变量

图9-37 OB100 程序

FC1：液料A控制程序
程序段1：关闭进料泵1，起动进料泵2

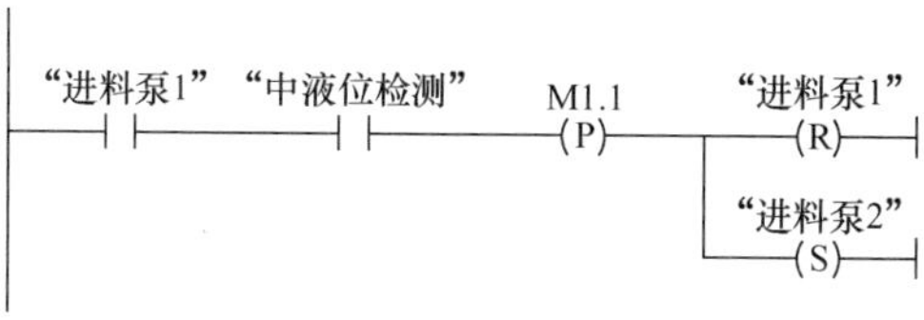

图9-38 FC1 程序

FC2：液料B控制程序
程序段1：关闭进料泵2，起动搅拌器

图9-39 FC2 程序

FC3：搅拌器控制程序
程序段1：设置10s搅拌定时

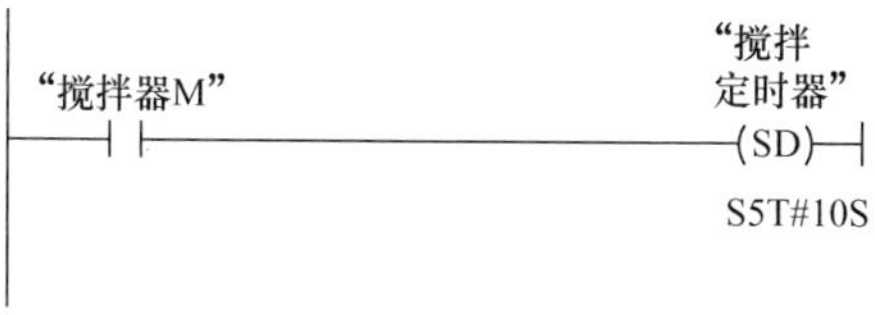

程序段2：关闭搅拌器，起动放料泵

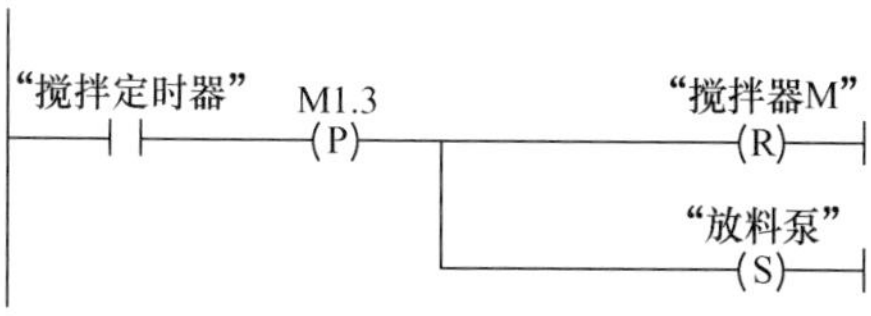

图9-40 FC3 程序

FC4：放料控制程序
程序段1：设置最低液位标志

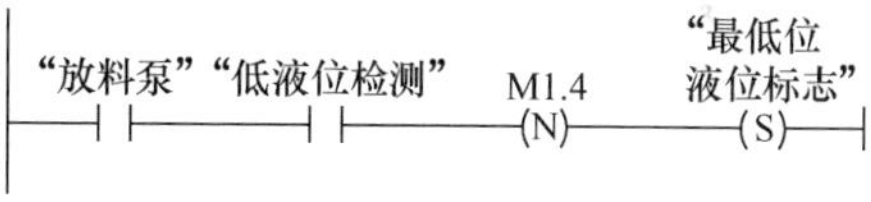

程序段2：放料，延时5s

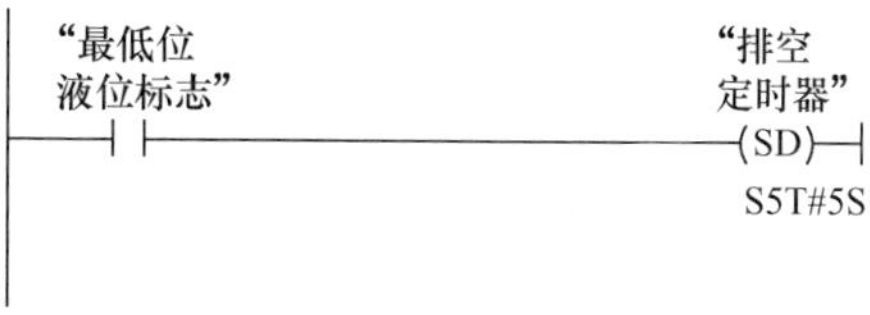

程序段3：清除最低液位标志，关闭放料泵

图9-41 FC4 程序

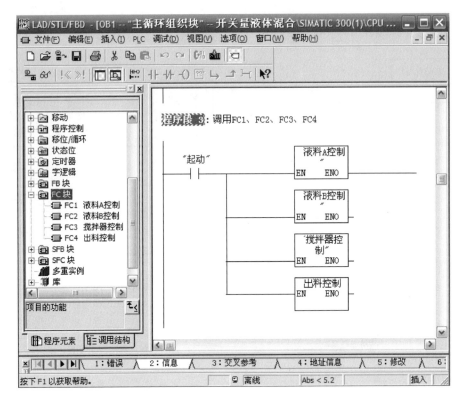

图 9-42　调用 FC1、FC2、FC3 和 FC4

主循环组织块 OB1 的梯形图如图 9-43 所示。

6. 仿真

打开仿真软件 PLCSIM，下载系统数据和所有的块后，切换到"RUN"模式。按下起动按钮 I0.0，依次操作 I0.4、I0.3 和 I0.2，模拟到达低、中、高液位的状态，观察输出的变化。

9.6.2　液体混合装置控制程序设计——使用模拟量

1. 建立项目与硬件组态

用新建项目生成名为"模拟量液体混合"的项目，CPU 为 CPU313C-2DP。

在硬件组态窗口，双击 2 号槽 CPU 的"DI16/DO16"设置输入、输出起始地址为"0"。在 4 号槽插入模拟量输入/输出模块"AI4/AO4 × 14/12bit"。硬件组态配置如图 9-44 所示。设置完成，单击工具栏上的■按钮，编译并保存组态信息。

2. 编辑符号表

选择"模拟量液体混合"项目的"S7 程序"文件夹，双击窗口右边的"符号"打开符号表编辑器，编辑符号表，如图 9-45 所示。

3. 规划程序结构

按结构化编程方式设计控制程序，如图 9-46 所示。控制程序由两个功能（FC）、一个功能块（FB）、两个背景数据块（DB）和两个组织块（OB）构成。其中：OB1 为主循环组织块；OB100 为启动组织块；FC1 实现搅拌控制；FC2 实现放料控制；FB1 通过调用 DB1 和

OB1："Main Program Sweep (Cycle)"

程序段1：设置原始标志

```
  "低液位检测"   "进料泵1"   "进料泵2"   "搅拌器M"   "放料泵"   "原始标志"
─────┤/├────────┤/├────────┤/├────────┤/├────────┤/├───────( )────
```

程序段 2：起动进料泵1

```
  "原始标志"    "起动"        M1.0        "进料泵1"
─────┤ ├─────────┤ ├────────(P)───────────(S)─────
```

程序段 3：调用FC1、FC2、FC3、FC4

```
                        ┌─────────────┐
                        │  "液料A控制"  │
   "起动"                ├──EN    ENO──┤
─────┤ ├───────┬────────┤             ├
               │        └─────────────┘
               │        ┌─────────────┐
               │        │  "液料B控制"  │
               ├────────┤──EN    ENO──┤
               │        └─────────────┘
               │        ┌─────────────┐
               │        │  "搅拌器控制"  │
               ├────────┤──EN    ENO──┤
               │        └─────────────┘
               │        ┌─────────────┐
               │        │  "出料控制"   │
               └────────┤──EN    ENO──┤
                        └─────────────┘
```

程序段 4：标题：

```
  "停止"      ┌──────────┐
─────┤ ├──────┤  MOVE    │──────────────────
              │ EN   ENO │
           0 ─┤ IN   OUT ├─ QB0
              └──────────┘
```

图 9-43　OB1 程序

插槽		模块 ...	订货号 ...	固件	M...	I 地址	Q 地址	注释
1								
2	▮	CPU 313C-2 DP	6ES7 313-6CF03-0AB0	V2.6	2			
X2	▮	DP				1023*		
2.2	▮	DI16/DO16				0...1	0...1	
2.4	▮	Count				768...783	768...783	
3								
4	▮	AI4/AO4x14/12Bit	6ES7 335-7HG00-0AB0			256...271	256...263	
5								
6								

图 9-44　模拟量液体混合控制硬件组态

DB2 实现料A 和料B 的进料控制；DB1 和 DB2 为料A 和料B 进料控制的背景数据块，在调用 FB1 时为 FB1 提供实际参数，并保存过程结果。

4. 编辑功能 FC

在项目的"块"区域插入新对象功能 FC1 和功能 FC2。

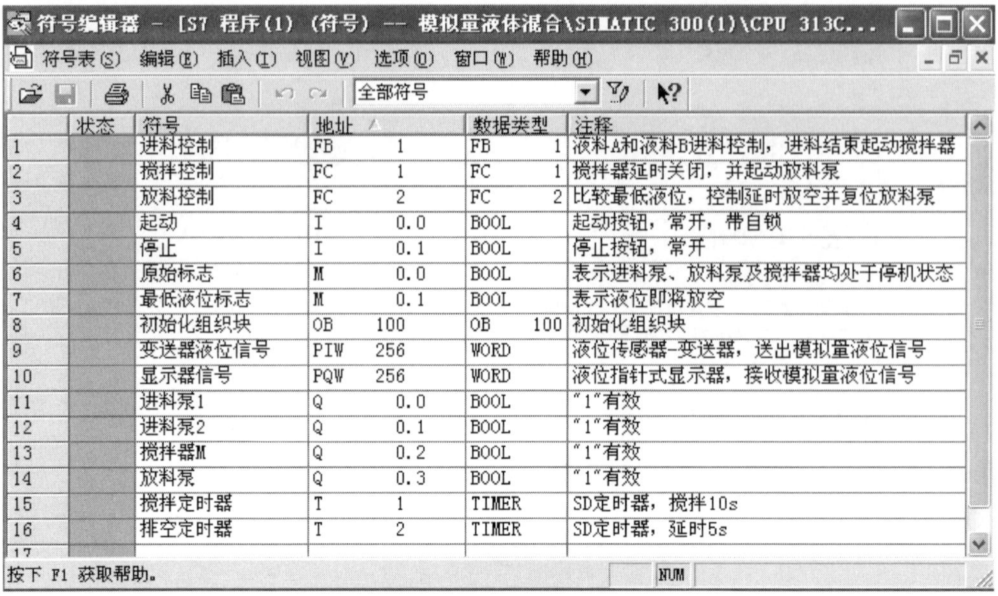

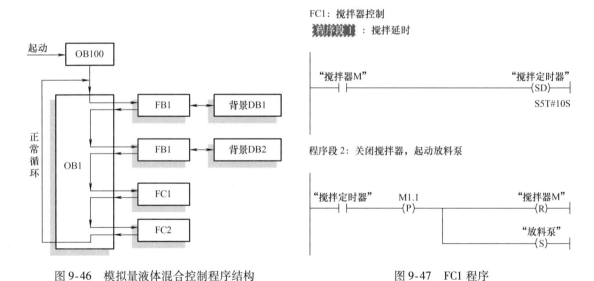

图 9-45　模拟量液体混合控制符号表

（1）创建功能 FC1　FC1 的程序如图 9-47 所示。FC1 实现搅拌器控制，搅拌延时 10s，延时时间到，关闭搅拌器，起动放料泵。

FC1：搅拌器控制

程序段 1：搅拌延时

程序段 2：关闭搅拌器，起动放料泵

图 9-46　模拟量液体混合控制程序结构　　　　图 9-47　FC1 程序

（2）创建功能 FC2　FC2 的程序如图 9-48 所示。FC2 实现放料控制，当变送器送出的模拟量液位值为 0 时，设置最低液位标志，放料泵继续放料，并起动排空延时 5s。时间到关闭放料泵，消除最低液位标志。

5. 创建功能块 FB

（1）定义局部变量声明表　功能块 FB1 包含 4 个局部变量，局部变量声明表如图 9-49 所示。

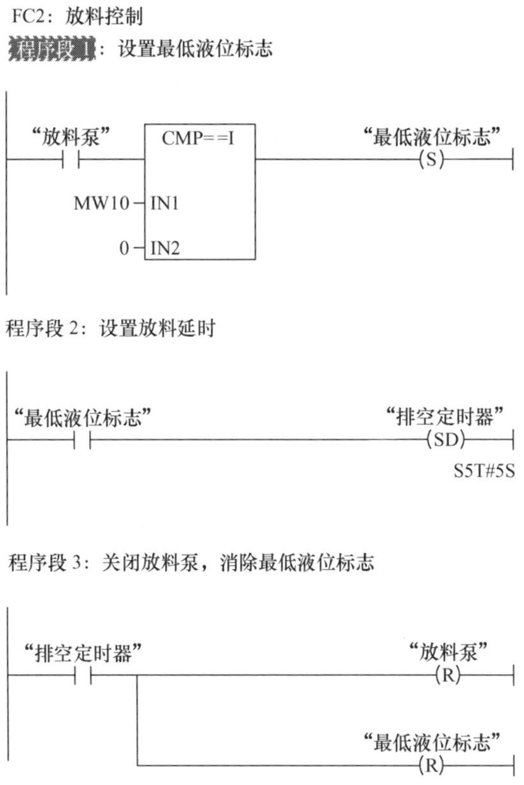

FC2：放料控制
程序段1：设置最低液位标志
“放料泵”
CMP==I
“最低液位标志”
S
MW10
IN1
0
IN2
程序段2：设置放料延时
“最低液位标志”
“排空定时器”
SD
S5T#5S
程序段3：关闭放料泵，消除最低液位标志
“排空定时器”
“放料泵”
R
“最低液位标志”
R

图9-48　FC2程序

内容：'环境\接口\IN'
接口
IN
A_IN
A_C
OUT
内容：'环境\接口\IN_OUT'
OUT
IN_OUT
Device1
Device2
STAT

名称	数据类型	地址	初始值	排除地址	终端地址	注释
A_IN	Int	0.0	0	□	□	模拟量输入数据
A_C	Int	2.0	0	□	□	液位比较值
				□	□	

名称	数据类型	地址	初始值	排除地址	终端地址	注释
Device1	Bool	4.0	FALSE	□	□	设备1
Device2	Bool	4.1	FALSE	□	□	设备2
				□	□	

图9-49　FB1局部变量声明表

（2）编写控制程序　FB1的梯形图程序如图9-50所示。FB1的程序将被两次调用，实现进料泵1和进料泵2的控制。当变送器送入的模拟量液位和预定液位比较相等时，则复位上一设备，起动下一设备。

FB1：进料控制
程序段1：满足条件，则复位设备1，起动设备2
#Device1
CMP>=I
#Device1
R
#A_IN
IN1
#Device2
S
#A_C
IN2

图9-50　FB1的梯形图程序

6. 建立背景数据块DB

在SIMATIC管理器中，双击本项目的“块”文件夹，插入新对象数据块，创建与FB1相关联的背景数据块DB1和DB2。STEP 7自动为DB1和DB2构建了

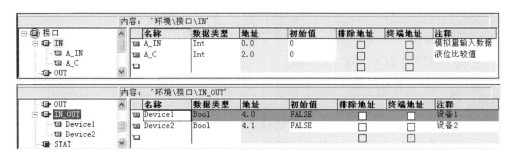

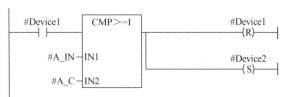

与 FB1 完全相同的数据结构，如图 9-51 所示。

DB1 -- 模拟量液体混合\SIMATIC 300(1)\CPU 313C-2 DP

	地址	声明	名称	类型	初始值	实际值	备注
1	0.0	in	A_IN	INT	0	0	模拟量输入数据
2	2.0	in	A_C	INT	0	0	液位比较值
3	4.0	in_out	Device1	BOOL	FALSE	FALSE	设备1
4	4.1	in_out	Device2	BOOL	FALSE	FALSE	设备2

图 9-51 背景数据块 DB1 的数据结构

7. 编写 OB100 的控制程序

OB100 的梯形图程序如图 9-52 所示。

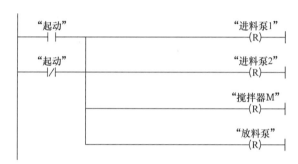

图 9-52 OB100 的梯形图程序

8. 在 OB1 中调用 FC1、FC2 和 FB1

组织块 OB1 由 8 个程序段组成，梯形图程序如图 9-53 所示。

程序段 1 和程序段 2 将变送器送入的模拟值暂存到 MW10，并输出到显示器显示。程序段 3 和程序段 4 确定液位为空时设置为原始标志，开始起动进料泵 1，进 A 液体。程序段 5 和程序段 6 是进料泵 1 和进料泵 2 的进料控制，调用了两次功能块 FB1，分别指定了 DB1 和 DB2 两个背景数据块，赋予对应的实参。程序段 7 为搅拌和放料控制，调用了 FC1 和 FC2。程序段 8 为停止操作。

9. 仿真

打开仿真软件 PLCSIM，下载系统数据和所有的块后，切换到“RUN”模式，仿真结果如图 9-54 所示。

按下起动按钮 I0.0，进料泵 1 开始进料，变送器液位值开始上升。在 PIW256 中输入 50，PQW256 显示 50，表示到达中液位，进料泵 2 输出。在 PIW256 中输入 200，表示液位满，搅拌器 M 输出，并开始延时，10s 后，放料泵开始放料。在 PIW256 中输入 0，表示液体放空，再延时 5s 后继续进料。

去掉“起动”复选框的对钩，勾选“停止”复选框，则所有的输出停止。

OB1: "Main Program Sweep (Cycle)"

程序段 1：设置当前液位信号暂存器

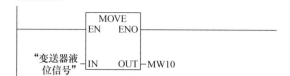

程序段 2：将当前液位送显示器显示

```
"起动"        MOVE
  ┤├      EN    ENO
"变送器液
 位信号" ─IN   OUT─ "显示器信号"
```

程序段 3：设置原始标志

```
"进料泵1" "进料泵2" "搅拌器M" "放料泵"  CMP>=I      "原始标志"
  ┤/├      ┤/├      ┤/├      ┤/├                     ( )
                                    MW10─IN1
                                       0─IN2
```

程序段 4：起动进料泵1

```
"原始标志"   "起动"    M1.0    "进料泵1"
   ┤├        ┤├       (P)       (S)
```

程序段 5：调用FB1，液位到达50时复位进料泵1，起动进料泵2

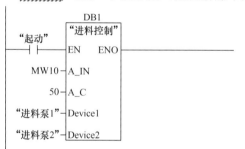

程序段 6：调用FB1，液位到达200时复位进料泵2，起动搅拌器M

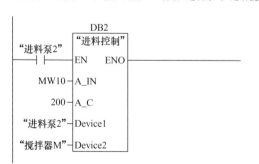

程序段 7：调用FC1、FC2，搅拌和放料控制

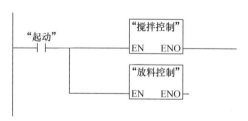

程序段 8：复位停止操作

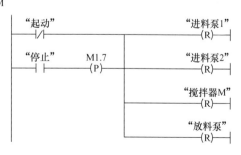

图 9-53　OB1 的梯形图程序

图 9-54　模拟量液体混合控制 PLCSIM 仿真

 思考与练习

1. 填空题

（1）逻辑块包括_____、_____、_____、_____和_____。

（2）CPU 可以同时打开_____个共享数据块和_____个背景数据块。用指令_____打开 DB2 后，DB2. DBB0 可以用_____来访问。

（3）背景数据块中的数据是功能块的_____中的数据（不包括临时数据）。

（4）调用_____和_____时需要指定其背景数据块。

（5）若 FB1 调用 FC1，应先创建二者中的_____。

（6）在梯形图中调用功能块时，方框内是功能块的_____，方框外是对应的_____。方框的左边是块的_____参数，右边是块的_____参数。

（7）S7-300 PLC 在启动时调用 OB _____。

（8）CPU 检测到错误时，如果没有下载对应的错误处理 OB，CPU 将进入_____模式。

2. 思考题

（1）功能和功能块有什么区别？

（2）组织块与其他逻辑块有什么区别？

（3）怎样生成多重背景功能块？怎样调用多重背景？

（4）延时中断与定时器都可以实现延时，它们有什么区别？

3. 设计求圆周长的功能 FC2，FC2 的输入参数为直径 Diameter（INT 整数），圆周率为 3.14159，用整数运算指令计算圆的周长，存放在双字输出参数 Perimeter 中。TMP1 是 FC2

中的双字临时局部变量。在 OB1 中调用 FC2，直径的输入值为常数 10000，存放圆周长的地址为 MD8。仿真观察 MD8 中的运算结果是否正确。

4. 有一工业用洗衣机，控制要求如下：

（1）按起动按钮后给水阀就开始给水→当水满传感器动作时就停止给水→波轮正转 5s，再反转 5s，然后再正转 5s，如此反复转动 5min→出水阀开始出水→出水 10s 后停止出水，同时声光报警器报警，叫工作人员来取衣服。

（2）按停止按钮声光报警器停止，并结束工作过程。

要求：分配 I/O 口，设计梯形图。

5. 车辆出入库管理。

车辆入库管理设备布置图如图 9-55 所示，编制一个用 PLC 控制的车辆出入库管理梯形图控制程序，控制要求如下：

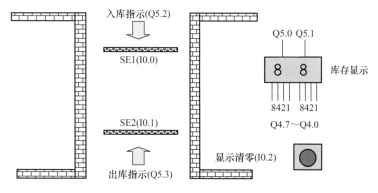

图 9-55   车辆入库管理设备布置图

（1）入库车辆前进时，经过 1#传感器（SE1）→2#传感器（SE2）后计数器加 1，后退时经过 2#传感器→1#传感器后计数器减 1，单经过一个传感器则计数器不动。

（2）出库车辆前进时，经过 2#传感器→1#传感器后计数器减 1，后退时经过 1#传感器→2#传感器后计数器加 1，单经过一个传感器则计数器不动作。

（3）设计一个由两位数码管及相应的辅助元件组成的显示电路，显示车库内车辆的实际数量。

6. 设计一个使用传送机将大、小球分类后分别传送的系统。

左上为原点，按启动按钮 SB1 后，其动作顺序为：下降→吸球（延时 1s）→上升→右行→下降→放球（延时 1s）→上升→左行。

其中：LS1 为左限位；LS3 为上限位；LS4 为小球右限位；LS5 为大球右限位；LS2 为大球下限位；LS0 为小球下限位。

机械臂下降时，吸住大球，则下限位 LS2 接通，然后将大球放到大球容器中。若吸住小球，则下限位 LS0 接通，然后将小球放到小球容器中。

试分配 I/O，设计梯形图程序。

▶ 项目 10

十字路口交通信号灯控制设计与调试

用经验设计法设计梯形图时，没有一套固定的方法和步骤可以遵循，具有很大的试探性和随意性，对于不同的控制系统，没有一种通用的容易掌握的设计方法。在设计复杂系统的梯形图时，用大量的中间单元来完成记忆、自锁和互锁等功能，由于需要考虑的因素很多，它们往往又交织在一起，分析起来非常困难，并且很容易遗漏一些应该考虑的问题。修改某一局部电路时，也可能对系统的其他部分产生意想不到的影响，因此梯形图的修改也很麻烦。用经验法设计出的梯形图往往很难阅读，给系统的维修和改进带来了很大的困难。

在工业控制领域中，也可以将整个控制任务在时间上划分成能够实现不同功能的阶段，相当于工序。通过转换条件，各阶段相互衔接，按顺序依次执行。这就是目前被工业控制领域广泛采用的一种先进的控制方法——顺序控制。

 项目目标

1. 了解顺序控制的概念及顺序功能图的分类。
2. 掌握顺序功能图的设计方法和设计步骤。
3. 掌握在 S7-GRAPH 编程语言环境下完成顺序控制系统的设计及调试的方法。
4. 利用 S7-GRAPH 语言完成十字路口交通信号灯控制系统的设计与调试。

任务 10.1　认识顺序控制功能图

【提出任务】

如果一个控制系统可以分解成几个独立的控制动作或工序，且这些动作或工序必须严格按照一定的先后次序执行才能保证生产的正常进行，实际控制中遇到这样的控制要求，如何能实现其控制总是一步一步按顺序进行？

【分析任务】

顺序功能图（Sequential Function Chart，SFC）是 IEC 标准编程语言，适用于编制复杂的顺序控制程序，很容易被初学者接受，对于有经验的电气工程师，也会大大提高工作效率。这里介绍的 S7-GRAPH 编程语言符合国际标准 IEC 61131-3，适用于 SIMATIC S7-300（推荐用于 CPU314 以上 CPU）、S7-400、C7 及 WinAC 系统。S7-GRAPH 针对顺序控制程序做了相应优化处理，它不仅仅具有 PLC 典型的元素（例如输入/输出、定时器、计数器），而且增加了如下概念：顺控器（系统中最多 8 个）、步（每个顺控器最多 250 步）、每个步的动作（每步最多 100 个）、转换条件（每个顺控器最多 250 个）、分支条件（每个顺控器最多 250 个）、逻辑互锁（最多 32 个条件）、监控条件（最多 32 个条件）、事件触发功能、切换运行模式（自动、单步及键控模式）。

【解答任务】

10.1.1　顺序控制及系统结构

1. 顺序控制

所谓顺序控制，就是按照生产工艺预先规定的顺序，在各个输入信号的作用下，根据内部状态和时间的顺序，在生产过程中各个执行机构自动地有秩序地进行操作。

下面以图 10-1 所示 4 个加工站（预备、钻、铣和终检）的加工生产线顺序控制为例进行介绍。该生产线工作过程为：一个工件位于预备位置上→起动条件满足后，工件被传送到钻加工位置（步 S2）→对工件进行 4s 钻加工（步 S3）→钻加工时间到，工件被继续送到铣加工站（步 S4）→对工件进行 4s 铣加工（步 S5）→铣加工时间到，工件被送到终检站（步 S6）→终检（步 S7）完毕，在预备工作站上放一个新工件（或者已经有了新工件）再按应答键，可以使这一过程从头开始。

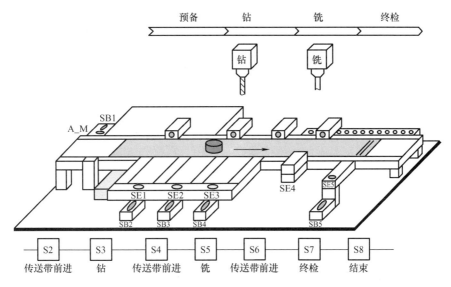

图 10-1　加工站顺序控制示例

从以上描述已经可以看出，加工过程由一系列步或功能组成，这些步或功能按顺序由转换条件激活，始终用顺序控制来实现。

顺序控制的典型例子是洗衣机、汽车洗涤流水线及交通信号灯控制系统等，即传统方法中采用步进指令或定时器来实现控制过程。相反，电梯控制是采用逻辑操作控制的典型例子，在这种控制中不存在按一定顺序重复的"步"，因此要根据具体的控制要求采用不同的控制方式。

使用顺序控制设计法时，首先根据系统的工艺过程画出顺序功能图，然后根据顺序功能图画出梯形图。有的 PLC 编程软件为用户提供了顺序功能图（SFC）语言，在编程软件中生成顺序功能图后便完成了编程工作。这里重点介绍 STEP 7 系统中 S7-GRAPH 编程语言环境下完成顺序功能图的设计及调试方法。

2. 顺序控制系统的结构

在 S7-GRAPH 环境下，一个完整的顺序控制系统包括四个部分：方式选择、顺控器、命令输出、故障信号和状态信号，如图 10-2 所示。

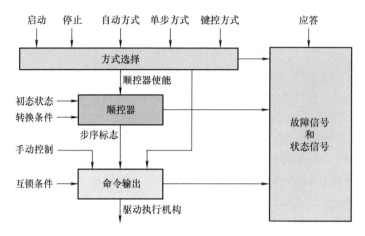

图 10-2　顺序控制系统结构图

（1）方式选择　在方式选择部分主要处理各种运行方式的条件和封锁信号。运行方式在操作台上通过选择开关或按钮进行设置和显示。设置的结果形成使能信号或封锁信号，并影响"顺控器"和"命令输出"。通常，基本的运行方式如下：

1）自动方式：在该方式下，系统将按照顺控器中确定的控制顺序，自动执行各控制环节的功能，一旦系统启动后就不再需要操作人员的干预，但可以响应停止和急停操作。

2）单步方式：在该方式下，系统依据控制按钮，在操作人员的控制下，一步一步地完成整个系统的功能，但并不是每一步都需要操作人员确认。

3）键控方式：在该方式下，各执行机构（输出端）的动作需要由手动控制实现，不需要 PLC 程序。

（2）顺控器　顺控器是顺序控制系统的核心，是实现按时间、顺序控制工业生产过程的一个控制装置。这里所讲的顺控器专指用 S7-GRAPH 语言编写的一段 PLC 控制程序，使用顺序功能图描述控制系统的控制过程、功能和特性。

（3）命令输出　命令输出部分主要实现控制系统各控制步的具体功能，如驱动执行机构。

（4）故障信号和状态信号　故障信号和状态信号部分主要处理控制系统运行过程中的故障及状态信号，如当前系统工作于哪种方式，已经执行到哪一步，工作是否正常等。

一个顺序控制项目至少需要一个 S7-GRAPH FB 功能块、一个调用 S7-GRAPH FB 的块以及 S7-GRAPH FB 块相应的背景数据块 DB，如图 10-3 所示。

10.1.2　顺序功能图

顺序功能图（Sequential Function Chart，SFC）是描述控制系统的控制过程、功能和特性的一种图形，也是设计 PLC 的顺序控制程序的有力工具。

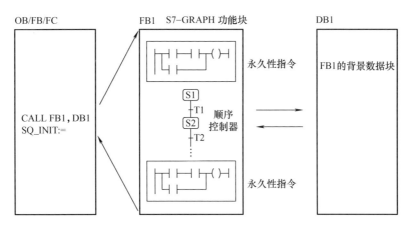

图 10-3　顺序控制系统中的块

与传统的编程方法不同，顺序控制的核心是需要按照控制要求设计出时间上具有先后顺序的功能段，并且确定这些段之间的转化条件以及段的执行与输出。在编制之前一般都是通过绘制顺序功能图来实现。顺序功能图主要由一系列的步、有向连线、每一步的转换条件和步的动作组成，如图 10-4 所示。

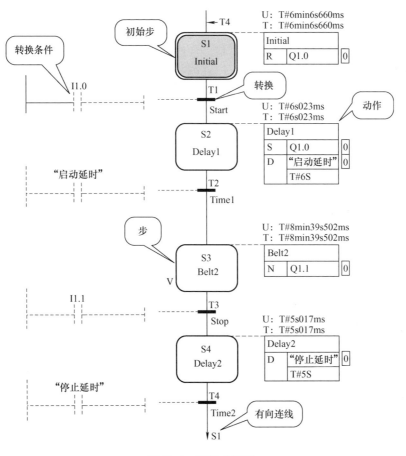

图 10-4　顺序功能图

1. 步

一个顺序控制过程可分为若干个阶段，这些阶段称为步（Step）或状态。每个步都有不同的动作（但初始步有可能没有动作）。当相邻两步之间的转换条件满足时，就将实现步与步之间的转换，即上一个步的动作结束而下一个步的动作开始。步与步之间实现转换应该同时满足两个条件：前级步必须是活动步，对应的转换条件成立。

（1）步的划分 顺序控制设计法最基本的思想是将系统的一个工作周期划分为若干步。步是根据输出量的状态变化来划分的，在任何一步之内，各输出量的 ON/OFF 状态不变，但是相邻两步输出量总的状态是不同的。步的这种划分方法使代表各步的编程元件的状态与各输出时的状态之间有着极为简单的逻辑关系。

（2）初始步 与系统的初始状态相对应的步称为初始步。初始状态一般是系统等待启动命令的相对静止的状态。每一个顺序功能图至少应该有一个初始步（初始状态）。

（3）活动步 当系统正处于某一步所在的阶段时，该步处于活动状态，称该步为"活动步"。步处于活动状态时，相应的动作被执行；处于不活动状态时，相应的非存储型动作被停止执行。

编程时可以为每一步规定等待时间和监控时间，等待时间作为下一步的转换条件参与逻辑运算，监控时间被当作故障信号或封锁信号处理。

2. 有向连线

在顺序功能图中，随着时间的推移和转换条件的实现，将会发生步的活动状态的进展，这种进展按有向连线规定的路线和方向进行。在画顺序功能图时，将代表各步的方框按它们成为活动步的先后次序顺序排列，并用有向连线将它们连接起来。步的活动状态习惯的进展方向是从上到下或从左至右，在这两方向有向连线上的箭头可以省略。如果不是上述的方向，应在有向连线上用箭头注明进展方向。在可以省略箭头的有向连线上，为了更易于理解也可以加箭头。

3. 转换条件

转换条件是由被激活的活动步进入到下一步转换的条件。当转换条件满足时，自动从当前步跳到下一步（关闭当前步，激活下一步）。转换条件在当前步下面，用短水平线（若有斜线则表示取反）引出并放置在线的旁边。

4. 动作

动作命令放在步框的右边，表示与当前步有关的指令，一般用输出类指令（如输出、置位、复位等）。步相当于这些指令的左母线，这些动作命令平时不被执行，只有当对应的步被激活时才被执行。

10.1.3 顺序功能图的结构类型

顺序功能图有单序列、选择序列、并行序列和混合序列 4 种基本类型，如图 10-5 所示。

1. 单序列

由一系列相继激活的步组成，每一步的后面仅有一个转换，每一个转换的后面只有一个步，从头到尾只有一条路可走，如图 10-5a 所示。

举例：指示灯控制系统。

（1）控制说明 某指示灯控制系统有三个指示灯，控制要求如下：

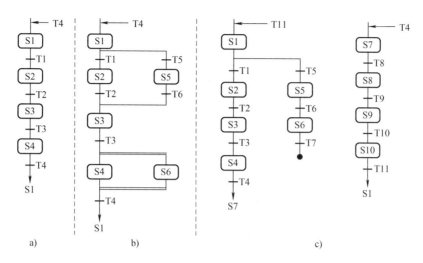

图 10-5 顺序功能图的结构类型

1）按下启动按钮 Start，指示灯系统开始工作，按间隔 20s 的时间 L0→L1→L2 依次点亮。

2）随时按下停止按钮 Stop，L0、L1、L2 同时灭灯。

（2）指示灯控制系统元件分配 PLC 输入/输出分配表如表 10-1 所示。

表 10-1 指示灯控制系统输入/输出分配表

编程元件	元件地址	符号	执行器/传感器	说明
数字量输入 DC32×24V	I0.1	Start	常开按钮	启动按钮
	I0.2	Stop	常开按钮	停止按钮
数字量输出 DC32×24V	Q4.0	L0	指示灯	指示灯，"1"亮，"0"不亮
	Q4.1	L1	指示灯	指示灯，"1"亮，"0"不亮
	Q4.2	L2	指示灯	指示灯，"1"亮，"0"不亮

（3）顺序功能图 根据分析，该控制灯要求依次点亮，所以用单序列顺序功能图，如图 10-6 所示。

2. 选择序列

如图 10-5b 序列的上半部所示，序列中存在多条路径，而只能选择其中一条路径来走，这种分支方式称为选择性分支序列。具有"自动"和"手动"两种操作模式的顺控器，一般设计成选择性分支序列。

1）选择性分支的选择。以图 10-5b 为例，S2 所在的分支和 S5 所在的分支为一对选择性分支。在步 S1 处，其转移条件（T1、T5）分散在各个分支中。在 S1

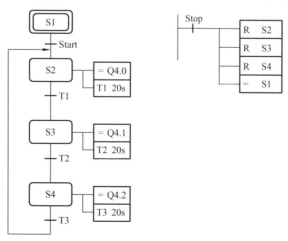

图 10-6 指示灯控制系统顺序功能图

195

被激活的状态下，若 T1 先定时到，则执行 S2 所在分支，此后即使 T5 定时到也不再执行 S5 的分支；若 T5 先定时到，则执行 S5 所在分支，此后即使 T1 定时到也不再执行 S2 分支。

2）选择性分支的汇合。以图 10-5b 为例，对于选择性分支，被选择的分支（假设为 S2 所在分支）的最后一个步（S2）被激活后，只要其转移条件满足（T2 定时到），就从汇合处跳出进入下一步（S3），而不再考虑其他分支是否被执行。

举例：洗车控制系统设计。

（1）控制说明　洗车过程包含三道工艺：泡沫清洗、清水冲洗和风干。系统设置"自动"和"手动"两种控制方式，如图 10-7 所示。具体控制要求如下：

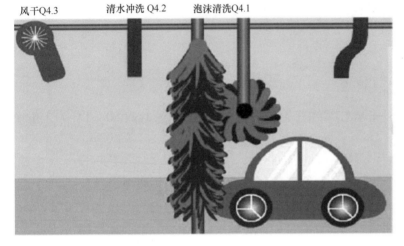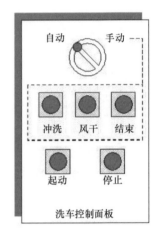

图 10-7　洗车控制系统

1）若方式选择开关 Mode 置于"手动"方式，按起动按钮 Start，则按下面的顺序动作：首先执行泡沫清洗→按冲洗按钮 SB1，则执行清水冲洗→按风干按钮 SB2，则执行风干→按结束按钮 SB3，则结束洗车作业。

2）若选择方式开关置于"自动"方式，按起动按钮后，则自动执行洗车流程：泡沫清洗 10s→清水冲洗 20s→风干 5s→结束→回到待洗状态。

3）任何时候按下停止按钮 Stop，则立即停止洗车作业。

（2）洗车控制系统元件分配　PLC 输入/输出分配表如表 10-2 所示。

表 10-2　洗车控制系统输入/输出分配表

编程元件	元件地址	符　号	执行器/传感器	说　　明
数字量输入 DC32×24V	I0.0	Mode	方式选择开关	方式选择开关：1—"自动"方式；0—"手动"方式
	I0.1	Start	常开按钮	起动按钮
	I0.2	Stop	常开按钮	停止按钮
	I0.3	SB1	常开按钮	清水冲洗按钮
	I0.4	SB2	常开按钮	风干按钮
	I0.5	SB3	常开按钮	结束按钮

（续）

编程元件	元件地址	符　号	执行器/传感器	说　　明
数字量输出 DC32×24V	Q4.1	KM1	接触器，"1"有效	控制泡沫清洗电动机
	Q4.2	KM2	接触器，"1"有效	控制清水冲洗电动机
	Q4.3	KM3	接触器，"1"有效	控制风干机

（3）顺序功能图　由于"手动"和"自动"工作方式只能选择其一，因此使用选择性分支来实现，如图 10-8 所示。

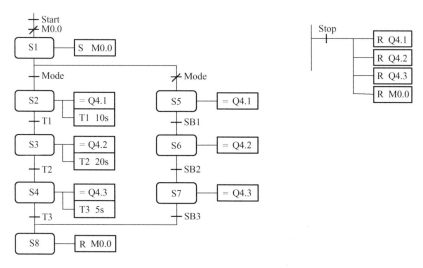

图 10-8　洗车控制系统顺序功能图

1）待洗状态用 S1 表示。

2）洗车作业流程包括：泡沫清洗、清水冲洗、风干 3 个工序。在"自动"和"手动"方式下可分别用 3 个状态来表示：自动方式使用 S2 ~ S4；手动方式使用 S5 ~ S7。

3）洗车作业完成状态使用 S8。

3. 并行序列

如图 10-5b 序列的下半部所示，序列中若有多条路径，且必须同时执行，这种分支方式称为并行序列。在各个分支都执行完后，才会继续往下执行，这种有等待功能的合并方式，称为并行序列的合并。

1）并行序列的执行。以图 10-5b 为例，S4 所在的分支和 S6 所在的分支为一对并行分支。在步 S3 处，转移条件汇集于分支之前，在 S3 被激活的状态下，若转移条件满足（T3 定时到）则两个分支（S4 和 S6）同时被执行。

2）并行序列的合并。在各个分支都执行完后，才会继续往下执行，这种有等待功能的汇合方式，称为并行序列的汇合。以图 10-5b 为例，只有当 S4 所在的分支和 S6 所在的分支全部执行完毕后，才进行合并，执行分支外部的状态步。

举例：饮料灌装线的设计。

（1）控制说明　图 10-9 所示为某流质饮料灌装生产线的示意图。在传送带上设有灌装工位和封盖工位，能自动完成饮料的灌装及封盖操作。传送带由电动机 M1 驱动，传送带上设有灌装工位工件传感器 SE1、封盖工位工件传感器 SE2 和传送带定位传感器 SE5。具体控制要求如下：

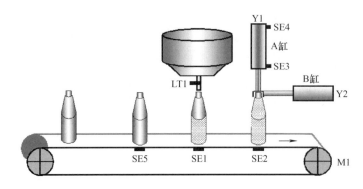

图 10-9 饮料灌装线示意图

1）按动起动按钮 Start，传送带 M1 开始转动，若定位传感器 SE5 动作，表示饮料瓶已到达一个工位，传送带应立即停止。

2）在灌装工位上部有一个饮料罐，当该工位有饮料瓶时，则由电磁阀 LT1 对饮料瓶进行 3s 定时灌装（传送带已定位）。

3）在封盖工位上有 2 个单作用气缸（A 缸和 B 缸），当工位上有饮料瓶时，首先 A 缸向下推出瓶盖，当 SE3 动作时，表示瓶盖已推到位，然后 B 缸开始执行压接，1s 后 B 缸打开，再经 1s 后 A 缸退回，当 SE4 动作时表示 A 缸已退回到位，封盖动作完成。

4）瓶子的补充及包装，假设使用人工操作，暂时不考虑。

5）任何时候按停止按钮 Stop，应立即停止正在执行的工作：传送带电动机停止、电磁阀关闭、气缸归位。

（2）饮料灌装线系统元件分配 PLC 输入/输出分配表如表 10-3 所示。

表 10-3 饮料灌装线控制系统 PLC 输入/输出分配表

编程元件	元件地址	符号	执行器/传感器	说明
数字量输入 DC32×24V	I0.0	Start	常开按钮	起动按钮
	I0.1	Stop	常开按钮	停止按钮
	I0.2	SE1	位置检测开关，常开	灌装位置有无瓶检测
	I0.3	SE2	位置检测开关，常开	封盖位置有无瓶检测
	I0.4	SE3	位置检测开关，常开	气缸 A 推出到位检测
	I0.5	SE4	位置检测开关，常开	气缸 A 退回到位检测
	I0.6	SE5	位置检测开关，常开	传送带定位开关
数字量输出 DC32×24V	Q4.0	M1	接触器，"1" 有效	控制传送带电动机
	Q4.1	LT1	电磁阀，"1" 有效	电磁阀
	Q4.2	Y1	电磁气动阀，"1" 有效	控制单作用气缸 A
	Q4.3	Y2	电磁气动阀，"1" 有效	控制单作用气缸 B

（3）顺序功能图 根据控制要求设计的顺序控制功能图如图 10-10 所示，其中，S1—传

送带动作；S2—电磁阀动作；S3—等待；S4—A 缸推出；S5—B 缸压盖；S6—B 缸松开，A 缸退回，S7—等待。

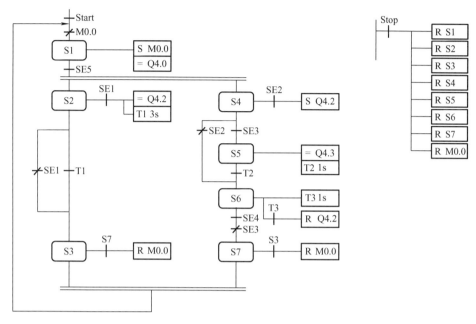

图 10-10　饮料灌装线控制系统顺序功能图

4. 混合序列

如图 10-5c 所示，一个顺序控制任务，如果存在多个相互独立的工艺流程，则需要采用混合序列设计，这种结构主要用于处理复杂的顺序控制任务。

任务 10.2　应用 S7-GRAPH

【提出任务】

有 3 条传送带顺序相连，如图 10-11 所示。按下起动按钮，3 号传送带开始工作，5s 后 2 号传送带自动起动，再过 5s 后 1 号传送带自动起动。停机的顺序与起动的顺序相反，间隔为 10s。即按下停止按钮后，先停 1 号传送带，10s 后停 2 号传送带，再过 10s 后停 3 号传送带。用顺序功能图的方法实现传送带的控制。

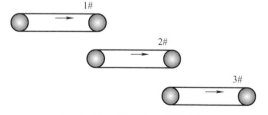

图 10-11　传送带工作示意图

【分析任务】

本任务可以利用基本逻辑指令的 LAD 编程语言实现。但 S7-300 PLC 除了支持前面介绍的梯形图、语句表及功能块图基本编程语言之外，如果使用可选软件包（S7-GRAPH）或安装 STEP 7 专业版，还能进行顺序功能图的编写。利用 S7-GRAPH 编程语言，可以清楚快速地组织和编写 S7 系列 PLC 系统的顺序控制程序。它根据功能将控制任务分解为若干步，其顺序用图形方式显示出来并且可形成图形和文本方式的文件，可非常方便地实现全局、单页或单步显示及互锁控制和监视条件的图形分离。

在每一步中要执行相应的动作并且根据条件决定是否转换为下一步。它们的定义、互锁或监视功能用 STEP 7 的编程语言 LAD 或 FBD 来实现。

S7-300/400 的 S7-GRAPH 软件与 IEC 1131-3 标准建立的顺序控制语言兼容。该语言可提供下列功能：

1）在同一个 S7-GRAPH 功能块中可同时存在几个顺控器；步序和转换条件的号码可自由分配。

2）并行分支和选择性分支。

3）跳转（也可以到其他顺控序列中）。

4）激活/保持步序可以起动停止顺序控制的执行。

5）测试功能：显示动态的步序和有故障的步序；显示状态和修改变量；在手动、自动和单步模式间切换。

下面结合传送带控制系统设计，介绍使用 S7-GRAPH 编辑顺序功能图的方法。

【解答任务】

10.2.1 创建顺序功能图

1. 安装 S7-GRAPH 语言

STEP 7 标准版并不包括 S7-GRAPH 软件包及授权，需单独购买，并按照提示进行安装。S7-GRAPH 软件包安装语言默认为英语，安装结束后，不用重启计算机，就可以使用 S7-GRAPH。STEP 7 Professional 版包括了 S7-GRAPH 的软件包及授权，安装即可。在 S7 程序中，S7-GRAPH 块可以与其他 STEP 7 编程语言生成的块组合互相调用，S7-GRAPH 生成的块也可以作为库文件被其他语言引用。

2. 创建使用 S7-GRAPH 的功能块

用新建项目向导生成名为“3 段传送带”的项目，CPU 为 CPU313C-2DP。编辑符号表如图 10-12 所示。

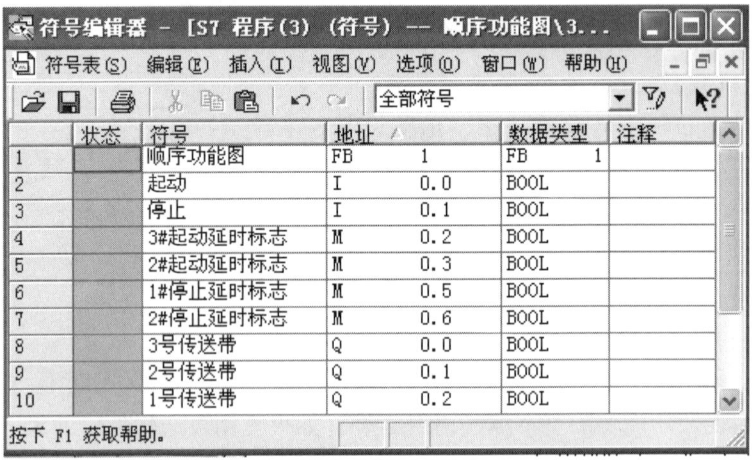

	状态	符号	地址		数据类型		注释
1		顺序功能图	FB	1	FB	1	
2		起动	I	0.0	BOOL		
3		停止	I	0.1	BOOL		
4		3#起动延时标志	M	0.2	BOOL		
5		2#起动延时标志	M	0.3	BOOL		
6		1#停止延时标志	M	0.5	BOOL		
7		2#停止延时标志	M	0.6	BOOL		
8		3号传送带	Q	0.0	BOOL		
9		2号传送带	Q	0.1	BOOL		
10		1号传送带	Q	0.2	BOOL		

图 10-12 3 段传送带控制符号表

执行 SIMATIC 管理器的菜单命令"插入"→"S7 块"→"功能块",在弹出的"属性-功能块"对话框中,功能块默认的名称为"FB1",用下拉式列表设置"创建语言"为"GRAPH"(即 S7-GRAPH),如图 10-13 所示。

图 10-13　创建功能块并选择创建语言

3. S7-GRAPH 编辑器

双击 FB1 后,打开 S7-GRAPH 编辑器,如图 10-14 所示。右边的程序工作区有自动生成的步"S1 Step1"和转换"T1 Trans1"。

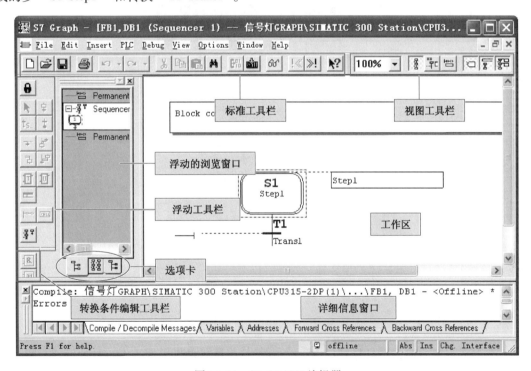

图 10-14　S7-GRAPH 编辑器

S7-GRAPH 编辑器由生成和编辑程序的工作区、标准工具栏、视窗工具栏、浮动工具栏、详细信息窗口和浮动的浏览窗口等组成。

(1) View 视图工具栏　视图工具栏上各按钮的作用如图 10-15 所示。

(2) Sequencer 浮动工具栏　Sequencer 浮动工具栏上各工具按钮的作用如图 10-16 所示。

(3) LAD 转换条件编辑工具栏　转换条件编辑工具栏上各指令的含义如图 10-17 所示。

(4) Over-View 浮动的浏览窗口　单击标准工具栏上的 ▥ 按钮可显示或隐藏左视窗浏览

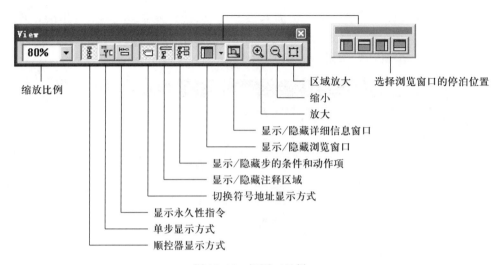

缩放比例
区域放大
缩小
放大
显示/隐藏详细信息窗口
显示/隐藏浏览窗口
显示/隐藏步的条件和动作项
显示/隐藏注释区域
切换符号地址显示方式
显示永久性指令
单步显示方式
顺控器显示方式
选择浏览窗口的停泊位置

图 10-15　视图工具栏

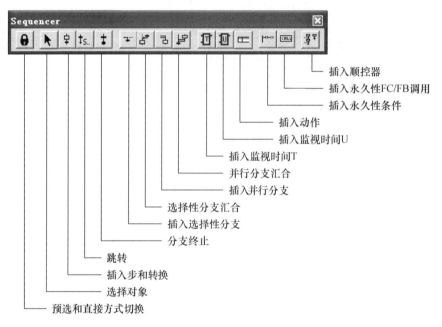

插入顺控器
插入永久性FC/FB调用
插入永久性条件
插入动作
插入监视时间U
插入监视时间T
并行分支汇合
插入并行分支
选择性分支汇合
插入选择性分支
分支终止
跳转
插入步和转换
选择对象
预选和直接方式切换

图 10-16　Sequencer 浮动工具栏

窗口。左视窗浏览窗口为浮动窗口，有三个选项卡，分别为图形选项卡（Graphic）、顺控器选项卡（Sequencer）和变量选项卡（Variables），如图 10-18 所示。

在图形选项卡内可浏览正在编辑的顺控器的结构，图形选项卡由顺控器之前的永久性指令（Permanent instructions before sequencer）、顺控器（Sequencer）和顺控器之后的永久性指令（Permanent instructions after sequencer）三部分组成。

在顺控器选项卡内可浏览多个顺控器的结构，当一个功能块内有多个顺控器时，可使用该选项卡。

在变量选项卡内可浏览编程时可能用到的各种基本元素。在该选项卡内可以编辑和修改

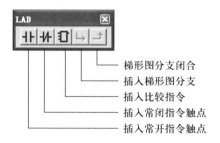

图 10-17　转换条件编辑工具栏

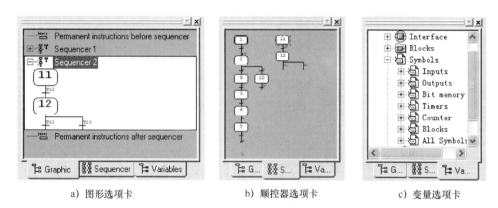

a) 图形选项卡　　　　　b) 顺控器选项卡　　　　　c) 变量选项卡

图 10-18　浏览窗口选项卡

现有的变量，也可以定义新的变量；可以删除，但是不能编辑系统变量。

单击标准工具栏上的 按钮，可以打开或关闭块注释。最左边的 Sequencer 浮动工具栏可以拖到程序区的任意位置（水平放置）。单击 ✕ 按钮，可以关闭左边的浏览窗口和下面的详细信息窗口。

4. 生成步与转换

顺序控制器中步由步序、步名、转换编号、转换名、转换条件和步的动作等几部分组成，如图 10-19 所示。可以根据方案的规划，先生成步与转换，再完成转换条件和动作命令，也可以一步一步地完成。

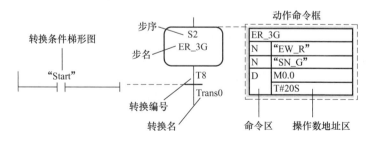

图 10-19　顺序控制器中步的组成

初步设计 3 段传送带的顺序功能示意图如图 10-20 所示。3 号传送带在连续的三步均为接通状态，在第二步中用动作的命令"S"将 3 号传送带接通并保持，停止的控制在初始步用动作中的命令"R"将 3 号传送带复位为 0。由此可见，这种设计可以简化功能图。

按照顺序功能示意图的规划，生成步与转换，如图 10-21 所示。

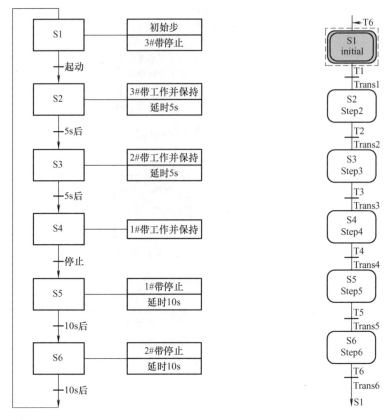

图 10-20　传送带控制顺序功能示意图　　　　图 10-21　生成步与转换

单击标准工具栏上的 ▦ 按钮，隐藏动作和转换条件，隐藏后只显示步和转换。

选中图 10-21 的转换 T1，它变为浅紫色，周围出现虚线框。单击 3 次顺序控制器工具栏上的 ♣ 按钮，在 T1 的下面生成步 S2～S6 和转换 T2～T6，此时 T6 被自动选中。单击顺序控制器工具栏上的 ↑ₛ..（Jump，跳转）按钮，在 T6 的下面出现一个箭头。在箭头旁的文本框中输入 1，表示将从转换 T6 跳转到初始步 S1。按回车键，在步 S1 上面的有向连线上，自动出现一个水平的箭头，它的右边标有转换 T6，相当于生成了一条起于步 S6、止于步 S1 的有向连线。至此步 S1～S6 形成了一个闭环。

代表步的方框内有步的编号（例如 S2）和名称（例如 Step2），单击选中后，可以修改它们。不能用汉字作步和转换的名称。用同样的方法，可以修改转换的编号（例如 T2）和名称（例如 Trans2）。单击步的编号和名称之外的其他部分，表示步的方框整体变色，即选中了该步。

5. 生成动作

单击 ▦ 按钮，显示被隐藏的动作和转换条件。

用鼠标右键单击初始步 S1 右边的动作框，动作框变色显示，执行弹出的快捷菜单中的命令 "Insert New Element"（插入新元件）→"Action"（动作），插入一个空的动作行。也可以单击动作框后，单击 Sequencer 浮动工具栏的 ⊏ 按钮，添加动作行。

步的动作行由命令和地址组成（见图 10-19），右边的方框为操作数地址，左边的方框用来写入命令。动作分为标准动作和与事件有关的动作，动作中可以有定时器、计数器和算术运算。关于动作中的命令介绍如下：

（1）标准动作　对标准动作可以设置互锁（在命令的后面加"C"），仅在步处于活动状态和互锁条件满足时，有互锁的动作才被执行。没有互锁的动作在步处于活动状态时就会被执行。标准动作中的命令如表 10-4 所示。表中的 Q、I、M、D 均为位地址，括号中的内容用于有互锁的动作。

表 10-4　标准动作中的命令

命　令	地址类型	注　释
N（或 NC）	Q、I、M、D	步处于活动状态（且互锁条件满足），动作对应的地址置为 1，不保持
S（或 SC）	Q、I、M、D	置位：步处于活动状态（且互锁条件满足），地址置为 1，保持
R（或 RC）	Q、I、M、D	复位：步处于活动状态（且互锁条件满足），地址置为 0，保持
D（或 DC）	Q、I、M、D	延迟：步处于活动状态（且互锁条件满足）并延时时间 T#＜常数＞后，若步仍为活动步则动作为 1，不活动则为 0，不保持
	T#＜常数＞	
L（或 LC）	Q、I、M、D	脉冲限制：步处于活动状态（且互锁条件满足），在脉冲时间 T#＜常数＞内，若步仍为活动步则动作为 1，不活动则为 0，不保持
	T#＜常数＞	
CALL（或 CALC）	FB、FC、SFB、SFC	块调用：步处于活动状态（且互锁条件满足），指定的块被调用

（2）与事件有关的动作　动作可以与事件结合，事件是指步、监控信号、互锁信号的状态变化、信息（Message）的确认（Acknowledgment）或记录（Registration）信号被置位，事件的意义如表 10-5 所示。命令只能在事件发生的那个循环周期执行。

表 10-5　控制动作的事件

事　件	事件的意义	事　件	事件的意义
S1	步变为活动步	S0	步变为非活动步
V1	发生监控错误（有干扰）	V0	监控错误消失（无干扰）
L1	互锁条件解除	L0	互锁条件变为 1
A1	信息被确认	R1	在输入信号（REG_EF/REG_S）的上升沿，记录信号被置位

在检测到事件，并且互锁条件被激活（对于有互锁的命令 NC、RC、SC 和 CALLC）在下一个循环内，使用 N（NC）命令的动作为"1"状态，使用 S（SC）命令的动作被置位一次，使用 R（RC）命令的动作被复位一次，使用 CALL（CALLC）命令的动作的块被调用一次。

（3）ON 命令与 OFF 命令　用 ON 命令或 OFF 命令可以使命令所在步之外的其他步变为活动步或非活动步。

指定的事件发生时，可以将指定的步变为活动步或非活动步。如果命令 OFF 的地址标识符为 S_ALL，将除了命令"S1（V1，L1）OFF"所在的步之外其他的步变为非活动步。

图 10-22 中的步 S8 变为活动步后，各动作按下述方式执行：

1）一旦 S8 变为活动步和互锁条件
满足，命令"S1 RC"使输出 Q4.0 复
位为"0"并保持为"0"。

2）一旦监控错误发生（出现 V1
事件），除了动作中的命令"V1 OEF"
所在步 S8 外，其他的活动步变为非活
动步。

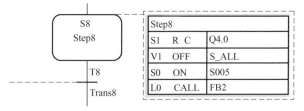

图 10-22 步的动作

3）S8 变为非活动步时（出现事件 S0），将步 S5 变为活动步。

4）只要互锁条件满足（出现 L0 事件），就调用指定的功能块 FB2。

（4）动作中的计数器 动作中的计数器的执行与指定的事件有关。互锁功能可以用于计
数器，对于有互锁功能的计数器，只有在互锁条件满足和指定的事件出现时，动作中的计数
器才会计数。计数值为 0 时计数器位为"0"，计数值非 0 时计数器位为"1"。

事件发生时，计数器指令 CS 将初值装入计数器。CS 指令下面一行是要装入的计数器的
初值，它可以由 IW、QW、MW、LW、DBW、BIW 来提供，或用常数 C#0 ~ C#999 的形式
给出。

事件发生时，CU、CD、CR 指令使计数值分别加 1、减 1 或将计数值复位为 0。计数器
命令与互锁组合时，命令后面要加上"C"。

（5）动作中的定时器 动作中的定时器与计数器的使用方法类似，事件出现时定时器被
执行。互锁功能也可以用于定时器。

1）TL 命令。TL 命令为扩展的脉冲定时器命令，该命令的下面一行是定时器的定时时
间"time"，定时器位没有闭锁功能。定时器的定时时间可以由 IW、QW、MW、LW、
DBW、BIW 来提供，或用 S5T#time_constant 的形式给出。"#"后面是时间常数值。

一旦事件发生定时器即被启动，启动后将继续定时，而与互锁条件和步是否是活动
步无关。在"time"指定的时间内，定时器位为"1"，此后变为"0"。正在定时的定
时器可以被新发生的事件重新启动，重新启动后，在"time"指定的时间内，定时器位
为"1"。

2）TD 命令。TD 命令用来实现定时器位有闭锁功能的延迟，一旦事件发生定时器即被
启动。互锁条件 C 仅仅在定时器被启动的那一时刻起作用。定时器被启动后将继续定时，
而与互锁条件和步的活动性无关。在"time"指定的时间内，定时器位为"0"。正在定时
的定时器可以被新发生的事件重新启动，重新启动后，在"time"指定的时间内，定时器位
为"0"，定时时间到时，定时器位变为"1"。

3）TR 命令。TR 是复位定时器命令，一旦事件发生，定时器立即停止定时，定时器位
与定时值被复位为"0"。

比如：如图 10-23 所示，步 S3 变为活动步时，事件 S1 使计数器 C4 的值加 1。C4
可以用来计步 S3 变为活动步的次数。只要步 S3 变为活动步，事件 S1 就会使 MW0 的
值加 1。

S3 变为活动步后 T3 开始定时，T3 的定时器位为"0"状态。5s 后 T3 的定时器位变为
"1"状态。

按照上述生成动作的方法，完成的 3 段传送带的顺序功能图各步动作命令见图 10-25。

6. 生成转换条件

执行菜单命令 "Options"（选项）→"Application Settings"（应用设置），在弹出的对话框中单击 "General" 选项卡，然后单击 "Comments"（注释）复选框，去掉其中的 ☑，生成新的 S7-GRAPH功能块时将会没有注释。选中 "Conditions in new block" 区的 "LAD" 选项，则新的块的转换条件默认的语言为梯形图。也可以通过执行菜单命令 "View"（视图）→"LAD" 显示梯形图语言。

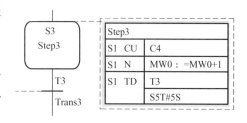

图 10-23　步的动作

使用梯形图（LAD）语言的转换条件工具栏如图 10-24a 所示。选中转换 T1 对应的转换条件，如图 10-24b 所示。单击转换条件工具栏上的 ╫ 按钮，T1 的转换条件出现一个常开触点，如图 10-24c 所示。单击触点上面红色的 ??.?，输入地址 I0.0，如图 10-24d 所示。用同样的方法生成其他转换条件。

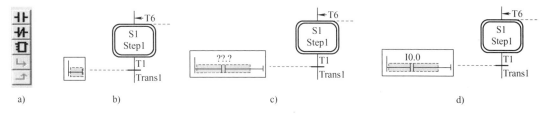

图 10-24　生成转换条件

转换条件可以是多个触点和比较器（对应于工具栏上的按钮 U）的串并联电路。比较器相当于一个触点。

结合前述的方法，添加转换条件后，完整的顺序功能图如图 10-25 所示。

在编写过程中常常一边添加步与动作命令，一边添加转换条件，从而一步步完成最终的顺序功能图。

10.2.2　顺序功能图设置与调试

1. 对监控功能编程

双击步 S4，切换到单步视图，可以设置监控与互锁条件，如图 10-26 所示。选中 Supervision（监控）线圈，单击转换条件工具栏上的比较器按钮 ▯：在比较器左边中间的引脚输入 "S4.T"（步 S4 为活动步的时间），在比较器左边下面的引脚输入时间预置值 "T#2H"，设置的监视时间为 2h。如果该步的执行时间超过 2h，该步被认为出错，监控时出错的步用红色显示。选中比较器中间的比较符号 ">" 后，可以修改它。

2. 设置 S7-GRAPH 功能块的参数集

S7-GRAPH 功能块的参数集有最小参数集、标准参数集、最大参数集和用户自定义四种类型。各参数的具体含义参考 S7-GRAPH 使用手册。

执行菜单命令 "Options"（选项）→"Block settings"（块设置），在打开的对话框的 "FB

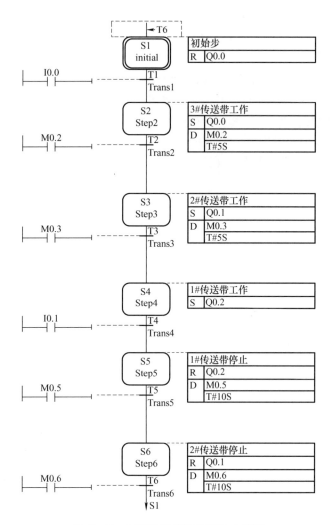

图 10-25　3 段传送带控制顺序功能图

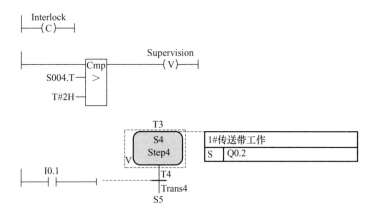

图 10-26　单步显示模式中的监控与互锁条件

Parameters"（FB 参数）区，单击"Minimum"（最小参数集）单选按钮将其选中，此时 FB1 只有一个参数，如图 10-27 所示。单击"OK"按钮确认。

单击工具栏上的█按钮，保存和编译 FB1 中的程序。如果程序有错误，下面的详细信息窗口将给出错误提示和警告，改正错误后才能保存。

3. 调用 S7-GRAPH 功能块

双击打开 OB1，设置编程语言为梯形图。将指令列表的"FB 块"文件夹中的 FB1 拖放到程序段 1 的"电源线"上，如图 10-28 所示。

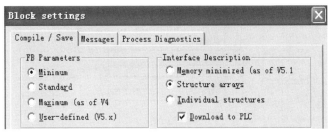

图 10-27　设置块的参数　　　　　　　　图 10-28　OB1 的程序

FB1 的形参 INIT_SQ 为"1"时，顺序控制器被初始化，仅初始步为活动步，在参数 INIT_SQ 端输入 M0.0，M0.0 作为初始化的脉冲给定信号。在 FB1 方框的上面输入它的背景数据块的编号"DB1"，按回车键后弹出对话框询问"实例数据块 DB1 不存在，是否要生成它？"。单击"是"按钮确认。

4. 仿真实验

打开 PLCSIM，创建 IB0、MB0 和 QB0 的视图对象。将所有的块下载到仿真 PLC，将仿真 PLC 切换到"STOP"模式。打开 FB1，单击工具栏上的 6′ 按钮，启动程序状态监控功能，如图 10-29 所示。

单击两次 PLCSIM 中 M0.0 对应的小方框，给 OB1 中 FB1 的输入参数"INIT_SQ"提供一个脉冲。在脉冲的上升沿，顺序控制器被初始化，初始步 S1 变为活动步，其余各步为非活动步。

刚开始监控时只有初始步 S1 为绿色，表示它为活动步。该步的动作框上面的两个监控定时器开始定时。它们用来记录当前步被激活的时间，其中定时器 U 不包括有干扰的时间。

单击两次 PLCSIM 中 I0.0 对应的小方框，模拟按下和放开起动按钮。可以看到步 S1 变为白色，步 S2 变为绿色，表示由步 S1 转换到了步 S2。

步 S2 的动作方框上面的监控定时器的当前时间值达到预置值 5s 时，M0.2 变为 1 状态，步 S2 下面的转换条件满足，将自动转换到步 S3。再过 5s 时自动转换到步 S4。单击两次 I0.1 对应的小方框，模拟停止的操作，将会观察到由步 S4 转换到步 S5，延时 10s 转换到 S6，再延时 10s 后自动返回初始步。

各个动作右边的小方框显示该动作的 0、1 状态，只显示活动步后面的转换条件中的能流。

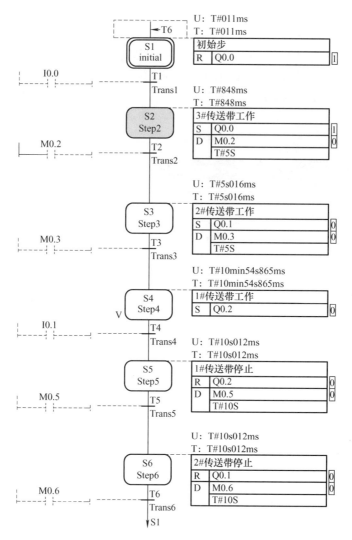

图 10-29 顺序功能图程序监视状态

任务10.3 设计与调试十字路口交通信号灯控制程序

【提出任务】

利用 S7-GRAPH 编程语言，实现十字路口交通信号灯的控制。十字路口交通信号灯示意图如图 10-30 所示。

控制要求如下：

十字路口交通信号灯工作过程按图 10-31 所示的流程进行。

交通信号灯系统由一个启动开关控制，当启动开关接通时，该信号灯系统开始工作，控制过程循环进行。当启动开关关断时，执行完该周期后信号灯都熄灭。

【分析任务】

在项目 4 介绍定时器指令时，已经做过相似的控制。本任务将用 S7-GRAPH 编程语言

图 10-30　十字路口交通信号灯示意图

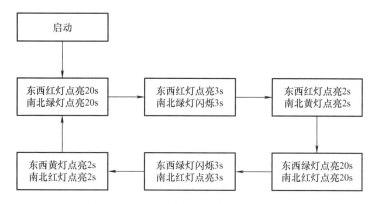

图 10-31　交通信号灯控制要求示意图

实现，实现的方案有两种：一种是按照单序列进行，另一种是按照并行序列实现。

【解答任务】

10.3.1　单序列实现十字路口交通信号灯控制

1. 创建项目及 S7-GRAPH 功能块

新建名为"交通信号灯单序列"的项目，CPU 为 CPU313C-2DP。编辑符号表如图 10-32 所示。

执行 SIMATIC 管理器的菜单命令"插入"→"S7 块"→"功能块"，在弹出的"属性-功能块"对话框中，功能块默认的名称为"FB1"，在"创建语言"下拉列表选择"GRAPH"项。

2. 生成单序列顺序功能图

按照顺序控制器编程的方法编写十字路口交通信号灯顺序功能图程序如图 10-33 所示。

顺序功能图具体的完成方法如下：

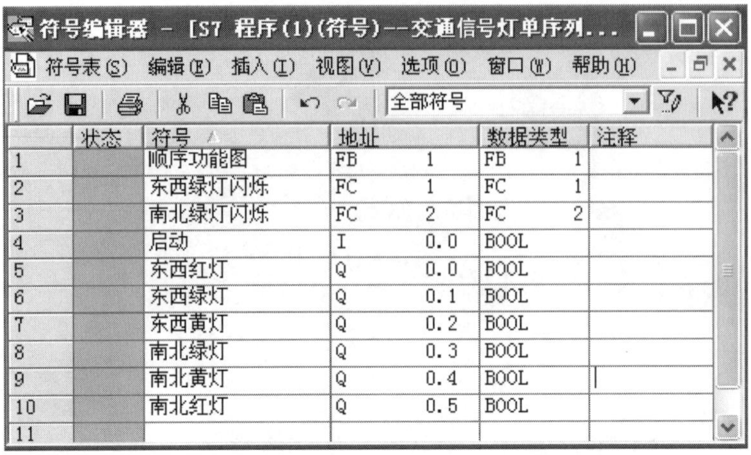

图 10-32　交通信号灯控制符号表

1）生成步和转换。按照交通信号灯控制要求，规划程序的步序，选中初始步下的转换 T1，单击顺序控制器工具栏上的 🔮 按钮，在 T1 的下面生成步 S1～S7 与转换 T1～T7。

2）添加动作。用鼠标右键单击步 S1 右边的动作框，单击 Sequencer 浮动工具栏的 ⌐ 按钮，添加动作行。编写各步的动作。

3）生成功能 FC1 和 FC2。在 S3 步和 S6 步要添加"调用功能 FC1 和 FC2"的动作。FC1 和 FC2 分别实现的是东西绿灯闪烁和南北绿灯闪烁功能，在符号表中已经添加。程序设计中将会用到闪烁电路，可以访问 CPU 时钟存储器实现。在硬件组态窗口设置 CPU 的属性，单击"周期/时钟存储器"选项卡，选中"时钟存储器"复选框，在"存储器字节"文本框中输入"10"，如图 10-34 所示。程序中就可以用 M10.5 提供 1s 的时钟脉冲了。

切换到 SIMATIC 管理器界面，执行菜单命令"插入"→"S7 块"→"功能"，插入 FC1 和 FC2 块。编辑 FC1 和 FC2 块的程序如图 10-35 所示。

在顺序功能图 S3 步和 S6 步的动作行输入 CALL 命令调用功能（见图 10-33）。

4）生成转换条件（见图 10-33）。

3. 设置 S7-GRAPH 功能块的参数集

执行菜单命令"Options"（选项）→"Block settings"（块设置），在打开的对话框的"FB Parameters"（FB 参数）区，单击"Minimum"（最小参数集）单选按钮将其选中，此时 FB1 只有一个参数。单击"OK"按钮确认。

单击工具栏上的 🖬 按钮，保存和编译 FB1 中的程序。

4. 调用 S7-GRAPH 功能块

打开 OB1，将指令列表的"FB 块"文件夹中的 FB1 拖放到程序段 1 的"电源线"上，在参数 INIT_SQ 端输入"I0.0"，在 FB1 方框的上面输入它的背景数据块的编号"DB1"。然后保存，完成 OB1 中的编写。

5. 仿真实验

打开 PLCSIM，创建 IB0 和 QB0 的视图对象。将仿真 PLC 切换到"STOP"模式，把所有的块下载到仿真 PLC。打开 FB1，单击工具栏上的 60′按钮，启动程序状态监控功能。将仿

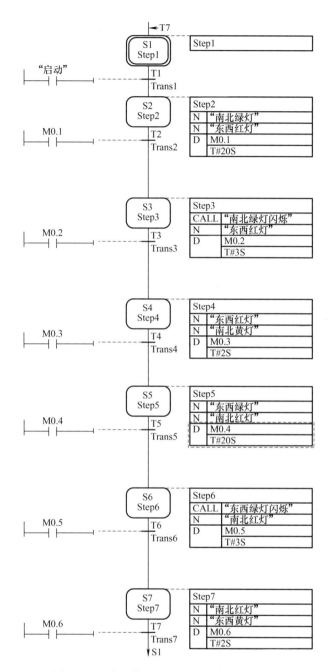

图 10-33 交通信号灯单序列顺序功能图程序

真 PLC 切换到 "RUN" 模式，单击 I0.0 启动，可以看到 Q0.0 ~ Q0.5 按照顺序功能图设定的时间顺序点亮。

10.3.2 并行序列实现十字路口交通信号灯控制

1. 生成并调用并行序列顺序功能图

新建名为 "交通信号灯并行序列" 的项目，CPU 为 CPU313C-2DP。编辑符号表

213

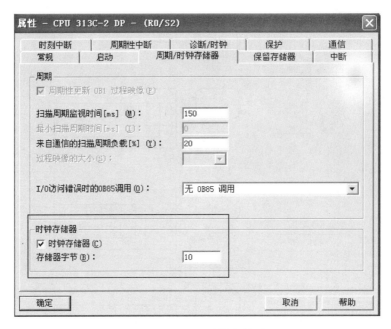

图 10-34 设置时钟存储器

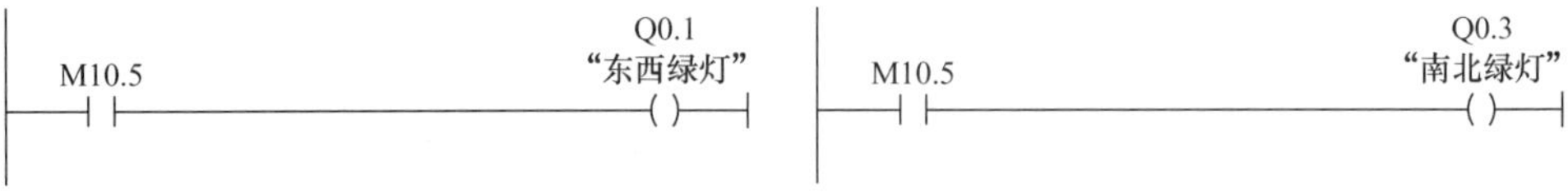

```
                       Q0.1                              Q0.3
                     "东西绿灯"                         "南北绿灯"
  M10.5              ( )              M10.5              ( )
  ─┤ ├──────────────────             ─┤ ├──────────────────
```

a) FC1的梯形图   b) FC2的梯形图

图 10-35 FC1 和 FC2 的梯形图

同图 10-32。

建立 FB1，创建 GRAPH 编程语言的功能块。并行序列建立的控制系统程序除了采用了并行分支序列之外，各步的转换条件和动作，以及建立 FC1、FC2 的方法都和单序列的相同，这里不重述。完成的交通信号灯并行序列的顺序功能图如图 10-36 所示。

其中，生成并行序列的方法如下：选中 T1，单击顺序控制器浮动工具栏上的 按钮，生成并行序列的分支和步 S6。单击 按钮，生成转换 T6 ~ T8 和步 S7 ~ S9。

此时，自动选中了步 S9。单击顺序控制器浮动工具栏上的 按钮，出现从步 S9 下边沿中点开始的水平双线、 按钮的图形和表示禁止放置的符号。将水平双线拖到步 S5 的下边沿，禁止放置的符号消失。单击鼠标左键，S5 和 S9 被水平双线连接到一起。

完成程序的编辑后，设置 S7- GRAPH 功能块的参数集为"最小参数集"。在 OB1 中调用 FB1（同单序列的方法），完成"交通信号灯并行序列"程序的编写。

2. 仿真实验

打开 PLCSIM，创建 IB0、MB0 和 QB0 的视图对象。将仿真 PLC 切换到"STOP"模式，把所有的块下载到仿真 PLC。打开 FB1，单击工具栏上的 按钮，启动程序状态监控功能。将仿真 PLC 切换到"RUN"模式，单击 I0.0 启动，可以看到 Q0.0 ~ Q0.5 按照顺序功能图设定的时间顺序点亮。和单序列不同的是，这里的两个序列的动作是同时进行的，同时有两

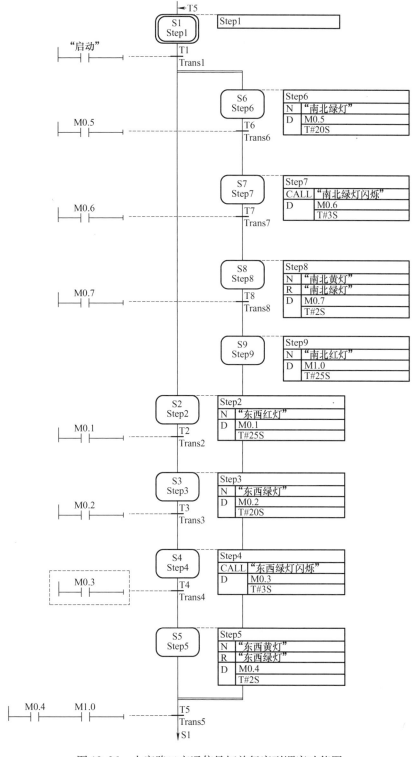

图 10-36 十字路口交通信号灯并行序列顺序功能图

个步为活动状态，如图 10-37 所示。

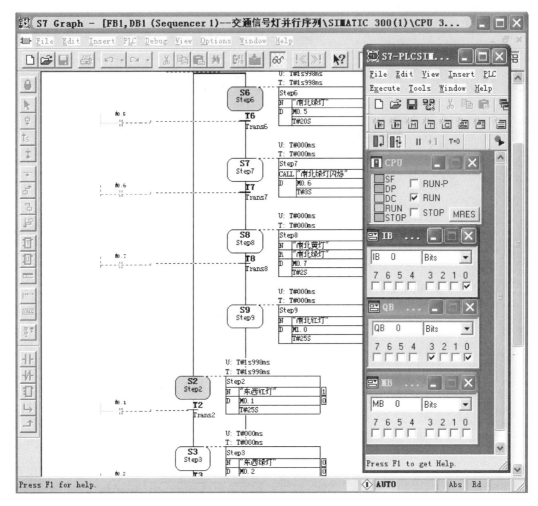

图 10-37 PLCSIM 调试并行序列十字路口交通信号灯

思考与练习

1. 简述划分步的原则。

2. 简述转换实现的条件和转换实现时应完成的操作。

3. 对图 10-38 所示的生产线进行编程控制，并在 S7-GRAPH 环境下进行设计调试。要求系统具备"自动"和"手动"两种方式。

4. 3 相 6 拍步进电动机控制程序的设计。按下述控制要求画出 PLC 端子接线图，并设计顺序功能图。

（1）3 相步进电动机有 3 个绕组：A、B、C。正转通电顺序为：A→AB→B→BC→C→CA→A；反转通电顺序为：A→CA→C→BC→B→AB。

（2）用 5 个开关控制步进电动机的方向及运行速度：SB1 控制其运行（起动/停止）；SB2 控制其低速运行（转过一个步距角需 0.5s）；SB3 控制其中速运行（转过一个步距角需

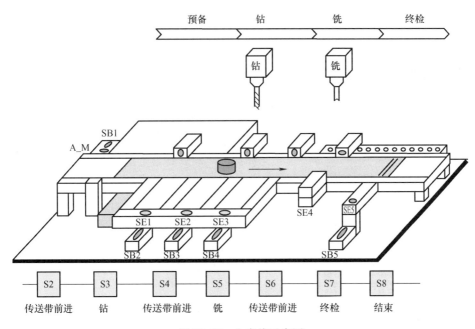

图 10-38　生产线示意图

0.1s）；SB4 控制其高速运行（转过一个步距角需 0.03s）；SB5 控制其转向（ON 为正转，OFF 为反转）。

5. 设有 5 台电动机作顺序循环控制，控制时序如图 10-39 所示。SB 为运行控制开关，试设计顺序功能图。

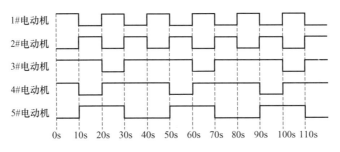

图 10-39　5 台电动机顺序循环控制时序图

6. 一台间歇润滑用油泵，由一台三相交流电动机拖动，其工作情况如图 10-40 所示。按起动按钮 SB1，系统开始工作并自动重复循环，直至按下停止按钮 SB2 系统停止工作。设采用 PLC 进行控制，请绘出主电路图、PLC 的 I/O 端口分配图及编写顺序功能图程序。

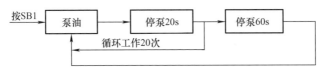

图 10-40　油泵控制框图

项目 11

网络通信设计与调试

随着计算机通信网络技术的日益成熟及企业对工业自动化程度的要求不断提高，计算机控制迅速得到推广和普及。在构成企业自动化控制的系统中，通信与网络已经成为控制系统不可缺少的重要组成部分。在用 S7-300/400 PLC 构成的控制系统中，PLC 必须要有通信及联网的功能，能够相互连接，远程通信，构成网络。

PLC 通信属数字通信，即将数字信息通过适当的传送线路从一台机器传送到另一台机器。这里所指的机器可以是计算机、PLC 或是有数字通信功能的其他数字设备。数字通信系统的任务是把地理位置不同的计算机和 PLC 及其他数字设备连接起来，高效率地完成数据的传送、信息交换和通信处理。数字通信系统一般由传送设备、传送控制设备、传送协议和通信软件组成。

本项目主要介绍西门子 S7-300/400 PLC 通信与网络系统的相关知识。

项目目标

1. 了解 PLC 的通信网络结构。
2. 会组建 MPI 网络。
3. 掌握 CPU31x-2DP 之间的 DP 主-从通信方法。

任务 11.1   MPI 网络通信组建

【提出任务】

西门子 PLC 的网络结构是怎样的？如何实现 S7-300 之间、S7-300/400 之间、S7-300/400 与 S7-200 之间小数据量的通信？

【分析任务】

MPI 是多点通信接口，可以进行 S7-300 PLC 之间、S7-300/400 PLC 之间、S7-300/400 PLC 与 S7-200 PLC 之间小数据量的通信，是一种应用广泛、经济且不用做连接组态的通信方式。下面介绍西门子 PLC 的网络结构及组建 MPI 网络通信的方法。

【解答任务】

11.1.1   西门子 PLC 网络概述

西门子 PLC 网络结构示意图如图 11-1 所示。

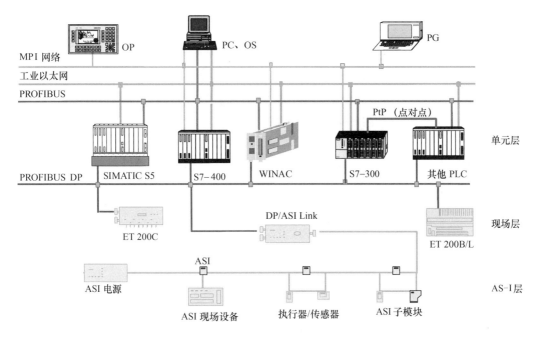

图 11-1　西门子 PLC 网络结构示意图

为了满足在单元层（时间要求不严格）和现场层（时间要求严格）的不同要求，西门子公司提供了下列网络：

（1）MPI 网络　MPI 网络可用于单元层，它是 SIMATIC S7 和 C7 的多点接口。MPI 本质上是一个 PG 接口，它被设计用来连接 PG（编程器）和 OP（人机界面）。MPI 网络只能用于连接少量的 CPU。

（2）工业以太网　工业以太网（Industrial Ethernet）是一个开放的、用于工厂管理和单元层的、传输大量数据的通信系统，可以通过网关设备来连接远程网络。

（3）工业现场总线　工业现场总线（PROFIBUS）是用于开放的单元层和现场层的通信系统。它有两个版本：对时间要求不严格的 PROFIBUS，用于连接单元层上对等的智能节点；对时间要求严格的 PROFIBUS DP，用于智能主机和现场设备间的循环的数据交换。

（4）点对点连接　点对点连接（PtP）通常用于对时间要求不严格的数据交换，可以连接两个站或 OP、打印机、条码扫描器、磁卡阅读机等。

（5）ASI　ASI（Actuator-Sensor-Interface，执行器-传感器-接口），是位于自动控制系统最底层的网络，可以将二进制传感器和执行器连接到网络上。

11.1.2　MPI 网络通信

1. MPI 网络简介

MPI 是多点通信接口（MultiPoint Interface）的简称。在 SIMATIC S7/M7/C7 PLC 上都集成有 MPI。MPI 的基本功能是作 S7 的编程接口，当然还可以进行 S7-300 PLC 之间、S7-300/400 PLC之间、S7-300/400 PLC 与 S7-200 PLC 之间小数据量的通信，是一种应用广泛、经济且不用做连接组态的通信方式。MPI 物理接口符合 PROFIBUS RS-485（EN 50170）接口标准。MPI 网络的通信速率为 19.2kbit/s ~ 12Mbit/s，S7-200 PLC 只能选择 19.2kbit/s

的通信速率，S7-300 PLC 通常默认设置为 187.5kbit/s，只有能够设置为 PROFIBUS 接口的 MPI 网络才支持 12Mbit/s 的通信速率。

接入到 MPI 网的设备称为一个节点，不分段的 MPI 网最多可以有 32 个网络节点。仅用 MPI 构成的网络，称为 MPI 分支网（简称 MPI 网）。两个或多个 MPI 分支网，用网间连接器或路由器连接起来，就能构成较复杂的网络结构，实现更大范围的设备互连。

每个 MPI 分支网都有一个网络号，以区别不同的 MPI 分支网。分支网上的每个节点都有一个网络地址，这里称为 MPI 地址。节点 MPI 地址号不能大于给出的最高 MPI 地址，这样才能使每个节点正常通信。S7 在出厂时对一些装置给出了默认 MPI 地址，如表 11-1 所示。MPI 分支网络号的默认设置是 0。

表 11-1　MPI 网络设备的默认地址

节点（MPI 设备）	默认 MPI 地址	最高 MPI 地址
PG/PC	0	15
OP/TP	1	15
CPU	2	15

用 PG/PC 可以为设备分配需要的 MPI 地址，修改最高 MPI 地址。分配 MPI 地址要遵守这样的规定：一个分支网络中，各节点要设置相同的分支网络号；在一个分支网络中，MPI 地址不能重复，并且不超过设定的最大 MPI 地址；在同一分支网中，所有的节点都应设置相同的最高 MPI 地址；为提高 MPI 网节点的通信速率，最高 MPI 地址应当较小。如果机架上安装有功能模块和通信模块，它们的地址则由 CPU 的 MPI 地址顺序加 1 构成。在 MPI 网运行期间，不能插入或拔出模块。

通过 MPI 可以访问 PLC 所有的智能模块，例如功能模块。MPI 可实现 S7 系列 PLC 之间的三种通信方式：全局数据包通信、无组态连接通信和组态连接通信。

2. MPI 网络组建

（1）MPI 网络结构　用 STEP 7 软件包中的 Configuration 功能为每个网络节点分配一个 MPI 地址和最高地址，最好标在节点外壳上，然后对 PG、OP、CPU、CP、FM 等包括的所有节点进行地址排序。连接时需在 MPI 网的第一个及最后一个节点接入通信终端匹配电阻。往 MPI 网添加一个新节点时，应该切断 MPI 网的电源。MPI 网络示意图如图 11-2 所示。

（2）MPI 网络连接部件　连接 MPI 网络时常用到两个网络部件：网络连接器和网络中继器。MPI 网络连接器采用 PROFIBUS RS-485 总线连接器，连接器插头分为两种，一种带 PG 接口，另一种不带 PG 接口，如图 11-3 所示。

为了保证网络通信质量，总线连接器或中继器上都设计了终端匹配电阻。组建通信网络时，在网络拓扑分支的末端节点需要接入浪涌匹配电阻。

对于 MPI 网络，节点间的连接距离是有限制的，从第一个节点到最后一个节点的最长距离仅为 50m。对于一个要求较大区域的信号传输或分散控制的系统，采用两个中继器（或称转发器、重复器）可以将两个节点的距离增大到 1000m，通过 OLM 光纤距离可扩展到 100km 以上，但是两个节点之间不应再有其他节点，如图 11-4 所示。

在采用分支线的结构中，分支线的距离是与分支线的数量有关的。分支线为一根时，最大距离可以是 10m，分支线最多为 6 根，其距离被限定在 5m 以下。

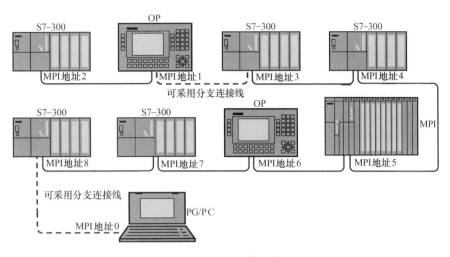

图 11-2　MPI 网络示意图

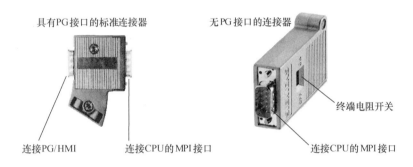

图 11-3　网络连接器

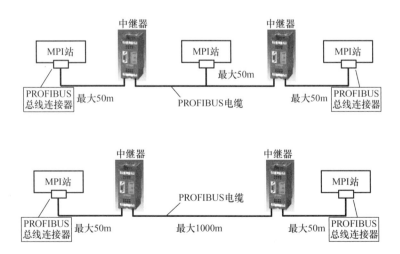

图 11-4　采用中继器延长网络连接距离示意图

（3）注意事项

1）对于 MPI 网络系统，在接地的设备和不接地的设备之间连接时，应该注意 RS-485 的使用。如果 RS-485 中继器所在段中的所有节点都是以接地方式运行的，则其是接地的；

如果 RS-485 中继器所在段中的所有节点都是以不接地电位方式运行的，则其是不接地的；如果编程装置的 MPI 是接地的，把它连接到 RS-485 中继器的接口上，则 MPI 网的段 1 是接地的。

2）要想在接地的结构中运用中继器，就不应该取下 RS-485 中继器上的跨接线。如果需要让其不接地运行，则应该取下跨接线，而且中继器要有一个不接地的电源。在 MPI 网上，如果有一个不接地的节点，那么可以将一台不接地的编程装置接到这个节点上。要想用一个接地的编程装置去操作一个不接地的节点，应该在两者之间接有 RS-485 中继器。如果编程装置接在段 1 侧，则不接地的节点应接在段 2 上。

3）在实际应用中，PG 为运行的 MPI 网络节点提供两种服务：一种情况是 PG 永久地连接在 MPI 网上，在使用网络插头时，可以直接归并到 MPI 网络中；另一种情况是在对网络进行启动和维护时接入 PG，使用时再用一根分支线接到一个节点上。对 PG 驻留在网络中的情况，则采用带有出入双电缆的双口网络插头。如果要对一个网络服务，而网络本身没有驻留的 PG，那么可以用两种方式加入未知的节点：一种方法是将 MPI 地址设为 0；另一种方法是设为最高 MPI 地址 126，然后用 STEP 7 确定此 MPI 网所预设的最高地址。如果预设的最高地址小，则把网络中的最高 MPI 地址改为与这台 PG 一样的最高 MPI 地址。如果是仅在启动或维护时使用，则可以采用带 PG 接口的网络插头，它只带一条电缆。

3. 全局数据包通信方式

全局数据（GD）通信方式是以 MPI 分支网为基础而设计的。在 S7 中，利用全局数据可以建立分布式 PLC 间的通信联系，不需要在用户程序中编写任何语句。S7 程序中的 FB、FC、OB 都能用绝对地址或符号地址来访问全局数据。最多可以在一个项目中的 15 个 CPU 之间建立全局数据通信。

（1）GD 通信原理　在 MPI 分支网上实现全局数据共享的两个或多个 CPU 中，至少有一个是数据的发送方，有一个或多个是数据的接收方。发送或接收的数据称为全局数据，或称为全局数。具有相同 Sender/Receiver（发送者/接收者）的全局数据，可以集合成一个全局数据包（GD Packet）一起发送。每个数据包用数据包号码（GD Packet Number）来标识，其中的变量用变量号码（Variable Number）来标识。参与全局数据包交换的 CPU 构成了全局数据环（GD Circle），每个全局数据环用数据环号码来标识（GD Circle Number），例如 GD 2.1.3 表示 2 号全局数据环的 1 号全局数据包中的 3 号数据。

在 PLC 操作系统的作用下，发送 CPU 在它的一个扫描循环结束时发送全局数据，接收 CPU 在它的一个扫描循环开始时接收全局数据。这样，发送全局数据包中的数据，对于接收方来说是"透明的"。也就是说，发送全局数据包中的信号状态会自动影响接收数据包，接收方对接收数据包的访问，相当于对发送数据包的访问。

（2）GD 通信的数据结构　全局数据可以由位、字节、字、双字或相关数组组成，它们被称为全局数据的元素。全局数据的元素可以定义在 PLC 的位存储器、输入/输出映像存储器、定时器、计数器或数据块中。例如 I5.0（位）、QB4（字节）、MW22（字）、DB5. DBD8（双字）、MB50：20（字节相关数组）等就是一些合法的 GD 元素。MB50：20 称为相关数组，是 GD 元素的简洁表达方式，冒号（:）后的 20 表示该元素由 MB50、MB51、…、MB69 等连续 20 个存储字节组成。相关数组也可由位、字或双字组成。

一个全局数据包由一个或几个 GD 元素组成，最多不能超过 24B。在全局数据包中，相关数组、双字、字、字节、位等元素使用的字节数如表 11-2 所示。

表 11-2　GD 元素的字节数

数 据 类 型	类型所占存储字节数/B	在 GD 中类型设置的最大数量
相关数组	字节数 + 两个头部说明字节	一个相关的 22B 数组
单独的双字	6	4 个单独的双字
单独的字	4	6 个单独的双字
单独的字节	3	8 个单独的双字
单独的位	3	8 个单独的双字

（3）全局数据环　一个全局数据环是全局数据包的一个确定的分配清单。全局数据环中的每个 CPU 都可以发送数据到另一个 CPU 或从另一个 CPU 接收数据。全局数据环有以下两种：

1）环内包含两个以上的 CPU，其中一个发送数据包，其他的 CPU 接收数据。

2）环内只有两个 CPU，每个 CPU 可既发送数据又接收数据。

S7-300 的每个 CPU 可以参与最多 4 个不同的数据环，在一个 MPI 网上最多可以有 15 个 CPU 通过全局通信来交换数据。

其实，MPI 网络进行 GD 通信的内在方式有两种：一种是一对一方式，当 GD 环中仅有两个 CPU 时，可以采用类似全双工点对点方式，不能有其他 CPU 参与，只有两者独享；另一种为一对多（最多 4 个）广播方式，一个点播，其他接收。

（4）GD 通信应用　应用 GD 通信，就要在 CPU 中定义全局数据块，这一过程也称为全局数据通信组态。在对全局数据进行组态前，需要先执行下列任务：

1）定义项目和 CPU 程序名。

2）用 PG 单独配置项目中的每个 CPU，确定其分支网络号、MPI 地址、最大 MPI 地址等参数。

在用 STEP 7 开发软件包进行 GD 通信组态时，由系统菜单 "Options" 中的 "Define Global Data" 程序进行 GD 表组态。具体组态步骤如下：

1）在 GD 空表中输入参与 GD 通信的 CPU 代号。

2）为每个 CPU 定义并输入全局数据，指定发送 GD。

3）第一次存储并编译全局数据表，检查输入信息语法是否为正确的数据类型，是否一致。

4）设定扫描速率，定义 GD 通信状态双字。

5）第二次存储并编译全局数据表。

编译后的 GD 表形成系统数据块，随后装入 CPU 的程序文件中。第一次编译形成的组态数据对于 GD 通信是足够的，可以从 PG 下载至各 CPU。若确实需要输入与 GD 通信状态或扫描速率有关的附加信息，可再进行第二次编译。

扫描速率决定 CPU 用几个扫描循环周期发送或接收一次 GD，发送和接收的扫描速率不必一致。扫描速率值应同时满足：发送间隔时间大于等于 60ms；接收间隔时间小于发送间隔时间。否则，可能导致全局数据信息丢失。扫描速率的发送设置范围是 4 ~ 255，接收设置范围是 1 ~ 255，它们的默认设置值都是 8。

（5）利用 SFC60 和 SFC61 传递全局数据　利用 SFC60 GD_SND 和 SFC61 GD_RCV 可以以事件驱动方式来实现全局通信。为了实现纯程序控制的数据交换，在全局数据表中必须将扫描速率定义为 0。可单独使用循环驱动或程序控制方式，也可组合起来使用。

SFC60 用来按设定的方式采集并发送全局数据包。SFC61 用来接收发送来的全局数据包并存入设定区域中。

为了保证数据交换的连贯性，在调用 SFC60 或 SFC61 之前所有中断都应被禁止。可以使用 SFC39 禁止中断，SFC40 开放中断；使用 SFC41 延时处理中断，SFC42 开放延时。

举例：S7-300 PLC 之间的全局数据通信。

要求通过 MPI 网络配置，实现两个 CPU315-2DP 之间的全局数据通信。

（1）生成 MPI 硬件工作站　打开 STEP 7，首先执行菜单命令"File"→"New"，创建一个 S7 项目，并命名为"全局数据"。选中"全局数据"项目名，然后执行菜单命令"Insert"→"Station"→"SIMATIC 300 Station"，在此项目下插入两个 S7-300 的 PLC 站，分别重命名为 MPI_Station_1 和 MPI_Station_2，如图 11-5 所示。

（2）设置 MPI 地址　按图 11-5 所示完成两个 PLC 站的硬件组态，配置 MPI 地址和通信速率，在本例中 MPI 地址分别设置为 2 号和 4 号，通信速率为 187.5kbit/s。完成后单击🖫按钮，保存并编译硬件组态，最后将硬件组态数据下载到 CPU。

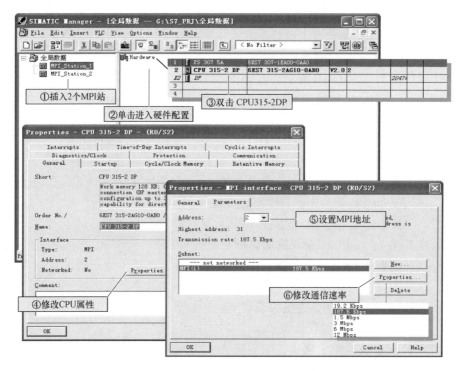

图 11-5　配置 MPI 站点

注：图中"通信速率"的单位保留了软件中的形式"bps"，其标准写法应是"bit/s"。

（3）连接网络　先用 PROFIBUS 电缆连接 MPI 节点，接着就可以与所有 CPU 建立在线连接。可以用 SIMATIC 管理器中的"Accessible Nodes"功能来测试它。

（4）生成全局数据表　单击项目名"全局数据"后出现🖫MPI_Station_1、🖫MPI_Station_2 和

MPI(1)图标，双击MPI(1)图标，进入 NetPro 组态界面，如图 11-6 所示。如果 MPI 地址设置没有冲突，可单击工具栏中的 按钮进行编译检查，并创建系统数据，编译通过后才能定义全局数据。最后将配置数据下载到 CPU。

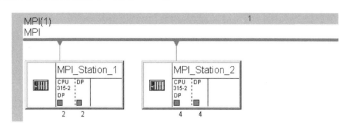

图 11-6　用 NetPro 组态 MPI 网络

用鼠标右键单击图 11-6 中的 MPI 网络线，选择菜单命令"Define Global Date"，进入全局数据组态界面，如图 11-7 所示。

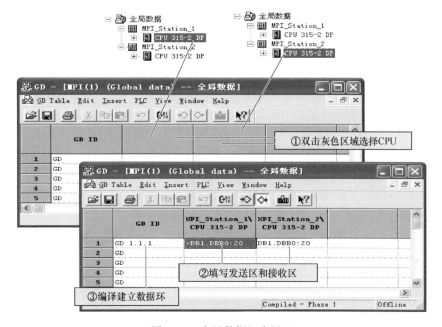

图 11-7　全局数据组态界面

双击"GD ID"右边的灰色区域，从弹出的对话框内选择需要通信的 CPU。CPU 栏共有 15 列，这就意味着最多有 15 个 CPU 能够参与通信。

在每个 CPU 栏底下填上数据的发送区和接收区，例如：MPI_Station_1 站 CPU315-2DP 的发送区为 DB1. DBB0 ~ DB1. DBB19，可以填写为 DB1. DBB0：20，然后单击工具栏中的 按钮，选择 MPI_Station_1 作为发送站。

而 MPI_Station_2 站 CPU315-2DP 的接收区为 DB1. DBB0 ~ DB1. DBB19，可以填写为 DB1. DBB0：20，并自动设为接收区。

地址区可以为 DB、M、I、Q 区，对于 S7-300 最大长度为 22B，S7-400 最大长度为 54B。发送区与接收区的长度应一致，上例中通信区为 20B。

单击工具栏中的 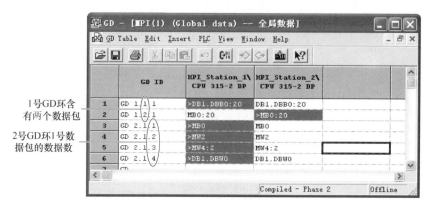 按钮（此处应为文中描述的图标），对所做的组态执行第一次编译存盘，把组态数据分别下载到 CPU 中，这样数据就可以相互交换了。编译以后，每行通信区都会有 GD ID 号，图 11-7 所产生的 GD ID 号为 GD 1.1.1。

GD ID 的格式为 GD a.b.c，其中：

1）a 数字表示全局数据 GD 环，每个 GD 环表示和一个 CPU 通信。例如，两个 S7-300 CPU 通信，发送与接收时为一个 GD 环，如图 11-8 所示。其中的第 1~2 行组成一个 GD 环，第 3~6 行组成一个 GD 环。

图 11-8 GD ID 的意义

2）b 数字表示一个 GD 环有几个全局数据包。例如，图 11-8 中 1 号 GD 环包含发送和接收，所以有两个数据包，2 号 GD 环只有发送（对于 MPI_Station_1），所以有一个数据包。

3）c 数字表示一个数据包的数据组序号。例如，图 11-8 中的 2 号 GD 环内，MPI_Station_1 发送 4 组数据到 MPI_Station_2，组成一个数据包，所以 1 号数据包有 4 个数据。

对于 S7-300 PLC 而言，一个 CPU 可包含 4 个全局数据环，每个全局数据环中一个 CPU 最多只能发送和接收一个数据包，每一个数据包中最多可包含 22B 数据。对于 S7-400 PLC 而言，一个 CPU 可包含 16 个全局数据环，每个全局数据环中一个 CPU 最多只能发送一个数据包和接收两个数据包，每一个数据包中最多可包含 54B 数据。

（5）定义扫描速率和状态信息 第一次编译后，生成了全局数据环和数据包，接着可以为每个数据包定义不同的扫描速率以及存储状态信息的地址。然后必须再次编译，使扫描速率及状态信息存储地址等包含在配置数据中。

执行菜单命令 "View"→"Scan Rates"，可以设置扫描速率和状态字地址，如图 11-9 所示。图中 SR 为扫描速率，SR1.1 为 8，表示发送更新时间为 8×CPU 循环时间，范围为 1~255。如果出现通信中断，问题往往是设置得扫描时间过快，可改大一些。

设置好扫描速率和状态字的地址以后，应对全局数据表进行第二次编译，使扫描速率和状态字地址包含在配置数据中。第二次编译后，在 CPU 处于 "STOP" 模式时将配置数据下载到 CPU，下载完成后将 CPU 切换到 "RUN" 模式，各 CPU 之间将开始自动地交换全局数据。

举例：用 SFC60 发送全局数据 GD 2.1，用 SFC61 接收全局数据 GD 2.2。

在 LAD 或 FBD 语言环境下，使用系统功能（SFC）或系统功能块（SFB）时，需切换

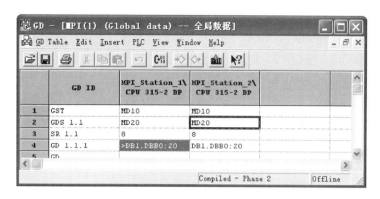

图 11-9　扫描速率和状态信息

到在线视窗，查看当前 CPU 是否具备所需要的系统功能或系统功能块，然后将它们复制到项目的 "Blocks" 文件夹内，接下来可切换到离线视窗调用系统功能或系统功能块。

　　使用 SFC60 和 SFC61 实现全局数据的发送与接收，必须进行全局数据包的组态，可参照图 11-5 到图 11-9 操作。现假设已经在全局数据表中完成了 GD 组态，以 MPI_Station_1 为例，设预发送数据包为 GD 2.1，预接收数据包为 GD 2.2。要求当 M1.0 为 "1" 时发送全局数据 GD 2.1；当 M1.2 为 "1" 时接收全局数据 GD 2.2。程序如图 11-10 所示。

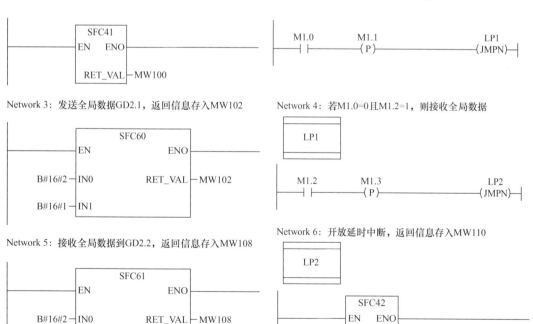

图 11-10　用 SFC60 发送全局数据

227

11.1.3 无组态连接的 MPI 通信方式

用系统功能 SFC65 ~ SFC69，可以在无组态情况下实现 PLC 之间的 MPI 的通信，这种通信方式适合于 S7-300、S7-400 和 S7-200 之间的通信。无组态通信又可分为两种方式：双向通信方式和单向通信方式。无组态通信方式不能和全局数据通信方式混合使用。

1. 双向通信方式

双向通信方式要求通信双方都要调用通信块，一方调用发送块发送数据，另一方就要调用接收块来接收数据，适用 S7-300/400 之间通信。发送块是 SFC65（X_SEND），接收块是 SFC66（X_RCV）。下面举例说明如何实现无组态双向通信。

举例：无组态双向通信。

设两个 MPI 站分别为 MPI_Station_1（MPI 地址设为 2）和 MPI_Station_2（MPI 地址设为 4），要求 MPI_Station_1 站发送一个数据包到 MPI_Station_2 站。

（1）生成 MPI 硬件工作站 打开 STEP 7，创建一个 S7 项目，并命名为"双向通信"。在此项目下插入两个 S7-300 的 PLC 站，分别重命名为 MPI_Station_1 和 MPI_Station_2。MPI_Station_1 包含一个 CPU315-2DP；MPI_Station_2 包含一个 CPU313C-2DP。

（2）插入 MPI 地址 完成两个 PLC 站的硬件组态，配置 MPI 地址和通信速率，在本例中 CPU315-2DP 和 CPU313C-2DP 的 MPI 地址分别设置为 2 号和 4 号，通信速率为 187.5kbit/s。完成后单击 按钮，保存并编译硬件组态，最后将硬件组态数据下载到 CPU。

（3）编写发送站的通信程序 在 MPI_Station_1 站的循环中断组织块 OB35 中调用 SFC65，将 I0.0 ~ I1.7 发送到 MPI_Station_2 站。MPI_Station_1 站 OB35 中的通信程序如图 11-11 所示。

图 11-11 OB35 中的通信程序

程序段 1 说明：当 M1.0 为"1"时，请求被激活，连续发送第一个数据包，数据区为从 I0.0 开始共 2B。SFC65 各端口的含义如下：

1）EN：使能输入端，"1"有效。

2）REQ：请求激活输入信号，"1"有效。

3）CONT："继续"信号，为"1"时表示发送数据是一个连续的整体。

4）DEST_ID：目的站的 MPI 地址，采用字格式，如 W#16#4。

5）REQ_ID：发送数据包的标识符，采用双字格式，如 DW#16#1、DW#16#2。

6）SD：发送数据区，以指针的格式表示，发送区最大为 76B。可以采用 BOOL、BYTE、CHAR、WORD、INT、DWORD、DINT、REAL、DATE、TOD、TIME、S5TIME、DATE_AND_TIME 及 ARRAY 等数据类型。格式如下：

P#起始位地址　数据类型　长度

如 P#I0.0 BYTE2，表示从 I0.0 开始共 2B；P#M0.0 WORD4，表示从 M0.0 开始共 4 个字。

7）RET_VAL：返回故障代码信息参数，采用字格式。

8）BUSY：返回发送完成信息参数，采用 BOOL 格式。"1" 表示发送未完成，"0" 表示发送完成。

程序段 2 说明：当 M1.3 为 "1" 时，则断开 MPI_Station_1 与 MPI_Station_2 的通信连接。SFC69 为中断一个外部连接的系统功能，其各端口的含义同 SFC65。当用户所建立的外部连接较多时，为了释放所占用的 CPU 资源，可以调用 SFC69 来释放一个外部连接。

（4）编写接收站的通信程序　在 MPI_Station_2 站的主循环组织块 OB1 中调用 SFC66，接收 MPI_Station_1 站发送的数据，并保存在 MB10 和 MB11 中。MPI_Station_2 站 OB1 中的通信程序如图 11-12 所示。

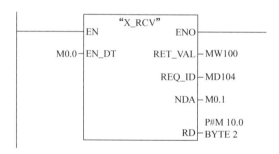

图 11-12　OB1 中的通信程序

程序说明：当 M0.0 为 "1" 时，将接收到的数据保存到 M10.0 开始的 2B 中。SFC66 各端口的含义如下：

1）EN：使能信号输入端，"1" 有效。

2）EN_DT：接收使能信号输入端，"1" 有效。

3）RET_VAL：返回接收状态信息，采用字格式。

4）REQ_ID：接收数据包的标识符，采用双字格式。

5）NDA：为 "1" 时表示有新的数据包，为 "0" 时表示没有新的数据包。

6）RD：数据接收区，以指针的格式表示，最大为 76B。

2. 单向通信

单向通信只在一方编写通信程序，也就是客户机与服务器的访问模式。编写程序一方的 CPU 作为客户机，无需编写程序一方的 CPU 作为服务器，客户机调用 SFC 通信块对服务器进行访问。SFC67（X_GET）用来读取服务器指定数据区中的数据并存放到本地的数据区中，SFC68（X_PUT）用来将本地数据区中的数据写到服务器中指定的数据区。

举例： 无组态单向通信。

建立两个 S7-300 站：MPI_Station_1（CPU315-2DP，MPI 地址设置为 2）和 MPI_Station_2（CPU313C-2DP，MPI 地址设置为 3）。CPU315-2DP 作为客户机，CPU313C-2DP 作为服务器。要求 CPU315-2DP 向 CPU313C-2DP 发送一个数据包，并读取一个数据包。

（1）生成 MPI 硬件工作站　打开 STEP 7 编程软件，创建一个 S7 项目，并命名为"单向通信"。在此项目下插入两个 S7-300 的 PLC 站，分别重命名为 MPI_Station_1 和 MPI_Station_2。

（2）设置 MPI 地址　参照图 11-5 完成两个 PLC 的硬件组态，配置 MPI 地址和通信速率。在本例中将 CPU315-2DP 和 CPU313C-2DP 的 MPI 地址分别设置为 2 号和 3 号，通信速率为 187.5kbit/s。完成后单击🖫按钮，保存并编译硬件组态，最后将硬件组态数据下载到 CPU。

（3）编写客户机的通信程序　在 MPI_Station_1 站通过调用系统功能 SFC68，把本地数据区的数据 MB10 以后的 20B（字节）存储在 MPI_Station_2 站的 MB100 以后的 20B 中。在 MPI_Station_1 站调用 SFC67，从 MPI_Station_2 站读取数据 MB10 以后的 20B，放到本地 MB100 以后的 20B 中，MPI_Station_1 站的通信程序如图 11-13 所示。

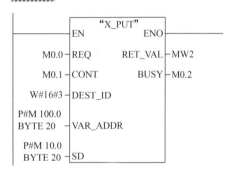

Network 1：调用SFC68，向服务器发送20B数据

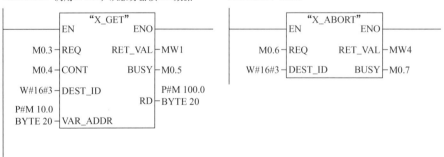

Network 2：调用SFC67，从服务器读20B数据　　Network 3：Title：

图 11-13　客户机的 MPI 通信程序

程序段 1 说明：当 M0.0 及 M0.1 为"1"时，激活系统功能 SFC68，客户机将本地发送区 MB10 开始的 20B 数据发送到服务器区从 MB100 开始的 20B 中。

程序段 2 说明：当 M0.3 及 M0.4 为"1"时，激活系统功能 SFC67，客户机从服务器数据区 MB10 开始的 20B 读取数据，放到客户机接收区从 MB100 开始的 20B 中。

程序段 3 说明：当 M0.6 为 "1" 时，中断客户机与服务器的通信连接。

SFC67 及 SFC68 各端子的含义如下：

1）DEST_ID：对方（服务器）的 MPI 地址，采用字格式，如 W#16#3。

2）VAR_ADDR：指定服务器的数据区，采用指针变量，数据区最大为 76B。

3）SD：本地数据发送区，数据区最大为 76B。

4）RD：本地数据接收区，数据区最大为 76B。

11.1.4　有组态连接的 MPI 通信方式

对于 MPI 网络，调用系统功能块 SFB 进行 PLC 站之间的通信只适合于 S7-300/400，以及 S7-400/400 之间的通信。S7-300/400 通信时，由于 S7-300 CPU 中不能调用 SFB12（BSEND）、SFB13（BRCV）、SFB14（GET）、SFB15（PUT），不能主动发送和接收数据，只能进行单向通信，所以 S7-300 PLC 只能作为一个数据的服务器，S7-400 PLC 可以作为客户机对 S7-300 PLC 的数据进行读写操作。S7-400/400 PLC 通信时，S7-400 PLC 可以调用 SFB14、SFB15，既可以作为数据的服务器，也可以作为客户机进行单向通信，还可以调用 SFB12、SFB13，发送和接收数据进行双向通信。在 MPI 网络上调用系统功能块通信，最大一包数据不能超过 160B。下面举例说明如何实现 S7-300/400 PLC 之间的单向通信。

举例： 有组态连接的 MPI 单向通信。

建立 S7-300 与 S7-400 之间的有组态 MPI 单向通信连接，CPU416-2DP 作为客户机，CPU315-2DP 作为服务器。要求 CPU416-2DP 向 CPU315-2DP 发送一个数据包，并读取一个数据包。

（1）建立 S7 硬件工作站　打开 STEP 7，创建一个 S7 项目，并命名为 "有组态单向通信"。插入一个名称为 "MPI_STATION_1" 的 S7-400 的 PLC 站，CPU 为 CPU416-2DP，MPI 地址为 2。插入一个名称为 "MPI_STATION_2" 的 S7-300 的 PLC 站，CPU 为 CPU315-2DP，MPI 地址为 3。

（2）组态 MPI 通信连接　首先在 SIMATIC Manager 窗口内选择任一个 S7 工作站，并进入硬件组态窗口。然后在 STEP 7 硬件组态窗口内执行菜单命令 "Options"→"Configure Network"，进入 NetPro 网络组态窗口，如图 11-14 所示。

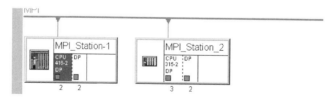

图 11-14　NetPro 网络组态窗口

用鼠标右键单击 MPI_STATION_1 的 CPU416-2DP，从弹出的快捷菜单中选择 "Insert New Connection" 命令，出现新建连接对话框，如图 11-15 所示。

在 "Connection Partner" 选项组选择 MPI_Station_2 工作站的 CPU315-2DP，在 "Connection" 选项组选择连接类型为 "S7 Connection"，最后单击 Apply 按钮完成连接表的建立，弹出连接表的详细属性对话框，如图 11-16 所示。

图 11-15　组态 MPI 通信连接对话框

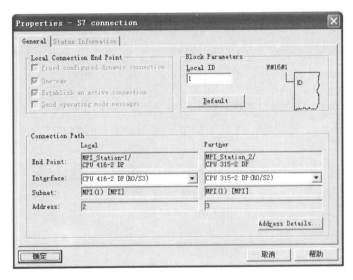

图 11-16　连接表详细属性对话框

　　组态完成以后，需要单击工具栏的 按钮编译存盘，然后将连接组态分别下载到各 CPU 中。

　　（3）编写客户机 MPI 通信程序　由于是单向通信，所以只能对 S7-400 工作站（客户机）编程，调用系统功能块 SFB15，将数据传送到 S7-300 工作站（服务器）中。S7-400 的 MPI 通信程序如图 11-17 所示。将程序下载到 CPU416-2DP 以后，就建立了 MPI 通信连接。

　　SFB14 和 SFB15 主要端子的含义如下：

　　1）REQ：请求信号，上升沿有效。

　　2）ID：连接寻址参数，采用字格式。

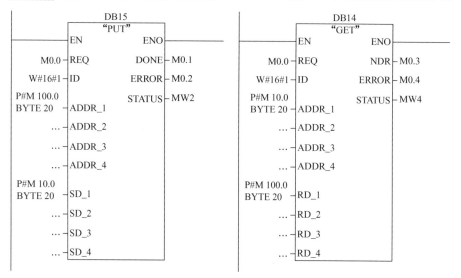

OB1： "Main Program Sweep (Cycle)"

Network 1：调用SFB15，将本机数据写入服务器   Network 2：调用SFB14，从服务器读取数据到本机

图 11-17 客户机 MPI 通信程序

3）ADDR_1 ~ ADDR_4：远端 CPU（本例为 CPU315-2DP）数据区地址。

4）SD_1 ~ SD_4：本机数据发送区地址。

5）RD_1 ~ RD_4：本机数据接收区地址。

6）DONE：数据交换状态参数，"1"表示作业被无误执行；"0"表示作业未开始或仍在执行。

程序段 1 说明：当 M0.0 出现上升沿时，则激活对 SFB15 的调用，将 CPU416-2DP 发送的数据区 MB10 开始的 20B 数据传送到 CPU315-2DP 数据接收区 MB100 开始的 20B 中。

程序段 2 说明：当 M0.0 出现上升沿时，则激活对 SFB14 的调用，将 CPU315-2DP 数据区 MB10 开始的 20B 数据读取到 CPU416-2DP 数据接收区 MB100 开始的 20B 中。

任务 11.2   CPU31x-2DP 之间的 DP 通信组建

【提出任务】

如何实现两个 CPU315-2DP 之间的主-从通信？

【分析任务】

要实现两个 CPU315-2DP 之间的主-从通信，首先要了解 PROFIBUS 现场总线通信技术，在理解了 PROFIBUS-DP 系统结构的基础上，再进行主-从通信连接。下面介绍 PROFIBUS 现场总线通信技术的相关知识及 CPU31x-2DP 之间的 DP 通信组建步骤。

【解答任务】

11.2.1   PROFIBUS 现场总线通信技术

1. PROFIBUS 介绍

PROFIBUS 是目前国际上通用的现场总线标准之一，以其独特的技术特点、严格的认证

规范、开放的标准、众多厂商的支持和不断发展的应用规范，而成为最重要的现场总线标准。1987 年由 Siemens 公司等 13 家企业和 5 家研究机构联合开发，1989 年被批准为德国工业标准 DIN 19245，1996 年被批准为欧洲标准 EN 50170 V.2（PROFIBUS-FMS/-DP），1999 年 PROFIBUS 成为国际标准 IEC 61158 的组成部分，2001 年成为中国的行业标准 JB/T 10308.3—2001。

采用 PROFIBUS 的系统，对于不同厂家所生产的设备不需要对接口进行特别的处理和转换就可以通信。PROFIBUS 连接的系统由主站和从站组成。主站能够控制总线，当主站获得总线控制权后，可以主动发送信息。从站通常为传感器、执行器、驱动器和变送器，它们可以接收信号并给予响应，但没有控制总线的权利。当主站发出请求时，从站回送给主站相应的信息。PROFIBUS 除了支持这种主-从模式外，还支持多主多从的模式。对于多主站的模式，在主站之间按令牌传递决定对总线的控制权，取得控制权的主站可以向从站发送、获取信息，实现点对点的通信。

2. PROFIBUS 的组成

PROFIBUS 协议包括三个主要部分：

（1）PROFIBUS-DP PROFIBUS-DP（Decentralized Periphery，分布式外部设备）是一种高速低成本数据传输，用于自动化系统中单元级控制设备与分布式 I/O（例如 ET 200）的通信。主站之间的通信为令牌方式，主站与从站之间为主-从轮询方式，以及这两种方式的混合。一个网络中有若干个被动节点（从站），而它的逻辑令牌只含有一个主动令牌（主站），这样的网络为纯主-从系统。典型的 PROFIBUS-DP 系统组成如图 11-18 所示。总线配置是以此种总线存取程序为基础，一个主站轮询多个从站。

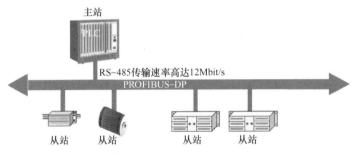

图 11-18 典型的 PROFIBUS-DP 系统组成

（2）PROFIBUS-PA PROFIBUS-PA（Process Automation，过程自动化）用于过程自动化的现场传感器和执行器的低速数据传输，使用扩展的 PROFIBUS-DP 协议。一个典型的 PROFIBUS-PA 系统配置如图 11-19 所示。

（3）PROFIBUS-FMS PROFIBUS-FMS（Fieldbus Message Specification，现场总线报文规范）可用于车间级监控网络，FMS 提供大量的通信服务，用以完成中等级传输速率进行的循环和非循环的通信服务。对于 FMS 而言，它考虑的主要是系统功能而不是系统响应时间，应用过程中通常要求的是随机的信息交换，例如改变设定参数。FMS 服务向用户提供了广泛的应用范围和更大的灵活性，通常用于大范围、复杂的通信系统。

一个典型的 PROFIBUS-FMS 系统由各种智能自动化单元组成，如 PC、作为中央控制器的 PLC、作为人机界面的 HMI 等，如图 11-20 所示。

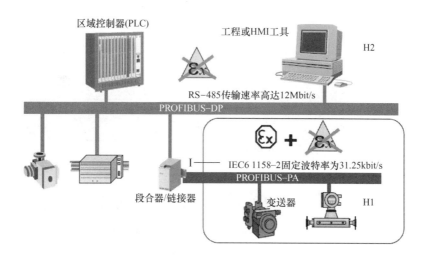

图 11-19　典型的 PROFIBUS-PA 系统配置

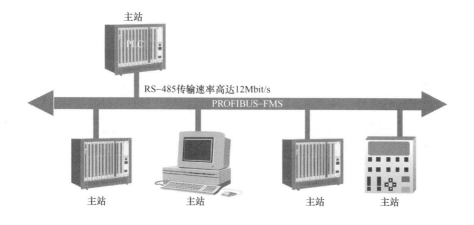

图 11-20　典型的 PROFIBUS-FMS 系统配置

3. PROFIBUS 协议结构

PROFIBUS 协议以 ISO/OSI 参考模型为基础，其协议结构如图 11-21 所示。第 1 层为物理层，定义了物理的传输特性；第 2 层为数据链路层；第 3～6 层 PROFIBUS，未使用；第 7 层为应用层，定义了应用的功能。

PROFIBUS-DP 是高效、快速的通信协议，它使用了第 1 层、第 2 层及用户接口，第 3～6 层未使用，这种简化的结构确保了 DP 快速、高效的数据传输。直接数据链路映像程序（DDLM）提供了访问用户接口，在用户接口中规定了用户和系统可以使用的应用功能及各种 DP 设备类型的行为特性。

PROFIBUS-FMS 是通用的通信协议，它使用了第 1、2、7 层，第 7 层由现场总线规范（FMS）和低层接口（LL1）所组成。FMS 包含了应用层协议，提供了多种强有力的通信服务，FMS 还提供了用户接口。

4. 传输技术

PROFIBUS 总线使用两端有终端的总线拓扑结构，如图 11-22 所示。保证在运行期间，

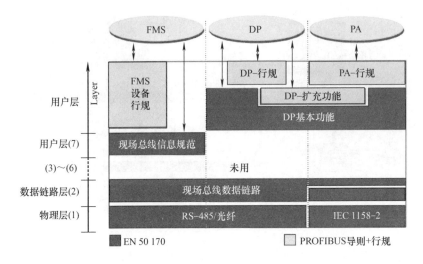

图 11-21   PROFIBUS 协议结构图

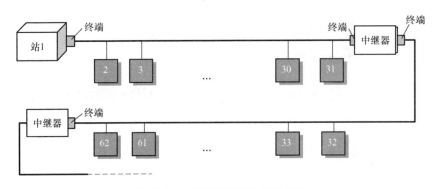

图 11-22   两端有终端的总线拓扑

接入和断开一个或多个站时，不会影响其他站的工作。

PROFIBUS 使用三种传输技术：PROFIBUS-DP 和 PROFIBUS-FMS 采用相同的传输技术，可使用 RS-485 屏蔽双绞线电缆传输，或使用光纤传输；PROFIBUS PA 采用 IEC 1158-2 传输技术。

5. PROFIBUS 总线连接器

PROFIBUS 总线连接器用于连接 PROFIBUS 站与 PROFIBUS 电缆实现信号传输，一般带有内置的终端电阻，如图 11-23 所示。

6. PROFIBUS 介质存取协议

PROFIBUS 通信规程采用了统一的介质存取协议，此协议由 OSI 参考模型的第 2 层来实现。在 PROFIBUS 协议设计时必须考虑满足介质存取控制的两个要求：

1）在主站间通信，必须保证在正确的时间间隔内，每个主站都有足够的时间来完成它的通信任务。

2）在 PLC 与从站（PLC 外设）间通信时，必须快速、简捷地完成循环，实时地进行数据传输。为此，PROFIBUS 提供了两种基本的介质存取控制：令牌传递方式和主-从方式。

令牌传递方式可以保证每个主站在事先规定的时间间隔内都能获得总线的控制权。令牌

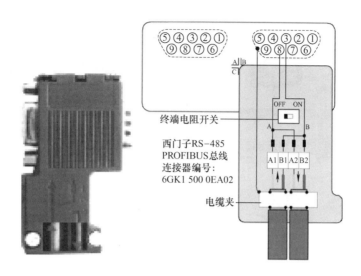

图 11-23　PROFIBUS 总线连接器

是一种特殊的报文，它在主站之间传递着总线控制权，每个主站均能按次序获得一次令牌，传递的次序是按地址升序进行的。主-从方式允许主站在获得总线控制权时可以与从站进行通信，每一个主站均可以向从站发送或获得信息。

使用上述的介质存取方式，PROFIBUS 可以实现以下三种系统配置：

（1）纯主-从系统（单主站）　单主系统可实现最短的总线循环时间。以 PROFIBUS-DP 系统为例，一个单主系统由一个 DP-1 类主站和 1 到最多 125 个 DP 从站组成。典型系统如图 11-24 所示。

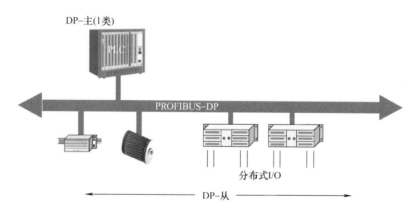

图 11-24　PROFIBUS 纯主-从系统（单主站）

（2）纯主-主系统（多主站）　若干个主站可以用读功能访问一个从站。以 PROFIBUS-DP 系统为例，多主系统由多个主设备（1 类或 2 类）和 1 到最多 124 个 DP-从设备组成。典型系统如图 11-25 所示。

（3）两种配置的组合系统（多主-多从）　由 3 个主站和 7 个从站构成的 PROFIBUS 系统结构示意图如图 11-26 所示。

由图 11-26 可以看出，3 个主站构成了一个令牌传递的逻辑环，在这个环中，令牌按照

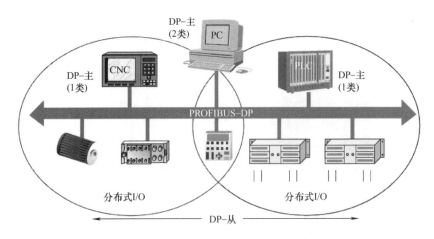

图 11-25 PROFIBUS 纯主-主系统（多主站）

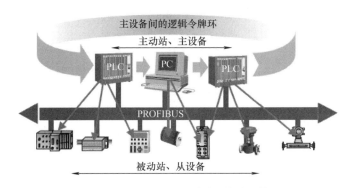

图 11-26 PROFIBUS 多主-多从系统

系统预先确定的地址升序从一个主站传递给下一个主站。当一个主站得到了令牌后，它就能在一定的时间间隔内执行该主站的任务，可以按照主-从关系与所有从站通信，也可以按照主-主关系与所有主站通信。在总线系统建立的初期阶段，主站的介质存取控制（MAC）的任务是决定总线上的站点分配并建立令牌逻辑环。在总线的运行期间，损坏的或断开的主站必须从环中撤除，新接入的主站必须加入逻辑环。MAC 的其他任务是检测传输介质和收发器是否损坏，站点地址是否出错，以及令牌是否丢失或出现多个令牌。

PROFIBUS 的第 2 层的另一个重要作用是保证数据的安全性。它按照国际标准 IEC870-5-1 的规定，通过使用特殊的起始符和结束符、无间距字节异步传输以及奇偶校验来保证传输数据的安全。它按照非连接的模式操作，除了提供点对点通信功能外，还提供多点通带、广播通信和有选择的广播组播的功能。所谓广播通信，即主站向所有站点（主站和从站）发送信息，不要求回答。所谓有选择的广播组播，是指主站向一组站点（主站和从站）发送信息，不要求回答。

11.2.2 PROFIBUS-DP 设备分类

PROFIBUS-DP 在整个 PROFIBUS 应用中，应用最多、最广泛，可以连接不同厂商符合PROFIBUS-DP 协议的设备。PROFIBUS-DP 定义了三种设备类型：

1. DP-1 类主设备

DP-1 类主设备（DPM1）可构成 DP-1 类主站。这类设备是一种在给定的信息循环中与分布式站点（DP 从站）交换信息，并对总线通信进行控制和管理的中央控制器。典型的设备有：可编程序控制器（PLC）、微机数控装置（CNC）和计算机（PC）等。

2. DP-2 类主设备

DP-2 类主设备（DPM2）可构成 DP-2 类主站。这类设备在 DP 系统初始化时用来生成系统配置，是 DP 系统中组态或监视工程的工具。除了具有 1 类主站的功能外，它还可以读取 DP 从站的输入/输出数据和当前的组态数据，可以给 DP 从站分配新的总线地址。属于这一类的装置包括编程器、组态装置、诊断装置、上位机等。

3. DP- 从设备

DP- 从设备可构成 DP 从站。这类设备是 DP 系统中直接连接 I/O 信号的外围设备。典型 DP- 从设备有分布式 I/O、ET200、变频器、驱动器、阀、操作面板等。根据它们的用途和配置，可将 SIMATIC S7 的 DP 从站设备分为以下几种：

（1）紧凑型 DP 从站　紧凑型 DP 从站具有不可更改的固定结构输入和输出区域。ET200B 电子终端（B 代表 I/O 块）就是紧凑型 DP 从站。

（2）模块式 DP 从站　模块式 DP 从站具有可变的输入和输出区域，可以用 SIMATIC Manager 的 HW config 工具进行组态。ET 200M 是模块式 DP 从站的典型代表，可使用 S7-300 全系列模块，最多可有 8 个 I/O 模块，连接 256 个 I/O 通道。ET 200M 需要一个 ET 200M 接口模块（IM 153）与 DP 主站连接。

（3）智能 DP 从站　在 PROFIBUS- DP 系统中，带有集成 DP 接口的 CPU，或 CP342-5 通信处理器可用作智能 DP 从站，简称"I 从站"。智能从站提供给 DP 主站的输入/输出区域不是实际 I/O 模块所使用的 I/O 区域，而是从站 CPU 专用于通信的输入/输出映像区。

在 DP 网络中，一个从站只能被一个主站所控制，这个主站是这个从站的 1 类主站。如果网络上还有编程器和操作面板控制从站，则这个编程器和操作面板是这个从站的 2 类主站。另外一种情况是，在多主网络中，一个从站只有一个 1 类主站，1 类主站可以对从站执行发送和接收数据操作，其他主站只能可选择地接收从站发给 1 类主站的数据，这样的主站也是这个从站的 2 类主站，它不直接控制该从站。各种站的基本功能如图 11-27 所示。

11. 2. 3　CPU31x- 2DP 之间的主- 从通信

CPU31x-2DP 是指集成有 PROFIBUS- DP 接口的 S7-300 CPU，如 CPU313C-2DP、CPU315-2DP 等。下面以两个 CPU315-2DP 之间主- 从通信为例介绍连接智能从站的组态方法。该方法同样适用于 CPU31x- 2DP 与 CPU41x- 2DP 之间的 PROFIBUS- DP 通信连接。

1. PROFIBUS-DP 系统结构

PROFIBUS- DP 系统结构如图 11-28 所示。系统由一个 DP 主站和一个智能 DP 从站构成。

1）DP 主站：由 CPU315-2DP（6ES7 315-2AG10-0AB0）和 SM374 构成。

2）DP 从站：由 CPU315-2DP（6ES7 315-2AG10-0AB0）和 SM374 构成。

2. 组态智能从站

在对两个 CPU 主- 从通信组态配置时，原则上要先组态从站。

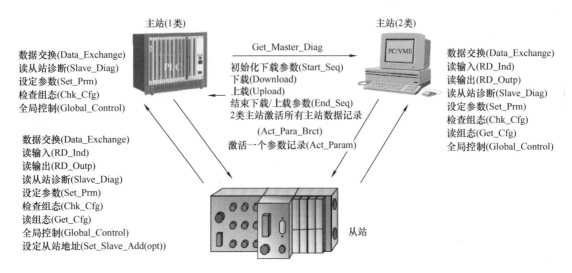

图 11-27　PROFIBUS-DP 的基本功能

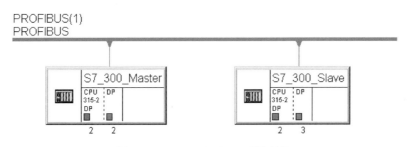

图 11-28　PROFIBUS-DP 系统结构

（1）新建 S7 项目　打开 SIMATIC Manager，创建一个新项目，并命名为"双集成 DP 通信"。插入 2 个 S7-300 站，分别命名为 S7_300_Master 和 S7_300_Slave，如图 11-29 所示。

图 11-29　创建 S7-300 主-从站

（2）硬件组态　进入硬件组态窗口，按硬件安装次序依次插入机架、电源、CPU 和 SM374（需用其他信号模块代替，如 SM323 DI8/DO8 DC24V 0.5A）等完成硬件组态，如图 11-30 所示。

插入 CPU 时会同时弹出 PROFIBUS 接口组态对话框。也可以在插入 CPU 后，双击 DP 插槽，打开 DP 属性对话框，单击选项按钮，进入 PROFIBUS 接口组态对话框。单击新建按钮新建 PROFIBUS 网络，分配 PROFIBUS 站地址，本例设为 3 号站。单击选项按钮组态网络

S...		Module ...	Order number ...	F..	M..	I..	Q..	Comment
1		PS 307 5A	6ES7 307-1EA00-0AA0					
2		**CPU 315-2 DP**	**6ES7 315-2AG10-0AB0**	**V2.0**	**2**			
X2		*DP*				*2047**		
3								
4		DI8/DO8x24V/0.5A	6ES7 323-1BH00-0AA0			0	0	
5								

图 11-30 硬件组态

属性，选择"Network Settings"选项卡进行网络参数设置，如波特率、行规。本例波特率为"1.5Mbit/s"，行规为"DP"，如图 11-31 所示。

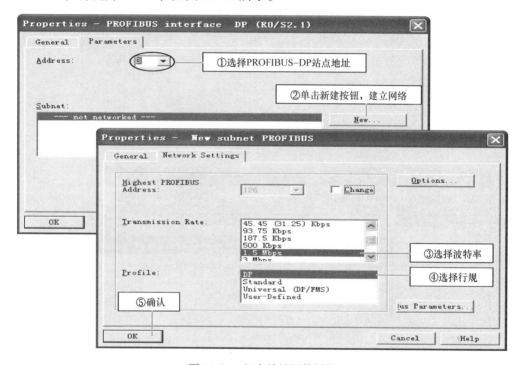

图 11-31 组态从站网络属性

（3）DP 模式选择 选中 PROFIBUS 网络，然后单击选项按钮进入 DP 属性对话框，如图 11-32所示。选择"Operating Mode"选项卡，激活"DP slave"操作模式。如果"Test, commissioning, routing"选项被激活，则意味着这个接口既可以作为 DP 从站，同时还可以通过这个接口监控程序。

（4）定义从站通信接口区 在 DP 属性对话框中，选择"Configuration"选项卡，打开 I/O 通信接口区属性设置对话框，单击新建按钮新建一行通信接口区，如图 11-33 所示。

可以看到当前组态模式为"Master-slave configuration"。注意此时只能对本地（从站）进行通信数据区的配置。

1）在"Address type"下拉列表中选择通信数据操作类型，Input 对应输入区，Output 对应输出区。

2）在"Address"文本框中设置通信数据区的起始地址，本例设置为"20"。

3）在"Length"文本框中设置通信区域的大小，最多32B，本例设置为"4"。

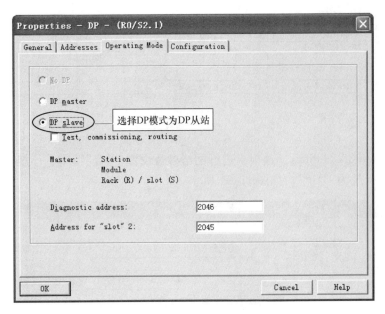

图 11-32　设置 DP 模式

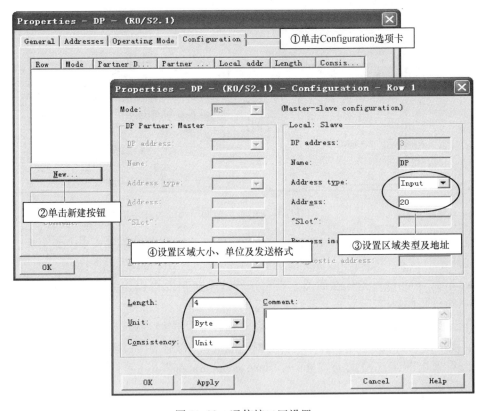

图 11-33　通信接口区设置

4）在"Unit"下拉列表中选择是按字节（Byte）还是字（Word）来通信，本例选择"Byte"。

5）在"Consistency"下拉列表中选择"Unit"，则按在"Unit"下拉列表中定义的数据格式发送，即按字节或字发送；选择 All 打包发送，每包最多 32B，通信数据大于 4B 时，应用 SFC14、SFC15。

设置完成后单击 Apply 按钮确认。同样可根据实际通信数据建立若干行，但最大不能超过 244B。本例分别创建一个输入区和一个输出区，长度为 4B，设置完成后可在"Configuration"选项卡中看到这两个通信接口区，如图 11-34 所示。

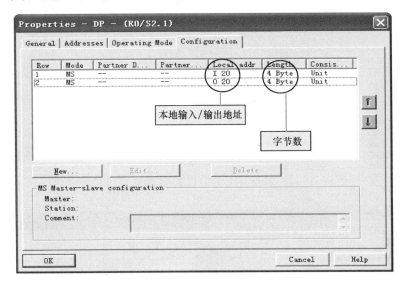

图 11-34　从站通信接口区

（5）编译组态　通信区设置完成后，单击 🔧 按钮编译并存盘，编译无误后即完成从站的组态。

3. 组态主站

完成从站组态后，就可以对主站进行组态了，基本过程与从站相同。在完成基本硬件组态后对 DP 接口参数进行设置，本例中将主站地址设为"2"，并选择与从站相同的 PROFIBUS 网络"PROFIBUS（1）"。波特率以及行规与从站设置应相同（1.5Mbit/s；DP）。

然后在 DP 属性设置对话框中，切换到"Operating Mode"选项卡，选择"DP master"操作模式，如图 11-35 所示。

4. 连接从站

在硬件组态窗口中，打开硬件目录，在 PROFIBUS DP 下选择"Configured Stations"文件夹，将 CPU31x 拖到主站系统 DP 接口的 PROFIBUS 总线上，这时会同时弹出 DP 从站连接属性对话框，选择所要连接的从站后，单击 Connect 按钮确认，如图 11-36 所示。如果有多个从站存在时，要一一连接。

5. 编辑通信接口区

连接完成后，单击"Configuration"选项卡，设置主站的通信接口区：从站的输出区与主站的输入区相对应，从站的输入区与主站的输出区相对应，如图 11-37 所示。本例分别设置一个 Input 和一个 Output 区，其长度均为 4B。其中，主站的输出区 QB10～QB13 与从站的输入区 IB20～IB23 相对应；主站的输入区 IB10～IB13 与从站的输出区 QB20～QB23 相对

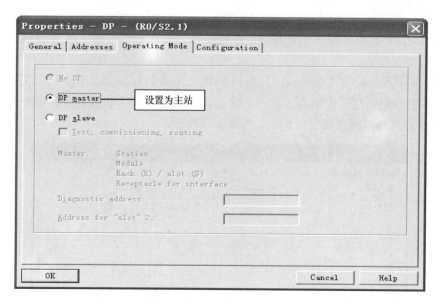

图 11-35　设置主站 DP 模式

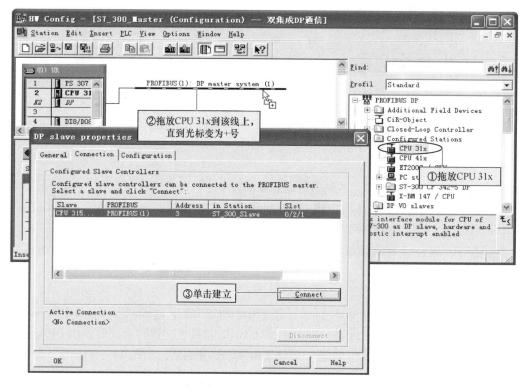

图 11-36　连接 DP 从站

应，如图 11-38 所示。

　　确认上述设置后，在硬件组态窗口中，单击 🔧 按钮编译并存盘，编译无误后即完成主-从通信组态配置，如图 11-39 所示。

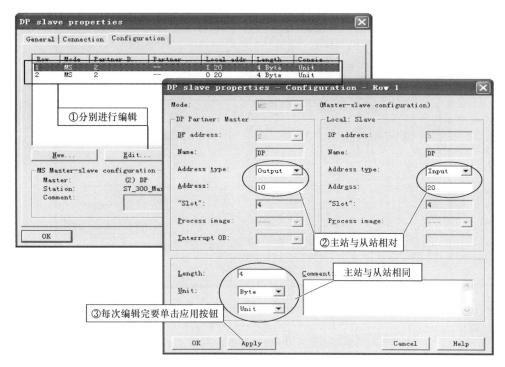

图 11-37　编辑通信接口区

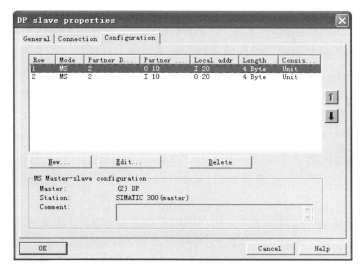

图 11-38　通信数据区

配置完以后，分别将配置数据下载到各自的 CPU 中初始化通信接口数据。

6. 简单编程

编程调试阶段，为避免网络上某个站点掉电使整个网络不能正常工作，建议将 OB82、OB86、OB122 下载到 CPU 中，这样可保证在 CPU 有上述中断触发时，CPU 仍可运行。

为了调试网络，可以在主站和从站的 OB1 中分别编写读写程序，从对方读取数据。本例通过开关将主站和从站的仿真模块 SM374 设置为 DI8/DO8。这样可以在主站输入开关信

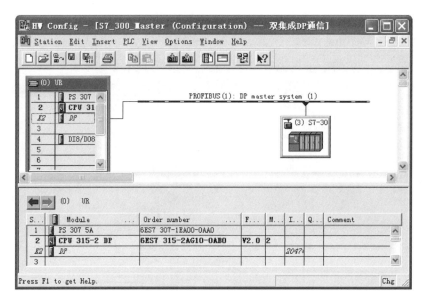

图 11-39　完成的网络组态

号，然后在从站上显示主站上对应输入开关的状态；同样，在从站上输入开关信号，在主站上也可以显示从站上对应开关的状态。

11.2.4　CPU31x-2DP 通过 DP 接口连接远程 I/O 站

ET200 系列是远程 I/O 站。ET 200B 自带 I/O 点，适合在远程站点 I/O 点数不太多的情况下使用。ET 200M 需要由接口模块通过机架组态标准 I/O 模块，适合在远程站点 I/O 点数较多的情况下使用。

下面举例介绍如何配置远程 I/O，建立远程 I/O 与 CPU31x-2DP 的连接。

1. PROFIBUS-DP 系统的结构

PROFIBUS-DP 系统由一个主站、一个远程 I/O 从站和一个远程现场模块从站构成。

（1）DP 主站　选择一个集成 DP 接口的 CPU315-2DP、一个数字量输入模块 DI32 × DC24V/0.5A、一个数字量输出模块 DO32 × DC24V/0.5A、一个模拟量输入/输出模块 AI4/AO4 ×14/12bit。

（2）远程现场从站　选择一个 B-8DI/8DO DP 数字量输入/输出 ET200B 模块。

（3）远程 I/O 从站　选择一个 ET 200M 接口模块 IM153-2、一个数字量输入/输出模块 DI8/DO8 ×24V/0.5A、一个模拟量输入模块 AI2 ×12bit、一个模拟量输出模块 AO2 ×12bit。

2. 组态 DP 主站

（1）新建 S7 项目　启动 STEP 7，创建 S7 项目，并命名为"DP_ET200"。

（2）插入 S7-300 工作站　在项目内插入 S7-300 工作站，并命名为"DP_Master"。

（3）硬件组态　进入硬件配置窗口，按硬件安装次序依次插入机架 Rail、电源 PS 307 5A、CPU315-2DP、DI32 × DC24V/0.5A、DO32 × DC24V/0.5A、AI4/AO4 ×14/12bit 等。

（4）设置 PROFIBUS　插入 CPU315-2DP 的同时弹出 PROFIBUS 组态界面，组态 PROFI-BUS 站地址，本例设为"2"。然后新建 PROFIBUS 子网，保持默认名称 PROFIBUS（1）。切

换到"Network Settings"选项卡，设置波特率和行规，本例波特率设为"1.5Mbit/s"，行规选择"DP"。

单击"OK"按钮，返回硬件组态窗口，并将已组态完成的 DP 主站显示在上面的视窗中，如图 11-40 所示。

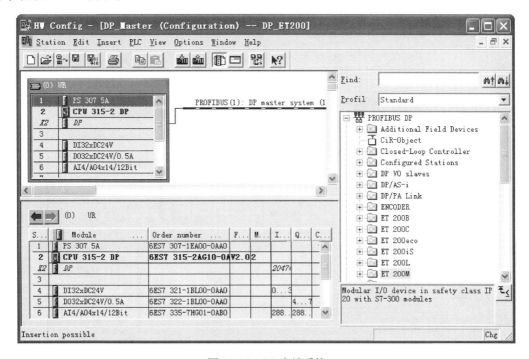

图 11-40　DP 主站系统

3. 组态远程 I/O 从站 ET 200M

ET 200M 是模块化的远程 I/O，可以组态机架，并配置标准 I/O 模块。本例将在 ET 200M 机架上组态一个 DI8/DO8 ×24V/0.5A 的数字量输入/输出模块、一个 AI2 ×12bit 的模拟量输入模块和一个 AO2 ×12bit 的模拟量输出模块。

（1）组态 ET 200M 的接口模块 IM 153-2　在硬件配置窗口内，打开硬件目录，从"PROFIBUS-DP"子目录下找到"ET 200M"子目录，选择接口模块 IM153-2，并将其拖放到"PROFIBUS（1）：DP master system"线上，鼠标变为"＋"号后释放，自动弹出 IM 153-2 属性窗口。

IM 153-2 硬件模块上有一个拨码开关，可设定硬件站点地址，在属性窗口内所定义的站点地址必须与 IM 153-2 模块上所设定的硬件站点地址相同，本例将站点地址设为"3"。其他保持默认值，即波特率为"1.5Mbit/s"，行规选择"DP"。完成后的 PROFIBUS 系统图如图 11-41 所示。

（2）组态 ET 200M 上的 I/O 模块　在 PROFIBUS 系统图上单击 IM 153-2 图标，在下面的视窗中显示 IM 153-2 机架。然后按照与中央机架完全相同的组态方法，从第 4 个插槽开始，依次将接口模块 IM 153-2 目录下的 DI8/DO8 ×24V/0.5A、AI2 ×12bit 和 AO2 ×12bit 插入 IM153-2 的机架，如图 11-42 所示。

远程 I/O 站点的 I/O 地址区不能与主站及其他远程 I/O 站的地址重叠，组态时系统会自

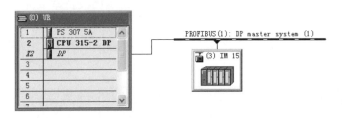

图 11-41 PROFIBUS 系统图

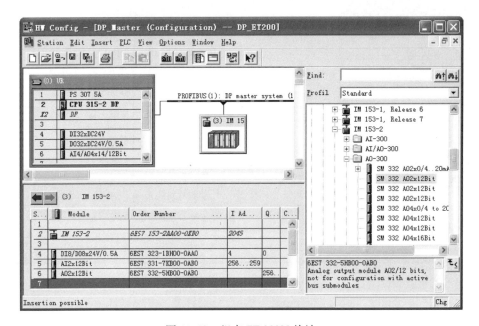

图 11-42 组态 ET 200M 从站

动分配 I/O 地址。如果需要，在 IM 153-2 机架插槽内，双击 I/O 模块可以更改模块地址，本例保持默认值。单击⬛按钮，编译并保存组态数据。

4. 组态远程现场模块 ET 200B

ET 200B 为远程现场模块，有多种标准型号。本例预组态一个 B-8DI/8DO DP 数字量输入/输出 ET 200B 模块。

在硬件组态窗口内，打开硬件目录，从"PROFIBUS-DP"子目录下找到"ET 200B"子目录，选择"B-8DI/8DO DP"，并将其拖放到"PROFIBUS（1）：DP master system"线上，鼠标变为"+"号后释放，自动弹出 B-8DI/8DO DP 属性窗口。设置 PROFIBUS 站点地址为"4"，波特率为"1.5Mbit/s"，行规选择"DP"。完成后的 PROFIBUS 系统如图 11-43 所示。

组态完成后单击⬛按钮，编译并保存组态数据。

若有更多的从站（包括智能从站），可以在 PROFIBUS 系统上继续添加，系统所能支持的从站个数与 CPU 类型有关。

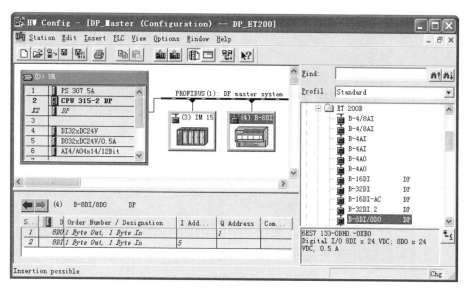

图 11-43 组态 ET 200B 从站

 思考与练习

1. 进行 MPI 网络配置, 实现 2 个 CPU 315-2DP 之间的全局数据通信。

2. 用无组态 MPI 通信方式, 建立 2 套 S7-300 PLC 系统的通信。

3. 用有组态连接的 MPI 单向通信方式, 建立 S7-300 与 S7-400 之间的通信连接, CPU416-2DP 作为客户机, CPU315-2DP 作为服务器, 要求 CPU416-2DP 向 CPU315-2DP 发送一个数据包, 并读取一个数据包。

4. 通过 PROFIBUS-DP 网络组态, 实现 2 套 S7-300 PLC 的通信连接。

参 考 文 献

［1］廖常初. 跟我动手学 S7-300/400 PLC ［M］. 北京：机械工业出版社，2010.

［2］胡健. 西门子 S7-300 PLC 应用教程 ［M］. 北京：机械工业出版社，2007.

［3］程龙泉. 可编程控制器应用技术（西门子）［M］. 北京：冶金工业出版社，2009.